圖解

五南圖書出版公司 印行

實用新產品開發與研發管理

張哲朗／等編著

閱讀文字

理解內容

觀看圖表

圖解讓
產品開發
更簡單

作者簡介

（依撰寫篇數由多而少排序）

張哲朗
曾任　大成長城企業股份有限公司　資深副總經理
　　　味全食品工業股份有限公司　生產技術副總裁

鄭建益
曾任　泰山企業股份有限公司　副總經理

施柱甫
曾任　康師傅控股公司　方便食品事業群研發中心協理

顏文俊
曾任　中華穀類研究所　研發組組長

李明清
曾任　味全食品工業股份有限公司　生管本部處長

吳伯穗
曾任　味全食品工業股份有限公司　中央研究所包裝材料研究室經理

陳勁初
現任　葡萄王生技股份有限公司龍潭園區分公司　總經理

邵隆志
曾任　味全食品工業股份有限公司　研發經理

黃種華
曾任　台鳳股份有限公司　生產管理部經理

序

　　企業經營環境不斷的在變化，當今面臨的是激烈競爭的時代。研究開發是企業競爭力來源的一大原動力。企業研究開發力的大小直接影響企業的競爭力。

　　很多人覺得自己公司的研發團隊不夠強，研發腳步總是慢人一步。高階主管抱怨找不到好的研發人才；研發主管認為研發經費不足，難做無米炊；研究人員則抱怨沒有研究設備，英雄無用武之地。事實上，研發資源的投資再多也會覺得不足的，研發管理的重點是如何配置與運用企業內外部研發資源。簡單的說，研發主管要選「對」的題目做研究（Doing the right projects），研發人員要把研究工作做「對」（To do projects right）。

　　要選對題目，做對研究工作，必須要有一套適當的研發管理體制與精實的研發工作方法。筆者從事研發管理工作長達36年，1982年在曾任日本武田製藥株式會社研究所所長的中谷弘實顧問指導下，筆者與公司研發一級主管共同學習如何在一個已具規模的公司裡改善研發體制。經全員的努力下，公司分別於1993年獲得中華民國產業科技發展協進會優良產業科技發展「優等獎」，1995年再度獲得中華民國產業科技發展協進會優良產業科技發展「傑出獎」。個人方面，於1988年獲得中華民國企業經理人協會頒發研發類的國家傑出經理人獎。

　　本書除筆者個人的學習與經驗的整理之外，更廣邀多位具豐富研發經驗的業界人士撰寫經驗分享做為擴充閱讀。本書冀望能提供食科與企管相關學生閱讀；能為新進企業的研發新手提供作業手冊；能有助於研發主管與企業主管經營研發園地的參考。

張拮朗 筆

全書架構

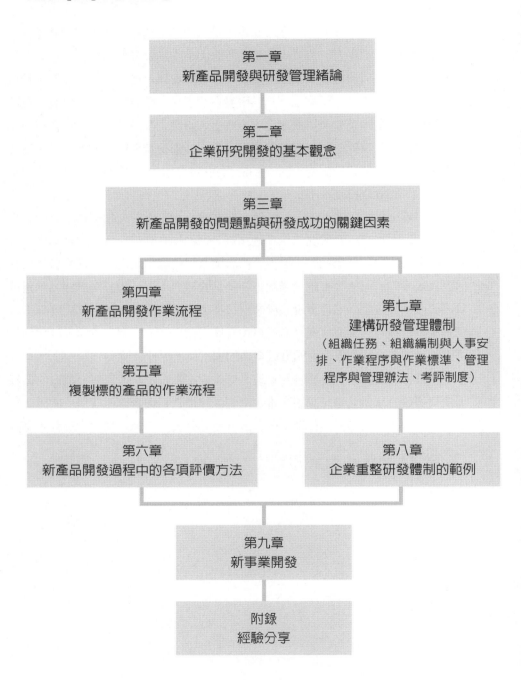

第一章
新產品開發與研發管理緒論

第二章
企業研究開發的基本觀念

第三章
新產品開發的問題點與研發成功的關鍵因素

第四章
新產品開發作業流程

第七章
建構研發管理體制
（組織任務、組織編制與人事安排、作業程序與作業標準、管理程序與管理辦法、考評制度）

第五章
複製標的產品的作業流程

第六章
新產品開發過程中的各項評價方法

第八章
企業重整研發體制的範例

第九章
新事業開發

附錄
經驗分享

第一章　新產品開發與研發管理緒論

第二章　企業研究開發的基本概念

第三章　新產品開發的問題點與研發成功的關鍵因素

第四章　新產品開發作業流程

第五章　複製標的產品的作業流程

第六章　新產品開發過程中的各項評價方法

第七章　建構研發管理體制

第八章　企業重整研發體制的範例

第九章　新事業開發

參考文獻　324

第一章
新產品開發與研發管理緒論

1.1 新產品開發對企業的重要性

　　調查指出，重視新產品開發的企業有較佳的業績。透過新產品開發的過程，可賦予企業活力、促進其參與人員發揮創造力。新產品開發活絡的企業，業績也蒸蒸日上。日本通產省在「新經營力指標研究」調查中顯示，企業最重視的經營目標有三，即：
1. 現有主力產品之市占率的維持與擴張（41.1%）。
2. 合理化、省力化下的降低成本（24.5%）。
3. 新產品開發（21.6%）。

環境影響新產品開發

　　新產品開發之所以與企業業績有如此密切的關聯，原因有外部環境的因素，也有企業內部的因素。外部環境因素是指：1.市場需求的變化、2.市場競爭激烈。企業內部因素是：1.創新增進了企業活力、2.有效利用資源的要求、3.分散風險的必要。

新產品開發的宿命

　　企業往往在不知不覺中，使新產品開發流於以下的幾種模式：
1. 新產品開發只是企業活動的一種。
2. 新產品開發是因應市場競爭的產物。
3. 新產品開發是因為上級的要求。
4. 新產品開發是因為公司不能太久沒有新產品。

了解產品屬性開發新產品

　　了解企業既有產品的年齡（產品生命週期）、獲利能力、市場地位（成長－占有率矩陣），有助於發掘企業需要的新產品。新產品開發計畫的目的，應以能經常維持大量聚寶盆產品為主要目標。因此，企業必須經常分析產品的屬性，藉以預測公司未來的產品組合。

小博士解說

面對著激烈競爭的市場，很多人覺得自己公司的研發腳步總是慢人一步，究其原因必然歸咎於人手不足，沒有設備等。事實上，研發投資再多也會覺得不足的。重點是如何配置研發資源，如何配置研發資源要重於花多少研發經費。今天的研發主管必須先做對幾個決策問題，那就是決定對的研發項目，決定研發項目的先後順序，決定投入研發資源的多寡。要做好這些決策，首先，研發計畫要由企劃、事業及研發單位去整合規劃；選定具有策略意義的研發主題；訂定研發主題的先後次序；有效配置研發資源（預算、設備、人力）；釐訂各研發主題達成目標的研發策略；追求研發工作的進行效率，研發時間短、研發品的品質好、研發品的成本低、研發費用少。總之，主管要選對的事做；部屬要把事做對。事先了解研發作業與研發管理的基本觀念與問題點格外重要。

產品生命週期

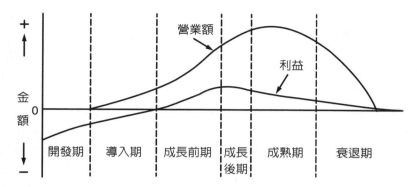

波士頓顧問群的成長──占有率矩陣

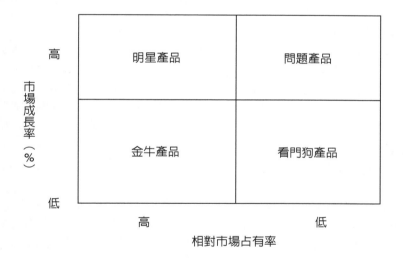

＋知識補充站

產品也可以用「銷售量」與「獲利之大小」兩個構面來加以分類為：

1. 聚寶盆產品：獲利大，銷售量大。
2. 虛功產品：虧損（或獲利小），但銷售量大。
3. 悅目產品：獲利大，銷售不好。
4. 敗家子產品：虧損（或獲利小），又賣得不好。

1.2 贏在新產品

新產品是競爭的武器

市場靠競爭，競爭靠產品（包括服務，以下同）。企業在市場上，靠產品擴張市占率、占據新市場。企業迎擊激烈的競爭市場，必須要有優越的、差異化的新產品不斷的進入市場。新產品開發的成效決定企業的成長。

新產品的貢獻

日本通產省「新經營力指標研究」指出：「過去三年間開發之新產品銷售額占總銷售額的比例愈高，企業的利潤率與成長率愈高，尤其比例在30%以上的企業，成長更爲顯著」。根據Cooper與Edgett的研究，平均企業的營收與利潤，各有三分之一（27.5%）來自三年內開發上市的產品。Food Processing在2013年的Market review指出食品公司在五年內開發的新產品銷售額占總銷售額的比例超過50%。國內某食品公司（1982～1991年間）定義上市三年內的產品爲新產品，以其營業額能占公司營業額的20%爲研發人員努力的目標。

新產品的成功率

一般來說，新產品開發能成功上市的機率偏低。PDMA的報告稱，每7個產品概念成功一個；每4個開發計畫只有一個計畫的產品成功上市，成爲市場贏家。Robert G. Cooper指出，依研究者的不同，新產品成功上市的比率有35%、59%、67%不等。Food Processing在2013年的Market review指出較小食品公司的新產品開發成功率是11%。國內某食品公司（1983～1995年間）實際新產品開發成功率在35～60%之間。

研發費用

研究開發費用相當可觀。Robert G. Cooper引用IRI的資料，1998年美國食品業的研發費用占營業額的比率，平均爲0.7%。日本各食品企業的研發費用占營業額的比率，根據富士經濟的調查2004年平均爲1.67%，最低0.2%，最高9.6%；研究.net的統計，2016年29家企業的平均爲1.23%，最低0.1%，最高3.7%。筆者從臺灣股票上市公司的損益表得知，臺灣2017年19家食品企業的研發費用占營業額的比率，平均爲0.71%，最低0.06%，最高1.56%。

小博士解說
實務上，新產品開發成功率不高。但是，企業老闆對新產品開發成功率的期待永遠是100%，加油！

2016～2017年日本與臺灣食品企業研發費占營收比（%）

日本企業	
公司名稱	2016年%
花王	3.7
Yakult本社	3.2
Kirin Holding	3.0
味之素	2.7
明治Holding	2.2
可果美	1.6
House食品Group	1.5
日清食品Holding	1.5
江崎glico	1.5
不二製油	1.4
森永製菓	1.2
龜田製菓	1.1
Fujicco	1.0
日清製粉group	1.0
Kikkoman	0.9
日本製粉	0.9
Bourbon	0.9
永谷園	0.8
昭和產業	0.8
森永乳業	0.8
Suntory食品international	0.7
Kewpie	0.7
Asahi group Holding	0.6
日清Oillio Group	0.5
Sapporo Holding	0.5
伊藤園	0.4
Nichirei	0.3
Nipponham	0.2
Maruha Nichiro	0.1

臺灣企業				
公司名稱	2016年		2017年	
	金額（千元）	%	金額（千元）	%
統一	480,772	1.24	493,423	1.26
大成長城	73,346	0.30	86,679	0.35
台糖公司	232,145	0.99	226,317	0.97
大統益	6,586	0.04	7,996	0.06
佳格	128,327	1.10	79,679	0.71
福壽	34,545	0.33	36,353	0.35
黑松	52,703	0.67	50,238	0.62
福懋油	7,996	0.10	8,063	0.11
味全	127,069	1.78	112,962	1.56
聯華食品	60,298	0.90	85,554	1.22
綠悅-KY	47,022	0.68	60,224	0.96
味王	7,538	0.12	7,849	0.13
聯華實業	36,021	0.95	33,590	0.93
愛之味	44,582	1.29	45,411	1.32
新東陽	2,482	0.08	2,276	0.07
鮮活果汁-KY	29,581	1.09	41,297	1.41
德麥	20,049	0.88	23,076	1.00
天仁	4,218	0.20	4,359	0.21
富味鄉	5,572	0.36	5,989	0.38

國內某公司1983～1995年間實際新產品開發成功率

年度	計畫開發件數	完成開發上市件數	開發成功率（%）
1986	41	18	44.0
1988	54	31	57.4
1993	45	16	35.6
1995	72	30	41.7

✚ 知識補充站

3M公司1993年以前定義上市五年內的產品為新產品，其營業額要占公司營業額的25%；1993年後定義上市四年內的產品為新產品，其營業額要占公司營業額的30%。

1.3 新產品開發速度是贏的關鍵

新產品開發時間

縮短新產品開發所發費的時間（time to market，簡稱TTM）有很大的機會增加企業的營業額與利潤。

Hewlett-Packard過去需要54個月來完成一個印表機的開發。後來，第一台DeskJet的開發時間縮短到22個月，彩色DeskJet 500c縮短到10個月。Intel主機板的開發週期從12個月縮短到6個月，然後縮短到3個月。臺灣的宏碁在短短6個月內開發出完整的筆記本電腦。在20世紀80年代後期，美國的車輛開發時間通常為36至40個月。2006年，開發新車所需的時間明顯縮短，平均約為24個月。豐田汽車的開發時間更短，僅有15個月。國內某食品公司（1993～1998年間）開發每件食品所用的時間，平均139～205天，最短39天，最長468天。

縮短產品開發上市時間的利益

縮短產品開發上市時間，可以獲得下列利益：

1. 提高盈利能力

以比競爭者更快的速度將新產品推上市場可以提高盈利能力的原因是：(1)加長產品的銷售期；(2)占據高市占率；(3)定價自由度較高能獲得較高的利益。簡單的說，貨幣有時間價值，遞延收入將使銷售產品的收入價值偏低。以比競爭者更快的速度將新產品推上市場，可以較早實現產品的營業收入，產品壽命全期的收入得以更高。

2. 取得競爭優勢

以比競爭者更快的速度反應客戶需求和市場的變化（change）開發新產品，搶先上市占據市場，可以墊高產品的轉換成本，減少被競爭品牌更替的機會。

3. 及時應對市場變化

在產品的研究開發期間，市場需求、市場條件和競爭激烈程度，可能會發生很大的變化。較短的研發時間可以降低市場條件隨著研發的進展而急劇變化的程度。

不因加速潦草行事

研發工作不能因為追求TTM時間的縮短，任意跳過該有的步驟或偷工減料潦草行事。

小博士解說
快速進入市場的能力將市場的變革（change）視為機會而非威脅。

1993～1997年間國內某公司產品開發所用時間　　單位：日

	1993年	1996年	1997年
醬油類產品	166	244	229
罐頭類產品	125～361	275	—
乳品類產品	46～203	231～258	161～271
點心類產品	152～184	221～468	180～336
乳製品類產品	—	204～381	105～130
果汁飲料類產品	80～301	39～139	102～194
調理食品	159	—	82～136

早上市可以延長銷售期間與占據較大的市占率

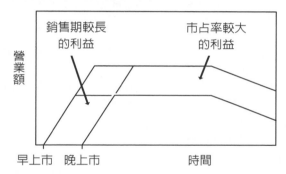

資料來源：Smith & Reinertsen: Developing products in half the time (New rule、new tools) 2nd edition, Wiley (1998)

早上市可以獲取溢價和成本優勢的利益

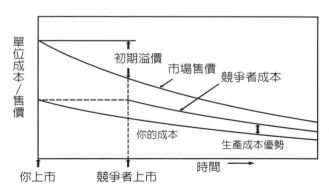

資料來源：Smith & Reinertsen: Developing products in half the time (New rule、new tools) 2nd edition, Wiley (1998)

1.4 什麼是新產品

新產品的定義

東京工業大學水野茲教授說符合以下任何一個項目，或符合任何兩個項目或以上，或所有項目皆符合的新的產品都稱為新產品：

1. 產品概念（構想）的新穎性。
2. 使用功能的新穎性（其他產品從未有過的品質或功能）。
3. 研究、技術、原材料的新穎性。
4. 市場和服務的新穎性。

所稱新穎性可以從兩個面向來定義：

1. 公司內首創（new to the company）：公司從未生產或銷售過的產品，但這類產品可能別的公司已有。
2. 市場首創（new to the market）：是市場上首見的產品。

新產品的分類

上述新穎性可能因判斷的時間、判斷的人、判斷的處所之不同而有所不同。因此，新產品有很多不同的分類。茲列舉一二如次：

1. 以業種及新穎程度區分：分為新事業產品、嶄新產品、新產品、改良產品。
   • 新事業產品：指企業過去未參與的業種領域產品。
   • 嶄新產品：指目前企業參與領域中之新的產品。
   • 新產品：指現有產品延伸之新的產品。
   • 改良產品：指原有產品的改良，如改良品質、降低成本、改善包裝，配方調整及生產技術改善（包括流程、設備、作業基準、作業方式等）之各項合理化工作。

   譬如，某乳品公司現有的產品僅有瓶裝鮮乳，開發的烘焙咖啡即為新事業產品；開發的調味乳稱為嶄新產品；開發的紙盒裝鮮乳稱為新產品；因為調味乳風味不為消費者接受而修改糖酸比的新產品稱為改良產品。
2. 以新穎性判斷的時間、人、處所分類：參閱右頁水野茲教授分類表。
3. 以新產品開發目的分類：參閱右頁以新產品開發目的分類表。

小博士解說

暢銷產品的定義：

根據日本報章雜誌，對所謂的暢銷食品及其暢銷原因之描述，歸納暢銷食品之模式有四，其指標則如下的說明：

1. 銷售數量或銷售金額大：指實際銷售數量超出預定生產量很多，或該產品之營業因而成為公司的重要角色，或指實際銷售數量達前年的三倍以上，或單一產品之營業額占全市場之半。
2. 銷售數量或銷售金額之成長率大：大到對同業造成衝擊。
3. 市場占有率大：指占市場總營業額之半數以上。
4. 市場占有率的成長大：大到奪得排名進位，或比前年增加20%以上。

水野茲教授分類表

新產品分類的區分	分類內容
以開發場所區分	1.全世界首創、2.全國首創、3.公司內首創
以產品產生過程區分	1.據市場調查結果產生、2.基礎研究結果的應用、 3.創意構想的執行、4.公司的創意
根據與現有產品的關係區分	1.舊產品的復活、2.現有產品的新用途開發、3.現有產品重新組合、 4.賦予現有產品新形象、5.與現有產品完全不同
以研究、技術、生產區分	1.現有技術設備可生產者、2.若干改良者、3.以全新技術設備生產者
從銷售面區分	1.以現有販賣組織銷售、2.以全新販賣組織銷售
從消費面區分	1.為擴大消費面、2.為利用閒暇時間、3.其他

以新產品開發目的分類

	現有技術	改良技術	新技術
現有市場	現有產品	新規產品 （改良現有產品確保其成本、品質、適用性的平衡）	更替性產品 （以新技術開發比現有產品更新穎的產品）
強化現有市場	促銷產品 （增加現有消費者的消費額）	改良產品 （針對現有產品加以改量增加營業額）	擴增系列產品 （導入新技術擴增系列產品）
新市場、新客戶	新用途產品 （開發現有產品的新客戶）	擴增市場產品 （改良現有產品開拓新市場）	多角化新產品 （開發新技術產品在新市場銷售）

✚ 知識補充站

在企業研發管理的實務上，一般視三年內開發上市的產品為新產品。

理由是：

1. 上市頭三年的銷售不是很穩定。
2. 上市頭一年的起跑點（上市時間）不一。

1.5 什麼是研究開發

研究開發（Research and Development，簡稱R&D）

研究開發包括研究（research）與開發（development）兩種不同但又有密切相關的活動。就企業來說，

- 「研究」是透過自然科學的方法尋求新知，以支持企業發展為目的之活動。
- 「開發」是利用研究成果、現有知識、及市場訊息，開發新產品、新製程，以獲取企業利潤為目的之活動。

企業研究的範疇與分類

企業研究將包括基礎研究、應用研究及實用化研究。

1. 基礎研究：以探搜特定目標的新知為目的之計畫性研究，涵蓋的範圍有：
   (1)食品素材之生理活性、機能性等基礎科學的探索研究與新素材開發。
   (2)先端技術（如生物科技）的研究。
   (3)企業中長期研發計畫選定的獨創性研究主題的研究。
   (4)生產技術之原理的闡明研究。
2. 應用研究：利用基礎研究結果與已知知識，並加入市場資訊進行的產品研發，包含的範圍有：
   (1)產品研發：新產品的研究開發與現有產品的改良。
   (2)生產技術研發：生產技術研發、製程開發研究。
   (3)包裝研發：包裝材料、包裝型態、包裝設計的研究開發。
   (4)美味研究：以科學的方法研究食品（物）味。
3. 實用化研究：將應用研究的結果實用化的研究及建立新產品推廣用資訊的研究。分為工業化研究、支援性研究、服務性研究。
   (1)工業化研究：是研發過程中的一個階段性工作，為確認適合大量生產的方法之研究，包括：
   ① 確認製程、量產方法、作業條件、設備的工程研究。
   ② 品質、成本、生產性、市場性、競爭力的評估研究。
   (2)支援性研究：包括：
   ① 改良既有設備、作業條件，使能適應於新產品的生產之研究。
   ② 以提升既有產品品質、生產性、降低成本為目的，所做作業條件、工程及設備的非大幅改良研究。
   (3)服務性研究：包括：
   ① 營業活動所需技術服務用知識研究。
   ② 對應其他部門之要求的研究。

小博士 解說

研究開發的工作範圍包括開發新產品、改良現有產品、開發或改良產品包裝、製程改良、解決QA/QC問題、因應法規之產品修正、提供技術資料供行銷單位使用，協助對消費者做技術性售後服務以及開發新事業等。

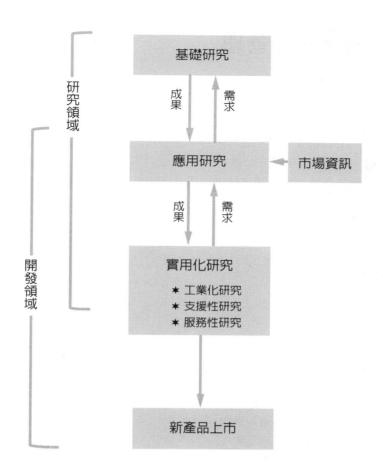

1.6 什麼是研發管理

研發管理

　　研發管理是為完成研發目標，針對各種研發活動做出管控與決策的行為。研發活動包括：研發組織的設計、團隊的組成、作業流程與標準的製作、各項管理辦法的建立。實務上，研發管理包含研究管理與開發管理兩大類。

研究管理

　　屬於作業性工作，目的在於促使研究人員發揮最大能力，以獲得有效的研究成果。包括：

1. 釐訂企業的研究方針與長中短期計畫。
2. 研究題目分派與管理。
3. 研究進度的管理。
4. 研究績效的評估。
5. 執行技術移轉。
6. 研究結果的管理。
7. 專利資訊與技術管理。
8. 研發部門的協調。

開發管理

　　屬於企劃管理性工作，包括：

1. 釐訂企業的研發方針與長中短期計畫。
2. 進行市場調查與分析，蒐集市場資訊。
3. 新產品與改良產品的企劃與立案。
4. 執行創意篩選與研發項目的評估立案。
5. 研發題目、研發進度、研發結果等的匯總與管理。
6. 研發成果商品化的溝通協調。
7. 與行銷、生產、工程、採購等其他部門的協調。
8. 與外部研究機構進行委託研究、共同研究。
9. 專利等智慧財產的管理與活用。
10. 協助產品上市。
11. 執行上市後顧客對產品評價之追蹤。

小博士解說
豐田汽車推行「精實產品開發系統（The lean Product Development System Model）」，主張做正確的研發作業、不浪費材料與時間、不研製不能賣的產品。

研發管理的管轄領域

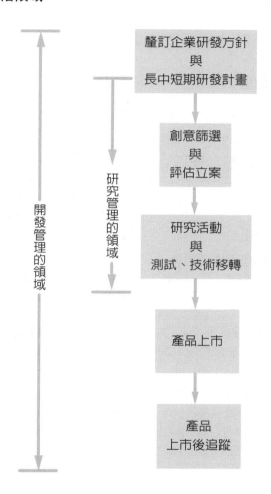

開發管理的領域

研究管理的領域

釐訂企業研發方針
與
長中短期研發計畫

創意篩選
與
評估立案

研究活動
與
測試、技術移轉

產品上市

產品
上市後追蹤

＋知識補充站
　　豐田汽車得以成功推行「精實產品開發系統（The Lean Product Development System Model）」的理由有：(1)工作認真、(2)優秀的工程師、(3)團隊合作的企業文化、(4)適正的作業流程、(5)簡單有效的工具及不斷的改善（Kaizen）。

1.7 研發管理的發展

研發管理隨著市場競爭與經濟成長的進展，在過去的50年中有著多樣的變化，其變化以時序分為五個世代。

第一代：技術導向型研發管理

屬於組織的一種功能活動，研發與業務單位沒有直接的相關。研發單位沒有明顯的策略目標，沒有系統化的管理方式，研發主題的選擇大部分由技術人員自主決定，企業高層鮮少參與研發決策，研發單位被定位為成本中心。

第二代：業務導向型研發管理

同樣的，屬於組織的一種功能活動，不過與業務具有同步的連結關係。研發活動大部分由業務部門提出需求，而研發部門被動配合。產品開發的目標、預算、進度等則與業務部門共同協商決定，採取專案管理模式。研發成果的評量依據專案的類型，採取不同的績效評估與管理方式。

第三代：策略導向型研發管理

將研發活動納入企業整體組織的策略架構中。企業採取跨部門的矩陣組織從事研發活動。對於重要的研發專案，採取專案管理模式，由公司高層直接領導。研發經費的編列與研發項目的選擇，依據企業的經營策略進行。研發投入考慮所能創造的經濟效益與所能承擔的風險平衡。在企業的整體營運目標下，研發與生產、行銷整合起來共同的運作，至於資源配置的優先程度，要視各功能對於組織策略目標的貢獻程度而定。

第四代：創新導向型研發管理

將研發視為創造策略性競爭優勢的手段，提升研發管理至經營策略的核心層次，將焦點集中在新市場、新科技、新事業的開發與創新。在許多作業管理面上持續第三代研發管理的作為，但研發的策略態度不同。第四代研發管理主要針對未來市場發展所需要的技術。在研發專案管理與績效評估方面，更重視研發活動所帶來的策略性效益，因此給予研發部門更多的自主發揮權力，研發資源的運用也較為彈性寬鬆，企業將研發投資視為一種知識資產。

備註：研發管理儘管以時間範圍分為五個世代，各世代的管理概念與重點一直都是有效的，為許多公司所採用。企業未必要追趕最新世代的管理，得視企業參與業種、規模大小、企業文化、競爭環境等條件選用適合者。

第五代：系統整合型研發管理

此法拓寬了公司研發活動的界限。鑑於全球競爭日益激烈、技術變革以及共享的技術投資增加，研發需要與商業環境互動，例如競爭對手、分銷商、供應商等，需放置更多強調協調和整合的能力處理來自不同方面的系統。此外，該能力不僅要加快產品開發速度，也要能控制速度，這是更加重要的重點。在符合這種邏輯的情況下，減少開發帶來的不確定性，透過分離更多的研究型任務是一種常見方法，可以增強需求，有效地整合一個連貫的系統。

各世代研發管理的特性

世代別	特性
第一代：技術導向型 （1950中葉～1960年代）	以技術推動為導向，研發經費被視為間接費用，幾乎沒有或根本沒有與公司其他部門或整體的互動策略。專注於科學突破。
第二代：業務導向型 （1960中葉～1970年代）	以市場與業務策略為導向，研發活動以專案管理及內部客戶應對概念進行。
第三代：策略導向型 （1970中葉～1980中葉）	視研發為一種投資組合，結合事業策略與企業策略，以風險回報指導整體投資。無法載入全部結果再試一次。
第四代：創新導向型 （1980～1990中葉）	視研發為一綜合活動，向客戶學習，研發活動透過跨職能團隊並肩進行。
第五代：系統整合型 （1990中葉迄今）	聚焦於與競爭對手、供應商、分銷商等的廣泛合作。將研究（R）與開發（D）分開，建立控制產品開發速度的能力。

資料來源：Nobelius, D. (2004): Towards the sixth generation of R&D management. *In International Journal of Project Management 22* (5), pp. 369–375. DOI: 10.1016/j.ijproman.2003.10.002.

✚ 知識補充站

研發管理功能的演化，歷經技術導向、生產導向、行銷導向及財務導向。
技術導向：導自技術突破，講究產品品質。
生產導向：源自生產設備的充分利用需求，強調高產量、低成本、短交期。
行銷導向：源自市場需求、差異化需求，要求速度。
財務導向：源自研發綜效之策略規劃，重視創新與價值提升。

1.8 創新與開放式創新

　　將原始生產要素重新排列組合為新的生產方式，以求提高效率、降低成本的過程是一種創新。在熊彼得（Joseph Alois Schumpeter）的經濟模型中，認為能夠成功「創新」的人便能夠擺脫利潤遞減的困境而生存下來，那些不能夠成功地重新組合生產要素之人會最先被市場淘汰。

創新是什麼？

　　管理大師Peter Drucker在他的著作《Innovation and Entrepreneurship》（1985年出版）中提到，創新是一個經濟性或社會性用語，而非科技性用語；創新就是要改變資源所給予消費者的價值與滿足。Peter Drucker更強調具有創業精神者比較會追求創新。

　　Frederick Betz的著作《Managing Technological Innovation: Competitive Advantage from Change》（2011年出版）中提到，創新就是推出新產品（或改良產品）、新流程或新服務上市。而科技創新就是新技術的發明，利用此新技術可以開發及推出進入市場的產品、流程或服務。Frederick Betz說創新要具備以下要素：(1)未曾有的點子（或想法、構想）；(2)這些點子，要能實現（有可利用的科技、理論、技術）；(3)能產生會創造「顧客價值」與「公司價值」的新技術、新產品、新服務、新流程或新方法。

　　《The Innovators》（2014年出版）的作者Walter Isaacson說創新者能結合他們的想像力、熱情與科技，創造出驚人的成果。這些偉大的突破是匯集創意（idea）、需求（need）和技術（seed）而產生的。說到創意，一般認為是因為靈光一閃或直覺般的突然閃現。但是，愛因斯坦說：直覺是早期種種知識與經驗累積的成果。綜合以上幾位學者的意見，定義創新如次：

1. 創新就是要改變資源對消費者的價值，創新是一個經濟性或社會性用語，不是科技用語。
2. 創新的產出是推出新的或改良的產品、流程或服務上市。
3. 創新的範疇有：產品、流程、作業、服務及商業模式。
4. 創新的元素有：(1)具工作熱情的創業精神、(2)知識與經驗累積的創意（idea）、(3)可利用的科技、理論、技術等技術力（seed）、(4)滿足「顧客價值」與「公司價值」的需求（need）。

小博士解說

「將既有的知識與另一種既有知識重新組合」是創新泉源之一。這個想法由創新之父經濟學者Joseph Alois Schumpeter在八十年前提出，它將其命名為「新組合」。

資料來源：入山章榮著，林詠純譯：杜拉克過時了，然後呢？ P.64～65

開放式創新

　　開放式創新（open innovation）是將企業傳統封閉式的創新模式開放，引入外部的創新能力。在開放式創新下，企業在期望發展技術和產品時，也應該像使用內部研究能力一樣借用外部的研究能力。開放式創新是企業使用自身渠道和外部渠道來共同拓展市場的創新方式。

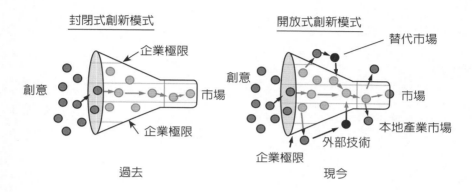

　　日本太陽化學株式會社為期提高技術開發的速度、品質和成本競爭力，透過各種國內外網路，運用「開放式創新」積極進行外部技術的蒐集、使用和融合。

　　太陽化學希望進一步發展公司的「核心技術」，並與外部專業人士一起開創新的價值，為世界各地人們的健康和富裕的生活方式做出貢獻。

✚ 知識補充站

　　做創新研發的機構很多，學校、研究機構、企業都在做創新研發的工作。其研發的目的各自不同。企業研發的主要目的是產品上市。企業以開發新產品（擴大營業額、獲取利益）為目的；開發生產技術、開發新工程、開發新原材料是為達成開發新產品的目的之手段。

第二章
企業研究開發的基本概念

2.1 研發計畫的方向與方法

多數企業的研發團隊沒有產品類別的研發策略目標，研發計畫也缺少明確的成果與進度目標。每一位研發人員努力於自己手頭上的工作，成果是隨著工作產生的，進度是水到渠成的。研究人員因為方向不對，工作一再反覆，因為方法不對，工作雜亂無章，即浪費時間又浪費資源，沒能預測成果更不易預定進度。

事實上，研發問題可大別分為方向論與方法論，即要研發什麼與如何研發兩個問題。一般來說，研究人員比較專注於方法的討論，而迷失於工作的方向。

研發方向論是策略性工作

研發方向論是策略性的工作，追求的是讓每位研發人員「做對的事」，追求to do the right R&D, doing the right projects。研發方向，研發題目、研發時程與工作的優先順序等應由研發主管與團隊成員協商做成決策。其主要的工作如下：

• 針對什麼領域研發？
• 選什麼題目做研發？
• 什麼時候做研發？
• 先後次序如何？

研發方法論是執行面的工作

研發方法論是執行面的工作，追求的是「把事情做對」，追求to do right the R&D, to do projects right。這些工作除了研發主管要關注之外，每位團隊成員都必須盡其所知、盡其所能去探討規劃、執行。其主要的工作如下：

• 研發成功的關鍵因素。
• 如何做有創造性的研發。
• 研發流程如何最恰當。
• 如何判讀市場訊息與活動。
• 如何組織研發團隊。
• 如何取得企業外部科技。
• 如何適當地配置研發預算。
• 如何管控研發進度。
• 如何提升研發效率。
• 成功的科技管理實務。

小博士解說

計畫的內容宜包括：
1. 計畫的產出事項是什麼？即計畫的目的是什麼？
2. 計畫用什麼手段執行計畫？
3. 在什麼前提與假設下執行計畫？

如何撰寫策略規劃（筆者寫給研發人員的一封信）

　　一個組織要能有效率的工作，必須先要定位組織的使命（即組織存在的目的），編織一個組織的願景（即夢想）。然後做產業環境分析，了解組織面對的外部機會與威脅，檢討組織本身的優勢與劣勢；做競爭者分析，了解組織面對的市場競爭態勢。再進行SWOT交叉分析，釐訂組織的工作方針（即達成願景的指向）與目標（即將完成的里程碑），進而形成策略（即達成願景的手段或方法）。最後根據策略完成年度工作計畫。組織的定位、願景、方針、目標、策略及工作計畫，是有連貫性的，而且這些工作以組織爲主體，所以必須由團隊成員共同討論。

　　我希望您們寫「○○酸」的研發願景、方針、目標、策略與工作計畫的目的是想借由你們的討論讓你們更了解市場的大小、屬性及成長性，充分掌握市場動向，讓組織做對的研發，讓你們把研發做對。我建議把你們的資料重整，以下列的模式展現。

一、組織的使命定位與願景。

二、產業環境與競爭者分析（資料要能滿足下列問號）：

　　(1)亞洲水產飼料總銷售（and/or生產）量；(2)亞洲魚種別水產飼料銷售（and/or生產）量；(3)亞洲魚種別水產飼料生產品牌與其生產量、成長性；(4)水產飼料的品質問題點與品質需求及其趨勢；(5)市場急待解決的飼料供應與品質需求；(6)競爭者的態勢與其行爲模式。

三、SWOT交叉分析：要找出市場需求（needs）與本公司研發能量（seeds）的交集點。

四、組織的工作方針與目標。

五、研發策略：以越南水產爲試金石進軍亞洲水產市場，更而稱霸全球。

六、年度水產研發工作計畫：要有長中期計畫與年度（短期）計畫。

　　我希望你們能充分了解爲何研發？研發何爲？做好工作計畫，如此必能展現你們的才華。這些事對你們可能生疏，好好的互相討論，向相關人員請益，相信不難。我也願意回應你們的疑問，不要猶豫並保持聯繫。

✚ 知識補充站

　　計畫是在採取行動實現特定目的之前，經過整理一切相關資訊，加以評估後，所做之合理行動思維。

2.2 研發計畫必須銜接企業的經營計畫

　　各企業競相快速持續推出高品質、高性價比、創新的新產品，企業正面臨著提高產品品質、功能、降低成本的巨大壓力。許多企業主（包括高階主管）總是抱怨自己的公司沒有研發人才；員工則抱怨企業無法快速增加研發投資，以彌補他們所面臨的研發挑戰。

　　事實上，解決研發能力的方法不能僅止於人才的招攬，也不能僅僅是在研發投資上「花費更多的錢」。一般來說，研發主管花費在如何分配研發資源的心思，少於用心於研發投資多少的關注。研發主管對於決定進行哪些研發，運用什麼級別的資源，和各研發主題的先後次序等複雜而關鍵的決策問題卻常常沒用上什麼力氣。

選擇具有策略性意義的研發目標

　　愈來愈多的企業管理階層認識到，研發整體成功的最關鍵因素是選擇具有策略意義的研發目標。研發能力的正確解決方法是要具策略性和具效率性的做好研發資源（包括人才）的分配。策略上正確的研發目標將為企業帶來良好的回饋；策略上不正確的目標將浪費研發資源與時間。

　　企業管理階層更了解到，研發計畫不能僅僅留給研究人員，必須由高級管理階層及時有效地確定研發策略、目標以及執行目標所需的資源分配。因為，只有高級管理階層才有權調動資源，確保將計畫納入一個有凝聚力，相輔相成的計畫。只有高級管理階層才能爭取資金，要求企劃、製造、銷售等單位的支援。

研發部門必須與其他相關部門建立合作夥伴關係

　　要成功的做好研發，增強研發能力，公司的研發部門必須要與經營部門、事業部門及其他相關部門（如生產部門、行銷部門、財務部門、法務智財管理部門、人力資源部門）建立合作夥伴關係，共同制定專注於為客戶和股東提供價值，同時與公司願景、經營策略、事業策略緊密相關的總體研發策略。其具體的作法是由公司的執行長為中心，招集各相關部門（特別是研發部門、經營部門、事業部門），成立「新產品研發委員會」，負責：(1)產業、新產品及技術發展趨勢分析；(2)研發政策與長期發展計畫（技術發展方向、核心技術規劃、新產品發展時程）之釐訂或修改；(3)研發計畫之釐訂；(4)研發成果檢討；(5)內部溝通與問題探討。

成功研發的決定因素與其相互關係

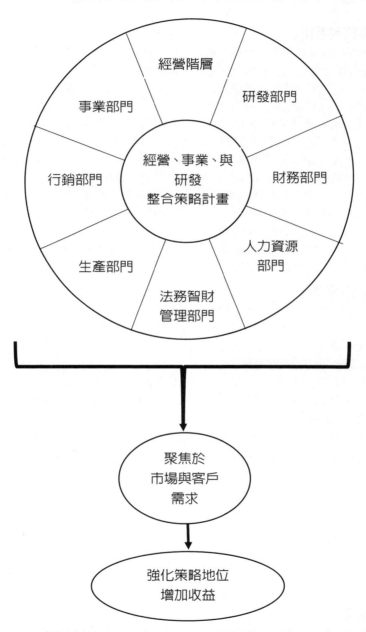

資料來源：Roussel, Saad, Erickson: The Third Generation R&D (Managing the link to corporate strategy) HBS (1991) P.20.

2.3 研發計畫的策略性目標要明確

研發的策略性目標

　　一個研發單位通常有很多項研發計畫在進行，為有效管理所有研發計畫的進行，必須要有策略性的管理辦法。把所有研發計畫按其策略性目標的不同加以分類並做適當配比。如此，可以方便於追蹤研發的進度與成果，隨時進行計畫的調整與研發資源的分配。企業研發有三個主要的策略性目標：

1. 維持與擴大現有事業的研發：包括現有產品的改良與新產品或新製程的開發。現有產品改良之目的可以是為提高顧客接受度或迎合新市場、新法規的需要，也可以是因應安全、環保等的考量，改用不同（或是新的）原材料或做製程改善等。而新產品或新製程開發之目的是改善企業在現有事業結構中的競爭地位。

2. 發展新事業的研發：包括應用現有的或新的技術提供新事業機會。所謂新事業，可能是全世界最新，也可能是對公司而言是新的。同樣的，所謂新技術，可能是全世界最新，也可能是對公司而言是新的。

3. 發展未來的研發：考慮現有事業、新事業的預見機會與改變公司競爭地位之所需，進行為企業未來做準備的研發。

企業研發的使命

　　企業的研發、策略、及使命通常隨著企業競爭所在產業的成熟度而異。產業生命週期（industry life cycle）可分為孕育期、成長期、成熟期及衰退期。

1. 處於產業孕育期的企業，研發的使命是開發新事業、協助建立產品的競爭優勢、建立與保護企業的智識財產權。

2. 處於產業成長期的企業，研發的使命是透過擴大產品的應用，擴充產品線、改良產品機能、降低成本，藉以改善企業的競爭優勢，協助事業的成長。

3. 處於產業成熟期的企業，研發的使命是擴大產品差異，並聚焦於降低成本。

4. 處於產業衰退期的企業，研發的使命是進行產品與生產技術的更新或放棄的決策。秉持 σ 理論，研發未來技術、未來產品、未來事業，以開創企業的未來。

小博士解說

要有效率的及時開發新產品，即要做到T.Q.C.參個字。即研發時間要短（T）、研發品質要好（Q）、研發成本要少（C）。

研發的策略性目標

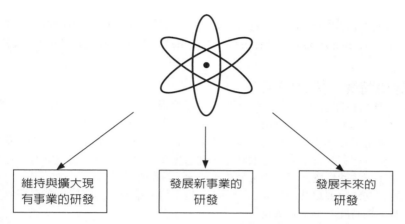

資料來源：Roussel,Saad,Erickson: The Third Generation R&D (Managing the link to corporate strategy) HBS (1991) P.18

研發的使命與產業生命週期

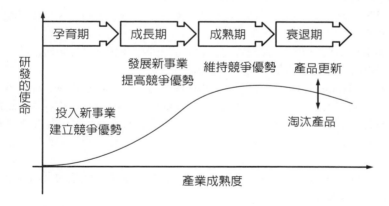

資料來源：Roussel, Saad, Erickson: The Third Generation R&D (Managing the link to corporate strategy) HBS (1991) P.19

➕ 知識補充站

策略上正確的研發目標將為企業帶來回報；策略上不正確的目標將浪費資源與時間。

2.4 研發時程必須加以規劃

　　Preston G.Smith與Donold G.Reinertsen在1998年著書出版縮短研發時間的研發方法，書名為《Developing products in half the time》。時間對研發的重要性是已被公認的議題。

研發是搶時間、搶錢的工作

　　企業經營的長期目標是成長與永續，短期目標當然就是獲利。為滿足企業的需要，研發活動必須能快速反應市場需求，研發成果必須能為企業獲利。

　　研發活動必須以其成果能為企業及時帶來利潤為目標。簡單的說，研發的成果要有助於擴大企業即有的營業額、獲取利益、創造企業優勢，提升企業競爭力。具體的執行重點是注重快速反應市場，力求低成本研發，高競爭力產出。

　　研發題目的決定要以其成果能否賺到錢（是否努力搶錢），完成研發需要多少時間（是否努力搶時間）等來做決定。

研發時程必須加以規劃

　　Roussel、Saad、Erickson三人在其著作《The Third Generation R&D》中第26頁這樣寫：

To the business managers "complaints that" results are always just around the corner, the researchers retort that "Break-throughs cannot be forecast."

　　這意義是說：對於業務經理「結果總是指日可待」的抱怨，研發人員反駁說「突破是無法預測的」。

　　這真是非常寫實的一句話，在筆者的經驗中這一幕情景經常反覆再現。我們不免要問「突破是無法預測的」這句話是真的嗎？

　　2010年4月，與Francis Crick共同發現DNA雙螺旋結構的James D.Watson受邀來台，在清華大學與陽明大學演講時說道：當年他與Francis Crick經過自我評估，認為可以在三年內解出DNA結構的真相（這是研發人員的信心），而且每天都在想「也許明天就可以找到答案了」（這是研發人員的期望）；憑著這樣的決心與期望，搶先解開DNA結構之迷。

　　有學生又問Watson，研究要多久才適當？Watson說：研究要能很快做出成果，最好在三年以內，五年就太久了。

　　可見，研發時程是必須加以規劃的。

小博士解說

・R（research，研究）指的是發現新事物、新想法、新用法。所謂的新，可能只是對我們而言的新，對世界來說就不一定是新了。R比較難以預期設定時間表。

・D（development，開發）是以已知的方法來開發新產品。D比較可以計畫行事。

在許多行業中，企業的產品開發比過去所花時間已能節省大約一半。

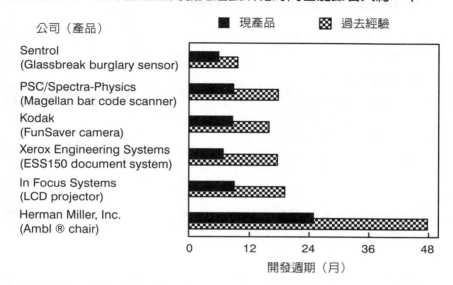

克萊斯勒進行縮短開發週期成功，對成熟行業來說，是非常令人印象深刻的。

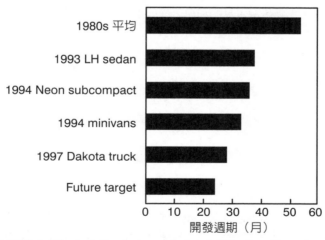

資料來源：Smith & Reinertsen: Developing products in half the time (New rule、new tools) 2nd edition, Wiley (1998) P.2&6.

➕ 知識補充站

　努力縮短研發前置作業，大大的有助於縮短研發時程：

　新產品從創意到上市，約一半的時間花費在實質研發開始之前。Smith與Reinertsen在他們的著作《Developing products in half the time》稱研發的前置作業為The Fuzzy Front End，是一個模糊研發時期。

2.5 要掌握研發管理的元素

研發管理涵蓋著研發策略、研發管理及研發作業等三個層次，策略對了管理才會有效，作業才能表現出效率。

掌握研發管理的元素

研發管理的標的，是要有效率的管理研發資源（即研發預算、研發設備、研發人才、技術）。基本上，研發管理要管理的元素有：
1. 制度：建立良好的作業執行與管理制度。
2. 管理：研發方向、方法與進度的管理。
3. 人才與技術：人才、技術的培育與管理。

制度

包括研發策略、研發管理及研發作業的各種制度、標準作業方法，部門聯繫機制等。

管理

要選好研發方向、訂對題目、有計畫的推動工作，做好決策。

人才與技術

培養專業技術人才，推動研發工具的利用，提高工作能力，激發工作熱誠。

小博士解說

伊士曼柯達公司（Eastman Kodak Company）成立於1881年，2010年員工人數18,800人，營業額72億美元。柯達生產的產品，有各種膠捲、相機膠片、感光紙等照相材料、立可拍相機、X光片、幻燈機、錄影帶、鋰電池、印表機、影印機、燒錄光碟等。
柯達膠捲在數位相機和智慧型手機出現之前，一直是人們用於記錄生活、旅遊、婚禮及工作等美好時刻的產品。1928到2008年，每一部奧斯卡最佳影片都是用柯達膠片拍攝的。伊士曼柯達公司也曾經開發照相機供阿波羅11號登月行動使用，捕捉人類第一次登上月球的歷史性照片。柯達是一家最具創造力的公司，但是2012年1月19日，柯達在紐約提交了破產保護申請。柯達之破產，有人指出是因為柯達沒能及時因應數位時代來臨的市場變遷。

研發管理

研發管理元素

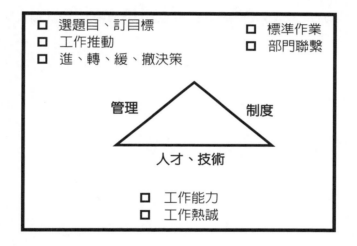

＋知識補充站

　　柯達的失敗，不是公司不知道膠片將被數位取代，而是公司一直無法捨棄自己是一個影像公司的理念。事實上，柯達早在1975年就開發出了世界上第一台數位照相機。也在四年後，聽取了數位技術發展前景的分析報告。根據報告預測，柯達所有成功銷售的產品（膠片、照片和照相機）最遲在2010年必被數位取代，柯達的膠片世界注定會消失不見，業務將縮水到一無所有。柯達曾有過多次重組公司、全面改變發展方向的嘗試，但是從未成功。

2.6 研發成果是團隊的

研究開發對企業的貢獻經常被模糊看待，研發成果常常被業務、生產等單位瓜分。研發人員常有抱怨說「新產品上市，暢銷了是行銷的功勞，品質出狀況是研發做不好」。事實上，研發成果是團隊的，參與人員要有成果分享的胸襟。

研發成果的生成

研發成果的價值來自研發項目本身的價值與研發力的相乘效果。研發力則是來自投入的研發經費、研發花費時間及投入研發的人力等資源之相乘結果。

研發成果對企業的貢獻度

瀨川正明在它的著作《新製品開發入門》以概念性公式說明，研發成果的價值將受到生產力、販賣力、市場規模、市場競爭度、或市場需求度，或增或減節節變化。

研發成果是團隊的

顯然的，成功的研發成果是研發人員、生產人員、營銷人員、工程人員、採購人員等的集體成果。

小博士解說

芬蘭公司諾基亞（Nokia Corporation）創立於1865年，1998年超越摩托羅拉（Motorola, Inc.）成為全球最大的手機製造商。1999年，其市場占有率達到27%，遠遠拋離了第2位的摩托羅拉（市場占有率19%）。並於2003至2006年間達到高峰，全球市占率高達四成以上。但是這一家曾經是全球行動電話手機市場龍頭老大的Nokia，在2011年第二季，被三星（Samsung）超越了，被列入可能消失的品牌名單中。網路評語是說，「NOKIA最大的敗筆就是維持一貫性的設計，把同一款產品翻來覆去，改來改去，怎麼看都是換湯不換藥。這樣的把戲玩久了，就算原本喜愛NOKIA的使用者，也會膩到不行，乾脆琵琶別抱。」這又是一樁沒能反擊競爭對手、因應市場需求、緊隨市場趨勢，造成失敗的例子。

瀨川正明的概念性公式

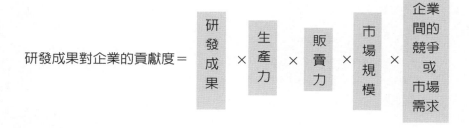

資料來源：瀨川正明：新製品開發入門，page 201

✚ 知識補充站

　現代企業面臨的經營環境，是一個變化速度非常快的環境，有無法預測的非連續性變化，對企業的衝擊很大，因應錯誤可能成為企業的致命傷。為精確因應如此的環境變化，企業必須有適當的經營策略。環境變化是企業成長的機會也是抑制企業活動的威脅，如何擴大機會減少威脅，繼而轉化威脅為機會。現狀的延續或是部分的因應不足於解決問題，必須進行經營結構的改革。所謂經營結構，指的是產品、市場、資源、組織、資本等執行經營活動的基本要素。

第三章
新產品開發的問題點與研發成功的關鍵因素

3.1 要了解新產品開發的問題點

新產品開發常常遇到一個題目研究很久就是沒有成果，更常見產品上市不久就得下市。事先了解問題在哪裡？有助於成功地開發新產品。

了解問題是有系統地研究開發體制成效的第一步，它可以分為五個階段來進行：第一階段是現狀調查，先了解當前新產品研究開發工作進行的實際情形。第二階段是把握問題點，了解目前制度的問題加以明確化。第三階段是完成問題點解決方案。第四階段是試實施新制度。第五階段是修正。

新產品開發的問題點

新產品開發過程中有很多問題阻礙其順利進行。本文將就組織上的問題點、人才問題、工作計畫的問題點、評價的問題點、產品概念與銷售重點之設計問題、與其他單位（或工作）的配合問題、技術移轉問題、開發效率的問題點、暢銷產品難求問題等分別簡略敘述如次：

1. 組織上的問題點：常見的問題有：(1)由於研發人員過於自由決定自己的研發題目造成研發工作的權責不明；(2)研發之決定與推動的責任者不明確；(3)營業單位與研發單位不同步；(4)缺乏最高經營主管之支持；(5)研發單位的組織位階不恰當。
2. 人才問題：參與研發工作的人員不只是直接做研發工作的研究員（researcher）。其他，如主持研發的領導者（leader）、產品企劃人員（executive）、顧問（adviser）及扮演支持者（sponsor）角色的主管，都將影響研發績效。特別是，主持研發的領導者才是問題的重點。
3. 工作計畫的問題點：常見問題有：(1)研發的方針、目標、計畫不明確或未讓有關人員充分了解；(2)沒有研發計畫；(3)研究計畫不全；(4)行銷計畫不完善。
4. 研發過程中各階段評價的問題點：研發過程中必須做各種評價，如創意評價、開發順位的評價、產品觀念評價、研製品評價、研製品商品化評價、商品推廣評價等。
5. 產品概念與銷售重點之設計問題點：產品概念沒有獲取相關單位的認同的話影響研究開發進度甚巨。銷售重點之設計不完善，新產品不容易暢銷。
6. 與其他單位的工作配合問題：常見問題有：(1)產品開發計畫疏忽於配合行銷計畫；(2)生產設備的增置或修改未能及時做好配合產品研發計畫；(3)生產準備相關事項，如法令、設備、原材料、人工、生產日程排定等的配合。
7. 技術移轉問題：研發單位與生產單位相互權責不理解。
8. 開發效率的問題點：常見問題有：(1)開發構想成為商品上市的比率低；(2)上市產品成為暢銷產品的比率低。

小博士解說

新產品開發最大的問題是研發項目的決定。通常，研發項目容易被模糊，起因於沒有做好「項目評估」所做的決策。

阻礙新產品開發的問題點

新產品開發組織的力量薄弱 ・・・・・・・・・・・・・・・・・・・・・・・・・・	（64家）
人的能力不足 ・・・・・・・・・・・・・・・・・・・・・・・・・・・・・・	（18家）
營業部門不配合（不熱心） ・・・・・・・・・・・・・・・・・・・・・・・・	（15家）
資訊蒐集不充分 ・・・・・・・・・・・・・・・・・・・・・・・・・・・・	（13家）
資金不足 ・・・・・・・・・・・・・・・・・・・・・・・・・・・・・・・・	（11家）
開發方針不明瞭 ・・・・・・・・・・・・・・・・・・・・・・・・・・・・	（10家）
需要的預測困驗 ・・・・・・・・・・・・・・・・・・・・・・・・・・・・	（ 9家）
決策獨斷 ・・・・・・・・・・・・・・・・・・・・・・・・・・・・・・・・	（ 8家）
評價困難 ・・・・・・・・・・・・・・・・・・・・・・・・・・・・・・・・	（ 7家）
沒有好的開發構想（IDEA） ・・・・・・・・・・・・・・・・・・・・・・	（ 5家）
開發工作的推展困難（或商品化不順利） ・・・・・・・・・・・・・・・・	（ 5家）
開發工作的推行不積極（或不能順利的大量生產） ・・・・・・・・・・・・	（ 5家）
沒有充分的時間 ・・・・・・・・・・・・・・・・・・・・・・・・・・・・	（ 5家）
最高經營階層人員不熱心（保守） ・・・・・・・・・・・・・・・・・・・・	（ 4家）
決策不明確（遲鈍） ・・・・・・・・・・・・・・・・・・・・・・・・・・	（ 3家）
設備不足 ・・・・・・・・・・・・・・・・・・・・・・・・・・・・・・・・	（ 3家）

（註）1. 數字代表公司數。

2. 上表為河野豐弘教授於1967年實際調查211家公司所得資料。取材自河野豐弘「經營戰略の解明」，ダイヤモンド社，1974年，p.163

✚ **知識補充站**

　　新產品開發的問題點來自本文所指出的一些問題，而顯現出來的最大問題是花費在新產品開發的作業總時間太長。

　　新產品開發的時間，從有了題目到正式著手研發為止的時段，稱為前置作業時段，經Preston G. Smith與Donald G. Reinertsen指出，縮短前置作業時段可以省掉一半的新產品開發時間。理由是很多研究是在市場需求與產品概念模糊不清下即著手研究，致使研究工作反覆空轉。

3.2 新產品開發過程中問題點研究之問卷範例

　　盲目的工作，即使加倍努力也是徒勞無功的。針對面對的問題進行事先的了解，了解問題現狀、了解問題所在、了解問題發生原因，對症下藥才是解決問題的王道。

　　本問卷是為了了解新產品開發過程中的問題點而設。問卷範圍可縮小為公司內部適用的規模，也可以擴大規模做行業間的比較分析。

問卷封面

各位女士、先生：您好！

本人正在探討國內各企業在新產品開發過程中所遇到的問題點，希望了解國內企業新產品研究開發之實況。

本調查所得所有資料僅供做團體分析參考，決不公開單一資料，也不移作他用，敬請協助作答。謝謝！

○○○　敬上

民國○○○年○○月

問卷內容

1. 新產品開發過程中是否有下列組織上的問題？請在適當的□內畫個✓記號：

　　□ (1)公司未明確規定新產品開發的負責單位。

　　□ (2)開發過程中做各種決策之單位不明確。

　　□ (3)開發過程中之各種決策由某人（或某些人）獨斷獨行。

　　□ (4)缺乏最高經營主管之支持。

　　□ (5)研發、行銷或營業、生產、工程等各部門間之配合不好。

　　□ (6)新產品開發組織的力量薄弱。

2. 負責「新產品開發企劃」的部門棣屬於什麼單位？請在適當的□內畫個✓記號：

　　□ (1)直屬總經理　　　　　　　□ (2)屬副總經理或相當職級人員管理

　　□ (3)屬事業部門經理　　　　　□ (4)屬工廠廠長

　　□ (5)屬工廠製造部門　　　　　□ (6)屬工廠品管部門

　　□ (7)其他單位（請註明：　　　　　　　　　　　　　　　）

　　□ (8)未設專責單位

3. 負責「研製新產品」的部門棣屬於什麼單位？請在適當的□內畫個✓記號：

　　□ (1)直屬總經理　　　　　　　□ (2)屬副總經理或相當職級人員管理

　　□ (3)屬事業部門經理　　　　　□ (4)屬工廠廠長

　　□ (5)屬工廠製造部門　　　　　□ (6)屬工廠品管部門

　　□ (7)其他單位（請註明：　　　　　　　　　　　　　　　）

　　□ (8)未設專責單位

4. 負責「推動新產品開發」的部門棣屬於什麼單位？請在適當的□內畫個✓記號：
   - □ (1)直屬總經理
   - □ (2)屬副總經理或相當職級人員管理
   - □ (3)屬事業部門經理
   - □ (4)屬工廠廠長
   - □ (5)屬工廠製造部門
   - □ (6)屬工廠品管部門
   - □ (7)其他單位（請註明：＿＿＿＿＿＿＿＿＿＿＿＿＿＿＿＿＿＿＿＿）
   - □ (8)未設專責單位

5. 目前有多少產品線（一群密切相關的產品稱為一產品線：如汽水線即包括所有汽水之謂）？請在適當的□內畫個✓記號：
   - □ (1)有一或二產品線
   - □ (2)有三或四產品線
   - □ (3)有五或六產品線
   - □ (4)有七或多於七產品線

6. 新產品開發過程中是否有下列人事上問題？請在適當的□內畫個✓記號：
   - □ (1)研究人員的「人數」不足。
   - □ (2)研究人員的「能力」不足。
   - □ (3)新產品研究的「領導人（Leader）」不足。
   - □ (4)新產品開發的「企劃人（Executive）」不足。
   - □ (5)新產品開發的「指導人或顧問（Advisor）」不足。

7. 新產品開發過程中是否有下列工作計畫上的問題？請在適當的□內畫個✓記號：
   - □ (1)新產品開發方針不明確或未讓有關人員充分了解。
   - □ (2)新產品開發目標不明確或未讓有關人員充分了解。
   - □ (3)新產品開發計畫不明確或未讓有關人員充分了解。
   - □ (4)研究計畫不全。
   - □ (5)行銷計畫不善。

8. 近三年的研發狀況：
   - (1)上市新產品先有「開發計畫」，並經「研究活動」而「上市」者有幾件？
   - (2)上市的新產品中沒有「開發計畫」，而經「研究活動」而「上市」者有幾件？
   - (3)貴公司的研究活動在有了「開發計畫」之後才進行者有幾件？
   - (4)貴公司的研究活動在沒有「開發計畫」之下進行者有幾件？
   - (5)新產品「開發計畫」完成後即沒有下文的有幾件？
   - (6)新產品研究完成後未上市者有幾件？

9. 新產品開發過程中做過些什麼樣的評價工作？請在適當的□內畫個✓記號：
   - □ (1)創意評價。
   - □ (2)產品概念評價。
   - □ (3)研製品品質評價。
   - □ (4)研製品商品化評價。
   - □ (5)商品推廣評價。
   - □ (6)新產品開發順位的評價。
   - □ (7)研究開發工作的評價。

10. 開發新產品時是否有下列問題？請在適當的□內畫個✓記號：
    □ (1)新產品研發時，沒有建立明文的產品概念（Product Concept）。
    □ (2)新產品研發時，沒有明文的產品推銷重點（Sales Point）。
    □ (3)新產品的產品推銷重點不是從產品觀念引導出來的。
    □ (4)新產品正式生產時，研發人員沒有到工廠協助生產。
    □ (5)新產品的包裝是由研究人員設計。
    □ (6)新產品的包裝是由行銷或業務人員設計。
    □ (7)開發構想（Idea）成為商品上市的比率低於10%。
    □ (8)上市產品成為暢銷產品的比率低於5%。
    □ (9)感覺到新產品銷售預測困難。
    □ (10)感覺到技術資訊蒐集不易。
    □ (11)感覺到市場資訊蒐集不易。
    □ (12)感覺到研發資金不足。
    □ (13)感覺到研究設備不足。
11. 基本資料
    您服務的單位名稱：
    填寫問卷人姓名：　　　　　　職稱：

小博士解說

美味的定義
‧美味是食用者從食用食品（含食物，以下同）前至吞食完成的整個過程中，經過五感（即視覺、嗅覺、味覺、觸覺、聽覺）把食物蘊含的訊息傳送到腦部，由腦部做出對食物所感受到的口味、氣味、質地等的判斷結果。
‧以官能品評所做美味判斷富有主觀因素，且受食品攝食者與攝食環境之影響頗巨。
‧不同的食品有其不同的美味指標。

✚ 知識補充站

多樣的企業經營環境

　　臺灣食品企業當前面臨的經營環境，是市場競爭者更替的環境、是商業模式（business model）多變的環境。

1. 市場競爭者更替的環境

　　1960年代，罐頭業外銷衰竭，企業紛紛轉型，有的轉戰內銷市場，有的蛻變為專業代工廠，更有轉戰其他行業者。是臺灣光復以來，食品產業第一次發生競爭生態的大變動。1990年代，貿易商、中小食品企業、大型食品企業，夾著資本、技術、行銷、管理的絕對優勢前進中國大陸。同時期，建築業蕭條，過去賺到錢的建築商也紛紛轉移資金，投資食品行業。加上，口蹄疫的爆發，養豬業產值減半，再次引起市場競爭者的角色更替。

　　2010年代是臺灣食品業第二次的異業投資期，科技產業投資食品業，如：

　　(1) 2011年，金利祐興集團成立「金利食安科技」，投資新穎性的食品非熱加工技術──高壓加工技術（High Pressure Processing, HPP）。

　　(2) 2012年，飛弘科技工程投資植物工廠的研發。

　　(3) 2012年，崇越科技轉投安永生技，應用細胞活存技術（Cells Alive System, CAS）。

　　(4) 2013年，台一國際集團成立「瀚頂生物科技」，跨足生態養殖。

　　當市場競爭者有了改變，市場的遊戲規則就會受到影響，企業決策也須跟著有所變化。

2. 商業模式多變的環境

　　1970年代末起，企業紛紛前後引進便利商店，超級市場、量販店、購物中心。這些新的業種（kind of business）、業態（type of operation）蓬頗發展，並延伸出更多的新業種、新業態，如農產品的分級包裝廠、鮮食廠、物流中心等。在產品方面，也有茶葉蛋與黑輪之走入超商、各種18℃鮮食、超商便當等新產品被開發出來。SARS與COVID-19改變了消費者的消費習慣，鮮食廠需要快速的新產品開發能力，這些都是商業模式因應經營環境改變的結果。競爭者愈多、競爭者的競爭力愈強，參與競爭的企業就需要有更新的、與眾不同的創新商業模式。因此，市場上隨時有各式各樣的商業模式出現，也隨時有不適當的商業模式被淘汰。

3.3 要有能執行任務的研發組織

研發組織必須是「任務導向型的組織」、「專家制度型組織」。視需要在不同狀態下運用「矩陣組織」或「彈性編制組織」。爲利於專業分工整合管理必須視需要運用「矩陣組織」，在大型研發專案爲配合研發各階段的專業人力需求做「彈性編制組織」。

研發組織要在適當的位階上

企業內單位的組織位階決定該單位的工作範疇。當研發直屬總經理，研發的工作會照顧全企業：當研發屬於某一事業部，研發工作思考的只有該事業部的產品。因此，企業主管應先確定交付研發的任務範疇，然後把它置放在適當的位階上。最重要的是組織要在適當的位階上，才能發揮作用

研發工作列入經營核心議題

創業之初，產品與資金、人員、設備並列爲不可缺的要素。此期創始人絕對關心他的第一個產品，產品開發掌握在最高經營階層，產品開發單位與最高經營階層最爲接近，但是產品開發的決策容易流於獨斷。

慢慢地營業成爲公司最重要的工作。經營階層將有一段時間無暇關照產品開發作業，於是產品開發工作暫被遺忘，研究開發可能委由工廠品管單位兼任。

繼營業成長漸趨穩定，競爭的威脅很快的來臨。經營者開始感覺到新產品的需要，大家出主意找人開發新產品，一方面公司業績蒸蒸日上，組織複雜化、細分化，造成新產品研發工作，單位權責不明、決策單位模糊、決策不明確或遲鈍等現象。

這些問題促使研究開發再度被重視。公司開始討論集中與分散研究開發工作的利弊、研究開發單位的層次等問題，以避免單位間協調的困難，把握商機。

因此，經營中心宜將研究發展視爲主要經營機能之一，與營業、行銷、生產及財務相題並論。

要有能執行目標任務的研發組織

組織概念要以任務目標爲中心。組織在形態上要考慮管理階層少、運作具彈性，效率高。不同的任務要有不同的組織編制，比如：

1. 果汁飲料、乳製品、肉製品等消費性包裝食品在開發時程上比較沒有時間壓力，研發組織可以用產品類別來分工，由專人或專門團隊完成研發。
2. 味精、製糖等製程較長、各操作單元的製造技術領域差別大，宜以技術分工團隊研發。
3. 團膳、CVS冷櫃品等生命週期短暫，客戶要求新產品的時間緊迫的產品，研發人員要與行銷人員站在同一戰線上工作，但又不能與研發資源脫勾，宜採用矩陣式組織。

日本味の素株式會社R&D部門的組織

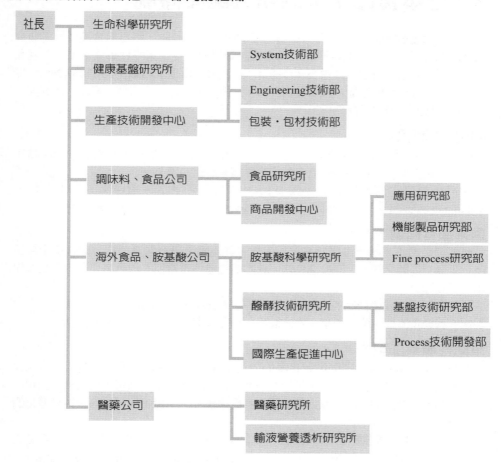

★ 表中有三階層的研究單位，各研究單位為其所屬上一級單位工作。

＋ 知識補充站

　　筆者整理國內股票上市的十大食品公司資料，發現研究開發單位在組織中的地位與企業的產品線多寡有關。

　　➢ 產品線在1～3線的公司未見設有專責的研究開發單位。

　　➢ 產品線在3～5條者研究開發單位有的棣屬工廠，有的棣屬事業部。

　　➢ 產品線在5條以上者研究開發單位的層次最高，直屬總經理室。

3.4 日本食品企業的研究開發體制

　　2004年富士經濟調查40家日本食品企業的研究開發體制，將日本食品企業的研究開發體制分爲「中央研究所型」、「事業部管轄型」及「策略性事業部型」三種類型。受調的40家中有10家（占25%）採用「中央研究所型」組織，10家（占25%）採用「事業部管轄型」組織，20家（占50%）採用「策略性事業部型」組織。研究開發體制各類型的定義與優缺點爲：

中央研究所型

　　此型組織常爲產品供應穩定而量大的公司所採用。其優點是專業知識的累積容易，基礎研究豐富。缺點是研究主題的應變頗有僵化的現象。

　　採用此型研究開發體制的企業有S＆B食品、可果美、永谷園、日本製粉、Kikkoman、Asahi飲料、伊藤園、Kirin beverage、日冷、Maruha group本社。

事業部管轄型

　　此型組織的研究部門直屬於事業部管轄。其優點是研究開發能充分配合事業部策略、研發全程觀念統一、開發速度快。缺點是過於注重當前的市場需要，少有長期規劃的研發題目。

　　採用此型研究開發體制的企業有日清食品、House食品、Fujicco、日本油脂、不二製油、養樂多本社、明治製菓、森永製菓、協和發酵工業、日本Tobacco產業。

策略性事業部型

　　此型組織多爲積極參與開發新市場的公司所採用。其優點是可以快速反應市場需求。缺點是不能專注於基礎的、長期的研究發展主題。近年來採用此型組織的公司，透過與其他各部門的協調，取得基礎研究和應用研究的平衡，展現出該企業最適化的獨有特色。

　　採用此型研究開發體制的企業有：味之素、Kewpie、昭和產業、日清製粉集團本社、日清Oillio、可爾必思、Itoham、Nipponham、Asahibeer、Kilinbeer、Sapporobeer、Suntory、Nichiro、日本水產、明治乳業、森永乳業、Glico、龜田製菓、Bourbon、花王。

　　無論哪一種類型的組織皆各有其優點與缺點，沒有所謂的最佳組織。每家公司都基於其經營願景、技術能力、和研究主題，整合建立一個最適合該公司的研究開發體制。依照趨勢，今後採用業務部門和研究部門密切聯繫的「事業部管轄型」和「策略性事業部型」的企業會繼續增加。

中央研究所型組織範例
（可果美株式會社）

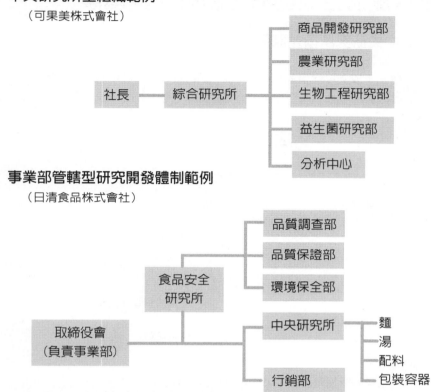

事業部管轄型研究開發體制範例
（日清食品株式會社）

策略性事業部型研究開發體制範例
（可爾必思株式會社）

3.5 日本食品企業的研發組織與其職掌

【範例一】中央研究所型體制範例

公司名稱：日本製粉株式會社

公司簡介：1896年成立，從事麵粉生產、業務用預拌粉、冷凍食品、健康食品、
　　　　　寵物食品等。

研發組織：

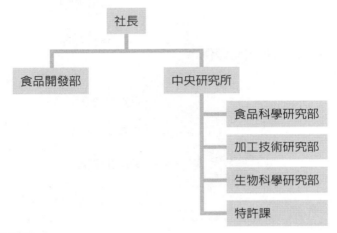

研發部門的職掌：

中央研究所：基礎研究的產品開發，生物科技研究等全方位綜合研究機構，下設三
　　　　　　部一課。

　食品科學研究部：轄下設五個研究群

　　食品分析研究群：負責各項分析與分析方法的開發。

　　穀物科學研究群：小麥粉基礎研究、原料品質綜合評估、小麥粉開發。

　　麵類研究群：負責麵類產品開發。

　　食品開發研究群：製粉周邊產品、小麥源健康素材等新食品開發。

　　寵物食品研究群：狗、貓、觀賞漁等寵物食品研究。

　加工技術研究部：轄下設四個研究群

　　Premix研究群：產品開發與原材料基礎研究。

　　烘焙技術研究群：小麥粉二次加工技術與產品之基礎與應用開發。

　　冷凍食品研究群：冷凍食品研究開發。

　　Coating mix研究群：Coating素材、配方研究開發。

　生物科學研究部：轄下設二個研究群

　　Fine chemical研究群：生理活性物質之探索及應用商品研究。

　　生物科學研究群：分子生物學研究及相管產品開發。

　特許課：專利資訊、技術的管理。

食品開發部：家庭用產品之新產品開發企劃與設計。

【範例二】事業部管轄型體制範例

公司名稱：不二製油株式會社

公司簡介：1950年成立，從事油脂、製菓與烘焙素材、大豆蛋白等生產事業。

研發組織：

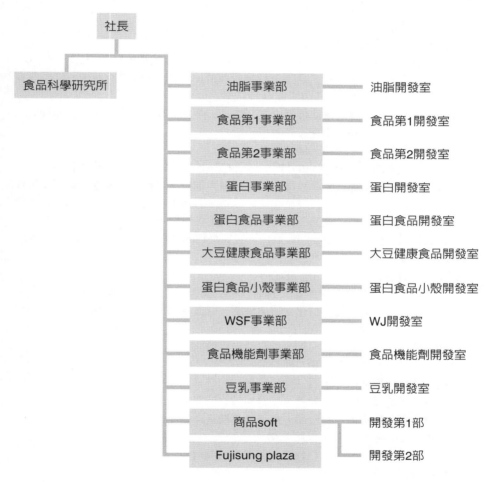

研發部門的職掌：

　　食品科學研究所：推動三新開發（新產品、新技術、新市場），培育適用於全世界的研究員，強化三新開發與技術基盤切入新領域。

　　各事業部的開發室：各事業部業務領域內新產品開發。

　　Fuju：進行食品的用途開發，並設多處提案營業據點推廣之。

【範例三】 策略性事業部型體制範例

公司名稱：味之素株式會社

公司簡介：1925年成立，從事調味料、油脂、加工食品、飲料、乳製品、醫藥品、胺基酸、化成品及其他事業。

研發組織：見第51頁「日本味の素株式會社R&D部門的組織」。

研發部門的職掌：

Corporate Lab.：設有三個研究所

　　生命科學研究所：後基因組（post genome）研究，腦及神經科學研究，探索Bio新素材，透過進行味覺與Flavor的研究開拓新領域，支援既有事業，分析中心。

　　健康基盤研究所：含有健康機能之胺基酸、天然食品等素材的發掘、機能機制的基盤研究及其應用研究。

　　生產技術開發中心：下設三個技術部

　　　System技術部：作業system分析、作業的改善革新、作業系統標準化。

　　　Engineering技術部：生產設備之材質診斷與選擇。原料／產品等之粉塵暴發性與自然發火性之診斷、對應策相關技術之開發與支援。新產品工業化process與生產設備開發。

　　　包裝包材技術部：Design的最適化、包裝材料的選擇、包裝設備的設計。

Company Lab.：

　　調味料／食品公司：設一所一中心。

　　　食品研究所：獨創性加工食品製造技術的開發，新素材開發，食材／食品健康機能的科學根據之解明，建構高水準品質保證體制，商品力評價。

　　　商品開發中心：調味料、新素材及酵素用途開發。

　　海外食品／胺基酸公司：設二所一中心。

　　　胺基酸科學研究所：下設三個研究部

　　　　應用研究部：健康、營養、美容領域之研究。

　　　　機能製品研究部：化妝品、高品質高機能產品開發。

　　　　Fine process研究部：以胺基酸、核酸爲主之醫藥品新製法開發，胺基酸、核酸等新素材製法開發。

　　　醱酵技術研究所：下設一個研究所，一個開發部。

　　　　基盤技術研究所：胺基酸／核酸生產菌之基因訊息解析等。

　　　　Process技術開發部：生產菌株的育種、醱酵技術等。

　　　國際生產促進中心：國外工廠的設立等。

　　醫藥公司：下設二所。

　　　醫藥研究所：新藥開發。

　　　輸液營養透析研究所：產品開發。

【範例四】 策略性事業部型體制範例

公司名稱：森永乳業株式會社

公司簡介：1949年成立，從事乳與乳製品事業。

研發組織：

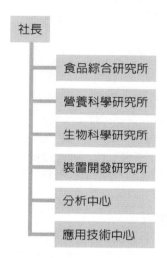

研發部門的職掌：

食品綜合研究所：乳、乳製品等食品的研究、開發與改良，無菌作業、乾燥、造粒、醱酵等技術開發，國外合作等。

營養科學研究所：嬰兒配方奶粉、高齡營養流動食、臨床營養食品等研究開發。

生物科學研究所：醫藥、食品、健康領域之研究開發。

裝置開發研究所：生產技術之研究開發，先端技術的應用研究等。

分析中心：營養成分、食中毒菌、農藥殘留及排廢水等分析，主辦各工產檢驗技術講習會。

應用技術中心：商品調理法、美味分析等研究與評估。

3.6 要有傑出的研發領導人

英特爾創辦人葛洛夫在他的著作《活著就是贏家》中曾有下列一段話：1969年7月4日，葛洛夫在筆記本裡貼上《時代》雜誌的一段文字，並寫上「我的工作內容？」這段文字是電影導演的工作說明：

任何導演都必須掌握極其複雜的工作。他必須擅長配音和攝錄影、安撫演員的情緒、啟發藝術才華。偉大的導演還有更重要的工作：他必須有憧憬，並有力量讓所有元素融合為一個美好的整體。

葛洛夫剪貼這段話，用以自問這是否是經理人的工作內容。

筆者認為，研發領導人的具體工作是：(1)釐訂前瞻、(2)計畫當下、(3)領導團隊、(4)建立標準工作規範、(5)善用研發工具、(6)能持續或終止決策、(7)管控研發進度、(8)具技術整合能力、搜尋資源能力及創造研發績效的能力——即要能搜尋資源、分散研究、整合研究、整合技術、內化成果。

能建立有活力的研發團隊

團隊要有活力，年齡組合、教育訓練，重視工作績效，缺一不可。有活力的研發團隊必須是年齡組合適當的組織。二十歲年代的研發人員，剛進入公司是受教育時期，但是公司必須靠這些人輸入新的科技。三、四十歲年代的研發人員，正值年輕有強烈的工作慾望，既了解公司也熟悉公司的工作，是公司的中流砥柱。五十歲以上的研發人員，工作經驗豐富，但是創意與接受新科技能力將隨年齡之增加而遲鈍。因此，經驗豐富又具領導能力者，由他們指導研究可收事半功倍之效；不善於領導者，宜盡速安排退出研究第一線，轉任相關的生產工場或業務單位，再度發揮他們的專長。在職教育是賦以團隊能力的關鍵。團隊可以分為領導與被領導兩種群體。領導群在觀念上希望他們具有「多年度思考概念」與「世界觀」，在工作能力上，希望能作好技術指導，也具有行政管理能力。對於被領導的群體，我們期待有豐富的學識與經驗，能獨立在某一技術領域裡成為專家。工作績效的表現與個人工作能力、工作努力度及工作的效率有關。在管理上，重視工作績效是團隊發揮能力，締造績效的引線。

小博士解說

提高研發效率的方法：
1. 各單位之研發與行銷相關人員，以新產品類別，組織專案小組（研發協調會）。定期討論：(1)蒐集、評估新研發項目、(2)發展「新產品概念」、(3)研發進度、(4)單位協調。
2. 給研發項目和時間標價：
   (1)每一個研發項目要標示預期為公司創造多少營業額？
   (2)每一位研究人員要定期回顧已創造多少營業額？

能建立標準工作規範

團隊成員遵循相同的作業程序工作，可以減少作業浪費。以下是研發作業標準清單範例：

1. 新產品開發體系與工作程序。
2. 產品改良體系與工作程序。
3. 委託加工體系與工作程序。
4. 食品品評標準工作手冊。
5. 新品牌原料申請採用工作程序。
6. 商品標示之製訂辦法。
7. 投資及新事業開發體系與工作程序。
8. 技術合作體系與工作程序。
9. 開發協調會組織章程。

能經常關心研發的績效指標

一般關心的指標有：新產品開發數量、新產品開發成功率、製程效率改善數量、提升多少產品的附加價值、品質水準改善績效、生產成本降低多少。

中華民國企業經理協進會「國家傑出經理獎」研究發展經理評審指標是：

1. 研發企劃、資源統籌與分配。
2. 研發作業之制度設計、執行、控制與改進。
3. 最近二年開發上市之新產品銷售額占目前營業額的比率。
4. 最近二年新產品上市所產生的利潤效益。
5. 研發專案管理體系的建立。
6. 新產品、新品種、新原料、新設備、新製造技術、新檢驗方法的開發情況。
7. 產品、原料、品種、設備、檢驗及製造技術的改良。
8. 研發人才的培育與運用。
9. 論文發表及專利申請。
10. 參與國際標準之制定，活躍於領域國際社群。
11. 與其他公司共同合作開發技術或產品，有具體成效。

＋ 知識補充站

傑出的研發領導人要有以下的特質：

1. 有專業知識，足於服人。
2. 放眼天下，人才、原材料均不侷限於本土。
3. 分析資訊能力。
4. 為團隊作業領袖。
5. 對時間敏感。
6. 要有五顆心：開心（接納多方資訊）、熱心（和老闆的工作目標一致，熱心做事）、信心（凡事有信心，有工作方法）、耐心（耐心研究）、恕心（寬恕失敗）。

3.7 要有好的組織運作模式

　　企業研發的最終目的是研發出可為企業賺到錢的暢銷產品或是長銷產品。因此，研發工作是不能脫離市場資訊。

　　企業研發是團隊的工作，就水平方向而言，是銷售、研發、生產、工程、採購等不同功能單位的集合工作，就垂直方向而言，經營者、管理者及基層研發人員對產品發展的思維必須要有一致的想法。單位協調成為必要工作，共同語言是協調必須的用語。

連結客戶聲音與研發目標

　　產品開發非常關鍵的第一步是，如何把客戶需求（客戶聲音）以科學語言表達，並據以製訂研發目標（品質規格）。建立正確的產品概念、鎖定目標產品（model）、製訂研發目標（品質規格）是必要的程序。

　　以下是我對蒐集訊息與培養體認市場訊息的想法：

1. 建立「消費者反應回報系統」將獲得的資訊及時按市場區別，作「時間序列」的「次數分配」。
2. 定期蒐集市面上各品牌新產品，舉辦公司內的「新產品品評會」，以了解競爭者的新動態，並誘發研發人員的創造力。
3. 由研發人員定期舉辦公司內「新產品研討會」，邀集各級經營、行銷、營業、生產、研發等各單位人員與會，由研發人員介紹國內外新產品發展動向，幫助公司研發策略之決定。

小博士解說

加工食品的食安問題

2016年2月18日維基百科「臺灣食品安全事件列表」記載，1979年夏季至2016年1月29日止食安事件共有115件次。其中，農產品23件次占20%，加工食品有92件次占80%。

分析加工食品的食安問題，事件發生原因屬於食品添加物問題者占加工食品92件次的32%、參假與冒充者26%、違法用藥與藥殘的占9%、不合格品占8%、過期食品變造7%、標示不符與未標示者7%、使用不合格原物料者6%、汙染與其他占3%、不當製程有1%。

這些問題中，食品添加物、違法用藥與藥殘、標示不符、使用不合格原物料、不當製程等，都可以在研發階段加以排除。

在「協調會」上溝通異議

產品的開發需由不同部門的人員合作共同進行，因而有互相協調的必要。以產品企劃人員爲中心組成定期或不定期的協調會議，召集相關的行銷及研究人員協商產品開發事宜，適當時機邀請有關的工程、生產與採購人員參加。

產品觀念是研發過程中的共同語言

新產品構想（Ideas）經過甄選之後，應進一步發展爲較具體、較成熟的產品概念。不可否認的，廣告力與販賣力是新產品成功的必要條件：具有優良產品功能的新產品，藉著強力的廣告可以把它輕易的賣出。強勢的販賣力，容易舖貨。但是，如果沒有足以吸引消費者的產品概念，該產品有可能很快地從市場上消失。

事實上，在產品開發過程中，常因產品觀念的不確定，影響開發的進度。產品概念要在開發過程中，一步一步地孕育，它容許變更、也容許修正。由於產品概念容許不斷的進化，在開發過程中把產品概念當做公司內溝通上下左右的共同語言，容易建立團隊的共識。產品的開發需由不同部門的人員合作共同進行，因而有互相協調的必要。以產品企劃人員爲中心組成定期或不定期的協調會議：召集相關的行銷及研究人員協商產品開發事宜。適當時機邀請有關的工程、生產與採購人員參加。

✚ 知識補充站

研發與行銷之間：

1. 研發與行銷各有不同的思考模式與工作優先順序，雙方認知上常有差距。
   (1)行銷覺得研發太過堅持產品的功能或特色。
   (2)研發認為行銷沒有提供有效的市場訊息。
2. 高階主管認為行銷與研發關係和睦，底下的人總覺得彼此很難溝通。
3. 行銷人員很少懂得如何解決技術問題，研發人員也無法分辨產品功能和潛在客戶需求之間的差異。即使研發人員直接與顧客接觸，也需要花很多年功夫，才能學會如何獲得可靠、紮實的市場資訊。
4. 讓研發人員學習行銷知識，讓行銷人員學習技術知識，不能期待會有一鳴驚人的表現。

建議

1. 由上而下，設定年度新產品開發目標金額。
2. 分配新產品開發責任額給每位研發人員。
3. 研發與行銷雙方建立溝通管道——互相參與對方的會議。
4. 研發與行銷共同孕育「產品概念」——組織研發協調會。
5. 研發與行銷尋找共同的話題——以「產品概念」為溝通語言。
6. 認識研發績效的價值——給研發題目與時間標價。

3.8 要有傑出的研發人員

研發人員要認知研發單位在企業內的地位

研發單位是企業拓荒者、是企業競爭力的賦予者、是企業的定心丸。

企業拓荒者：為企業開發新產品、新事業。

企業競爭力的賦予者：研發可以提供企業競爭力的關鍵因素，即低成本與產品差異化。

企業的定心丸：研發可以創造企業生機。

研發人員要有研發願景

Tellis & Golder合著《野心與願景》，指出強烈的成功野心可以激發一個人的願景（vision）與意志（will），這些願景與意志必須分別符合下列要素：

「願景」需要符合經營者的價值觀、能利用公司資源、符合市場需求等三要素。

「意志」須符合能堅持執行、不斷做創新、有財務保證、能運用即有資源等四要素。

研發人員要能釐訂研發前瞻

1. 確認研發組織的定位與使命（組織存在的目的、為全公司做、為某一事業部做）。
2. 釐定研發願景（指將來想變成什麼樣子）。
3. 制訂方針（指達成願景的指向）。
4. 設定中長期目標（為達成願景，在方針路上應有的里程碑）。
5. 決定中長期策略（指為達成目標所選的手段或方法與計畫）。

小博士解說

研發人員負責作好技術移轉，縮小研發與生產落差。

1. 要知上生產線以後常有的改變：(1)原材料來源引起規格修改、(2)原料、半製品的物性引起設備修改、(3)發現更好的生產流程、(4)產品不符需求引起規格修改。
2. 研發設計階段應重視事項：(1)研發人員需盡早到現場充分了解現有流程、設備、使用原材料等、(2)研發人員要盡早充分了解將要使用的原材料之來源、理化特性、品質規格、價格、可取得性及生產設備的機能、使用條件、特性。
3. 研發人員在研發中要採用現場生產條件。
4. 讓生產人員（包括工程、採購及行銷人員）盡早參與研發工作。

研發人員要能善用研發工具

　　我們經常觀察到，研發人員在進行研發時只顧著研發知識的應用，至於工具最常用的是try and error。

　　研發人員為完成精準的產品，做不浪費的作業，達成省時省錢的研發任務，除了充實技術面知識之外，必須要能應用適當的「研發工具」。

　　在釐訂研發方針與計畫時，需要策略規劃；執行計畫時需要專案管理；了解市場訊息需要各種市場調查法、釐訂新產品概念需要group interview、focus group、conjoint analysis等；在進行研究作業時需要品質機能展開來把市場語言轉換成技術語言，實驗設計法是最需要重視的研發工具，官能品評、美味科學用於評估研製品的官能評價，失效模式與效益分析用於工程效益評估。

研發知識與研發管理工具

	研發知識	研發工具
釐訂研發 方針與計畫	■Risks and Rewards Evaluation ■Portfolio Management ■新產品開發程序	□策略規劃 □專案管理 / PERT / CPM
項目評估	■創意開發 ■新產品開發評價 ■新產品投資分析	□市場調查法 □group interview/focus group /conjoint analysis
研發活動 與測試	■專利檢索與分析 ■國內外食品相關法規 　（包括食品、食品調味料、食品添加物） ■食品配方機能與安全 　（食品成分及其功能、食品品質組成計算與配 　方設計、食品調味料與食品添加物的機能與選 　擇、新素材之安全性與功能性及其指標成分分 　析與確效） ■食品包裝之功能、安全性及包材檢驗法 ■食品安全性、功效性及安定性評估 ■新產品的成本估算與分析 ■食品保存方法與保存期限研究	□QC手法 □品質機能展開（QFD） □實驗設計（D.O.E、田口實驗 　計畫法、RSM） □官能品評 □美味科學 □動物實驗法 □臨床實驗法 □失效模式與效益分析 　（FMEA）

✚ 知識補充站

研發人員的前程規劃分為四階段：

1. 學徒期：在資深專業人員的指揮與監督下工作。
2. 獨立工作者：對工作負責，較具自主性、少受監督，以工作表現獲聲譽。
3. 師父期：以互惠的關係，提供資源、資訊、指導與信心給晚輩。
4. 領導人期：指引方向，行使權利、代表組織、培育關鍵人物。

3.9 要做最低成本的取捨

　　Preston G Smith 與 Donold G. Reinertsen在其著作《Developing Products in Half the Time》的第二章〈Putting a Price Tag on Time〉介紹了做最低成本取捨的方法。

　　書中指出，研發工作有上市日期、產品單位成本、研發費用及產品營業額等四個關鍵目標。這四個目標讓研發人員有了六種取捨。譬如說：

1. 研發已進入技轉到生產階段，突然間採購告訴你，你要的某一原料供應出狀況，要延遲一個月才能到貨。採購也告訴你，如果你要趕時間有一代用品可用，成本較貴。此時你面臨，增加成本按計畫時間上市與維持原定成本延遲上市的抉擇。
2. 已經要上市了，發現改一下規格，產品績效會更好。就會面臨到改進後上市與放棄產品營業額的考量照計畫上市的抉擇。
3. 其他，上市日期與研發費用、單位成本與產品營業額、單位成本與研發費用、產品營業額與研發費用的抉擇。

　　那麼要怎麼做選擇？這裡介紹一個有條理的方法：Four steps in the economic modeling process。

最低成本的取捨的作法

　　首先，建立一張基本財務報表（develop baseline model），決定變異數（develop variations），計算對總利益的影響（calculate total profit impact），最後轉換成決策指標（convert to decision rules）。

最低成本的取捨的作法

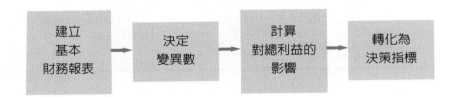

1. 建立基本財務報表
製作新產品上市計畫的財務報表，確認計畫利益的基線（base line）。

2. 決定變異數
本例設四種情境變異，即：
(1)情境一：製作「開發費用偏高50%」時的財務報表，確認計畫利益的變化。
(2)情境二：製作「成本單價偏高10%」時的財務報表，確認計畫利益的變化。
(3)情境三：製作「銷售量偏低10%」時的財務報表，確認計畫利益的變化。
(4)情境四：製作「新產品延期6個月上市」時的財務報表，確認計畫利益的變化。

3. 計算對計畫總利益的影響並轉換成決策指標
比對各情境之累積稅前利益額與基本財務報表之累積稅前利益額（基線）之差異（以第66～70頁的計算表為例），發現：
(1)開發費用偏高50%（情境一），累積稅前利益比原預算（基本財務報表）少275萬元。即開發費用每偏高1%，累積稅前利益少5.5萬元。
(2)成本單價偏高10%（情境二），累積稅前利益比原預算（基本財務報表）少104萬元。即成本單價每偏高1%，累積稅前利益少10.4萬元。
(3)銷售量偏低10%（情境三），累積稅前利益比原預算（基本財務報表）少159萬元。即銷售量每偏低1%，累積稅前利益少15.9萬元。
(4)新產品延期6個月上市（情境四），累積稅前利益比原預算（基本財務報表）少313萬元。即新產品上市每延期1個月，累積稅前利益少52.1萬元。

✚ 知識補充站
產品研發的四個關鍵目標與六種取捨

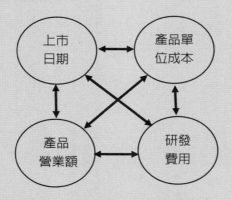

資料來源：Smith & Reinertsen: Developing products in half the time (New rule、new tools) 2nd edition, Wiley (1998)

基本財務報表

	假設	-2	-1	0	1	2	3	4	5
							年份		
平均銷售單價	-10%/年 $ 7.033			$ 7.0330	$ 6.330	$ 5.697	$ 5.127	$ 4.614	$ 4.153
初上市單價									
市場規模(單位)				10,000	20,000	40,000	60,000	40,000	20,000
市占率				10.0%	10.0%	10.0%	10.0%	10.0%	10.0%
銷售量				1,000	2,000	4,000	6,000	4,000	2,000
營業額				$ 7,033.00	$ 12,659.400	$ 22,786.920	$ 30,762.342	$ 18,457.405	$ 8,305.832
單位成本	-2%/年 $ 3.516			$ 3.516	$ 3.446	$ 3.377	$ 3.309	$ 3.243	$ 3.178
初上市單咪成本									
銷貨成本				$ 3,516.000	$ 6,891.360	$ 13,507.066	$ 19,855.386	$ 12,972.186	$ 6,356.371
毛利額				$ 3,517.000	$ 5,768.040	$ 9,279.854	$ 10,906.956	$ 5,485.219	$ 1,949.461
毛利率				50.0%	45.6%	40.7%	35.5%	29.7%	23.5%
開發費用		$ 2,000,000	$ 2,000,000	$ 1,000,000	$ 100,000	$ 100,000	$ 100,000	$ 100,000	$ 100,000
行銷費用	營業額的16%			$ 1,125.280	$ 2,025.504	$ 3,645.907	$ 4,921.975	$ 2,953.185	$ 1,328.933
管理費	營業額的5%			$ 351.650	$ 632.970	$ 1,139.346	$ 1,538.117	$ 922.870	$ 415.292
營運費用		$ 2,000,000	$ 2,000,000	$ 2,478.930	$ 2,758.474	$ 4,885.253	$ 6,560.092	$ 3,976.055	$ 1,844.225
稅前利益		-$ 2,000,000	-$ 2,000,000	$ 1,040.070	$ 3,009.566	$ 4,394.601	$ 4,346.864	$ 1,509.164	$ 105,237
累積稅前利益		-$ 2,000,000	-$ 4,000,000	-$ 2,959.930	$ 49,636	$ 4,444.237	$ 8,791.101	$ 10,300.265	$ 10,405,502
銷貨報酬率				14.8%	23.8%	19.3%	14.1%	8.2%	1.3%

累積銷售額 $ 100,004.900
累積毛利額 $ 36,906.531
累積稅前利益 $ 10,405,502 基線(base line)
平均毛利率 36.9%
平均銷貨報酬率 10.4%

情境一：開發費用偏高50%

	假設	-2	-1	0	1	2	3	4	5
						年份			
平均銷售單價　初上市單價	-10%／年　$ 7.033			$ 7.0330	$ 6.330	$ 5.697	$ 5.127	$ 4.614	$ 4.153
市場規模（單位）				10,000	20,000	40,000	60,000	40,000	20,000
市占率				10.0%	10.0%	10.0%	10.0%	10.0%	10.0%
銷售量				1,000	2,000	4,000	6,000	4,000	2,000
營業額				$ 7,033.00	$ 12,659.400	$ 22,786.920	$ 30,762.342	$ 18,457.405	$ 8,305.832
單位成本　初上市單味成本	-2%／年　$ 3.516			$ 3.516	$ 3.446	$ 3.377	$ 3.309	$ 3.243	$ 3.178
銷貨成本				$ 3,516.000	$ 6,891.360	$ 13,507.066	$ 19,855.386	$ 12,972.186	$ 6,356.371
毛利額				$ 3,517.000	$ 5,768.040	$ 9,279.854	$ 10,906.956	$ 5,485.219	$ 1,949.461
毛利率				50.0%	45.6%	40.7%	35.5%	29.7%	23.5%
開發費用	開發費用高	$ 3,000,000	$ 3,000,000	$ 1,500,000	150,000	150,000	150,000	150,000	150,000
行銷費用	營業額的16%			$ 1,125.280	$ 2,025.504	$ 3,645.907	$ 4,921.975	$ 2,953.185	$ 1,328.933
管理費	營業額的5%			$ 351.650	$ 632.970	$ 1,139.346	$ 1,538.117	$ 922.870	$ 415.292
營運費用		$ 3,000,000	$ 3,000,000	$ 2,478.930	$ 2,758.474	$ 4,885.253	$ 6,560.092	$ 3,976.055	$ 1,844.225
稅前利益		-$ 3,000,000	-$ 3,000,000	$ 540.070	$ 2,959.566	$ 4,344.601	$ 4,296.864	$ 1,459.164	$ 55,237
累積稅前利益		-$ 3,000,000	-$ 6,000,000	-$ 5,459.930	-$ 2,500.364	$ 1,844.237	$ 6,141.101	$ 7,600.265	$ 7,655.502
銷貨報酬率				7.7%	23.4%	19.1%	14.0%	7.9%	0.7%

累積銷售額　$ 100,004.900
累積毛利額　$ 36,906.531
累積稅前利益　$ 7,655,502　基線（base line）
平均毛利率　36.9%
平均銷貨報酬率　7.7%

情境二：成本單價偏高

	假設	-2	-1	0	1	2	3	4	5
							年份		
平均銷售單價	-10%／年			$ 7.0330	$ 6.330	$ 5.697	$ 5.127	$ 4.614	$ 4.153
初上市單價	$ 7.033								
市場規模（單位）				10,000	20,000	40,000	60,000	40,000	20,000
市占率				10.0%	10.0%	10.0%	10.0%	10.0%	10.0%
銷售量				1,000	2,000	4,000	6,000	4,000	2,000
營業額				$ 7,033.00	$ 12,659.400	$ 22,786.920	$ 30,762.342	$ 18,457.405	$ 8,305.832
單位成本	-2%／年		2年成本偏高	$ 3.868	$ 3.790 基線（base line）	$ 3.377	$ 3.309	$ 3.243	$ 3.178
初上市單味成本	$ 3.868								
銷售成本				$ 3,867,600	$ 7,580,000	$ 13,508,000	$ 19,856,760	$ 12,973,083	$ 6,356,811
毛利額				$ 3,168,400	$ 5,078,904	$ 9,278,920	$ 10,905,582	$ 5,484,322	$ 1,949,022
毛利率				45.0%	40.1%	40.7%	35.5%	29.7%	23.5%
開發費用		$ 2,000,000	$ 2,000,000	$ 1,000,000	$ 100,000	$ 100,000	$ 100,000	$ 100,000	$ 100,000
行銷費用	營業額的16%			$ 1,125,280	$ 2,025,504	$ 3,645,907	$ 4,921,975	$ 2,953,185	$ 1,328,933
管理費	營業額的5%			$ 351,650	$ 632,970	$ 1,139,346	$ 1,538,117	$ 922,870	$ 415,292
營運費用		$ 2,000,000	$ 2,000,000	$ 2,478,930	$ 2,758,474	$ 4,885,253	$ 6,560,092	$ 3,976,055	$ 1,844,225
稅前利益		-$ 2,000,000	-$ 2,000,000	$ 688,470	$ 2,320,430	$ 4,393,667	$ 4,345,490	$ 1,508,267	$ 104,797
累積稅前利益		-$ 2,000,000	-$ 4,000,000	-$ 3,311,530	$ 991,100	$ 3,402,567	$ 7,748,057	$ 9,256,324	$ 9,361,121
銷貨報酬率				9.8%	18.3%	19.3%	14.1%	8.2%	1.3%

累積銷售額 $ 100,004.900
累積毛利額 $ 35,862.150
累積稅前利益 $ 9,361,121
平均毛利率 35.9%
平均銷貨報酬率 9.4%

情境三：銷售量偏低10%

年份

	假設	-2	-1	0	1	2	3	4	5
平均銷售單價 初上市單價（單位）	-10%／年 $ 7.033			$ 7.0330	$ 6.330	$ 5.697	$ 5.127	$ 4.614	$ 4.153
市場規模（單位）				10,000	20,000	40,000	60,000	40,000	20,000
市占率				9.0%	9.0%	9.0%	9.0%	9.0%	9.0%
銷售量			銷售量偏低10%	900	1,800	3,600	5,400	3,600	1,800
營業額				$ 6,329.700	$ 11,393.460	$ 20,508.228	$ 27,686.108	$ 16,611.665	$ 7,475.249
單位成本 初上市單味成本	-2%／年 $ 3.516			$ 3.516	$ 3.446	$ 3.377	$ 3.309	$ 3.243	$ 3.178
銷貨成本				$ 3,164.400	$ 6,202.224	$ 12,156.359	$ 17,869.848	$ 11,674.967	$ 5,720.734
毛利額				$ 3,165.300	$ 5,191.236	$ 8,351.869	$ 9,816.260	$ 4,936.697	$ 1,754.515
毛利率				50.0%	45.6%	40.7%	35.5%	29.7%	23.5%
開發費用		$ 2,000,000	$ 2,000,000	$ 1,000,000	$ 100,000	$ 100,000	$ 100,000	$ 100,000	$ 100,000
行銷費用	營業額的16%			$ 1,012.752	$ 1,822.954	$ 3,281.316	$ 4,429.777	$ 2,657.866	$ 1,196.040
管理費	營業額的5%			$ 316.485	$ 569.673	$ 1,025.411	$ 1,384.305	$ 830.583	$ 373.762
營運費用		$ 2,000,000	$ 2,000,000	$ 2,329.237	$ 2,492.627	$ 4,406.728	$ 5,914.083	$ 3,588.450	$ 1,669.802
稅前利益		-$ 2,000,000	-$ 2,000,000	$ 836,063	$ 2,698,609	$ 3,945,141	$ 3,902,177	$ 1,348,248	$ 84,713
累積稅前利益		-$ 2,000,000	-$ 4,000,000	-$ 3,163,937	$ 465,328	$ 3,479,813	$ 7,381,990	$ 8,730,238	$ 8,814,951
銷員報酬率				13.2%	23.7%	19.2%	14.1%	8.1%	1.1%

累積銷售額	$ 90,004,410
累積毛利額	$ 33,215,878
累積稅前利益	$ 8,814,951　基線（base line）
平均毛利率	36.9%
平均銷貨報酬率	9.8%

情境四：新產品延期6個月上市

	假設	-2	-1	0	1	2	3	4	5
						年份			
平均銷售單價	-10%／年　$ 7.033			$ 7.0330	$ 6.330	$ 5.697	$ 5.127	$ 4.614	$ 4.153
初上市單價（單立）									
市場規模（單立）				10,000	20,000	40,000	60,000	40,000	20,000
市占率				3.0%	8.0%	9.0%	9.0%	9.0%	9.0%
銷售量			銷售量減少	300	1,600	3,600	5,400	3,600	1,800
營業額				$ 2,109,900	$ 10,127,520	$ 20,508,228	$ 27,686,108	$ 16,611,665	$ 7,475,249
單位成本	-2%／年　$ 3.516			$ 3.516	$ 3.446	$ 3.377	$ 3.309	$ 3.243	$ 3.178
初上市單味成本	$ 3.516								
銷貨成本				$ 1,054,800	$ 5,513,088	$ 12,156,359	$ 17,869,848	$ 11,674,967	$ 5,720,734
毛利額				$ 1,055,100	$ 4,614,432	$ 8,351,869	$ 9,916,260	$ 4,936,697	$ 1,754,515
毛利率				50.0%	45.6%	40.7%	35.5%	29.7%	23.5%
開發費用		$ 2,000,000	$ 2,000,000	$ 1,000,000	$ 100,000	$ 100,000	$ 100,000	$ 100,000	$ 100,000
行銷費用	營業額的16%			$ 337,584	$ 1,620,403	$ 3,281,316	$ 4,429,777	$ 2,657,866	$ 1,196,040
管理費	營業額的5%			$ 105,495	$ 506,376	$ 1,028,411	$ 1,384,305	$ 830,583	$ 373,762
營運費用		$ 2,000,000	$ 2,000,000	$ 1,443,079	$ 2,226,779	$ 4,406,728	$ 5,914,083	$ 3,588,450	$ 1,669,802
稅前利益		-$ 2,000,000	-$ 2,000,000	$ 387,979	$ 2,387,653	$ 3,945,141	$ 3,902,177	$ 1,348,248	$ 84,713
累積稅前利益		-$ 2,000,000	-$ 4,000,000	-$ 4,387,979	$ 2,000,326	$ 1,944,815	$ 5,846,992	$ 7,195,240	$ 7,279,953
銷貨報酬率				-18.4%	23.6%	19.2%	14.1%	8.1%	1.1%
累積銷售額				$ 84,518,670					
累積毛利額				$ 30,528,874					
累積稅前利率				$ 7,279,953　基線（base line）					
平均毛利率				36.1%					
平均銷貨報酬率				8.6%					

✚ 知識補充站

商業模式的創新

以商業模式做競爭

　　創造企業的相對優勢不容易。優勢相當的企業不容易以品質或成本等效率績效做競爭。以商業模式做競爭是另一個可以獲勝的競爭模式。

　　相信大家都有過經驗，產品的品質跟別人一樣的好，成本跟別人一樣的低，但是就是賣得比人家差。這樣的時候，一般企業最常用的解決方法是著力於行銷方法的討論。我們都知道，選對商業模式是行銷成功的一半。在決定行銷方法之前，更重要的是檢討商業模式是否可行，商業模式是否容易被模仿。

設計正確的商業模式

　　新的商業模式不容易定型，一旦定型的商業模式，也不一定能持久。所以，企業必須努力於設計正確的商業模式（找對客戶，提供客戶需要的價值，設計從客戶手上賺到錢的作業模式）。企業一旦推出新的商業模式，通常不久就會有另一個或兩個或更多個模仿的、類似的商業模式相繼參與競爭的行列。當今的市場是贏者通吃（winner takes all）的市場，只有市場的第一名才是勝利者，第二名、第三名的生存是非常困難的。

先發新商業模式確立企業地位

　　先發新商業模式的企業為確立第一名的地位，可以有兩個努力的方向，一個是盡量早一點占有市場，鞏固企業的品牌地位，一個是再創另一個新商業模式，再度搶先市場。

　　市場競爭的本質在發生變化，企業不但要努力於提升品質、降低成本及加速業績成長，還要經常關心維持商業模式的優勢，創造永遠領先的新商業模式。

第四章
新產品開發作業流程

4.1 新產品開發作業流程

當今企業面臨著市場激烈的競爭，產品生命週期短，產品品項多，每家企業都在努力於產品研發週期的縮短與研發成功率的提升。企業需要有一套系統性的研發流程，做為研發作業的規範，以減少研發時間，提高研發成功率。

新產品開發作業流程

新產品開發流程暨開發步驟與開發業務內容，將因產品種類（業種、新產品、新品種、新用途等）、開發規模、公司組織等而略異。開發過程中當然會有各步驟，或前後倒序，或並行作業，甚而有反覆作業的時候，而調查、資訊取得、決策等作業也是每一個步驟所必須的。一般開發步驟分為5個階段15個步驟：

1. 發掘研發項目階段
   S1 蒐集研發題目
   S2 研發題目評估
2. 研發項目立案階段
   S3 市場調查與資訊蒐集
   S4 釐訂開發計畫
3. 研發活動階段
   S5 發展新產品概念
   S6 設計產品品質規格
   S7 製訂研究計畫
   S8 產品與製程研究
   S9 新產品的官能品評
   S10 新產品的工業化研究
   S11 確立生產標準
   S12 技術移轉的進行
4. 產品上市階段
   S13 商品化作業
   S14 試銷
   S15 產品上市
5. 上市後追蹤階段

小博士解說

新產品技術移轉完成後，應由：(1)工程單位完成必要的工程建設、(2)行銷單位完成上市計畫、(3)生產單位規劃生產計畫、(4)品管單位建立品質保證體制。

新產品開發作業流程

| 發掘研發項目階段 | 研發活動階段 | 產品上市階段 | 上市後追蹤階段 |

發掘研發項目階段

S1 蒐集研發項目
S2 研發項目評估

研發項目
立案階段

S3 市場調查與資訊蒐集
S4 釐訂開發計畫

研發活動階段

S5 發展新產品概念
S6 設計產品品質規格
S7 制定研究計畫
S8 產品與製程的研究
S9 新產品的官能品評
S10 工業化研究
S11 確立生產標準
S12 技術移轉的進行

產品上市階段

S13 商品化作業
S14 試銷
S15 產品上市

上市後
追蹤階段

新產品開發作業流程之權責部門

新產品開發作業流程		主辦	協辦	裁決
決定研發題目	S1～S2	產品企劃	研發部門	經營階層
立案階段	S3～S4	產品企劃	研發部門	經營階層
研發活動	S5～S11	研發部門		研發主管
	S12	研發部門	生產部門	研發主管
產品上市	S13	產品企劃	研發部門	行銷／銷售主管
	S14～S15	行銷／銷售部門	研發／生產部門	行銷／銷售主管
上市後追蹤		行銷／銷售部門	研發／生產部門	行銷／銷售主管

✚ 知識補充站

開發過程中最常有的現象是：

1. 研發項目未經「市場性評估」，即著手研發造成新產品研發的失敗。
2. 研發人員在末了解「產品概念」前，即著手研發造成研發進度一再反覆不前，浪費時間。

4.2 如何決定新產品研發項目

　　每年第四季，公司都需要回顧當年績效、規劃來年的經營計畫。研發單位也要在同一時間回顧一年來的研發績效，釐訂來年的年度研發計畫。

　　年度研發計畫的規劃，首先必須由事業部門（負責盈利的部門）提出年度銷售成長中新產品上市營業額的計畫目標金額，研發單位據此訂定年度新產品開發的產值目標。

確認研發方針與長短期研發計畫

　　企業的研發方針與中長期計畫是制訂年度研發計畫的指針，企業的研發方針與長、中期研發計畫必須逐年檢討，視需要年年加以修訂。研發方針需考慮企業經營理念、了解企業現有的事業和關心的事業內容、根據研發單位的組織定位與使命、研發願景、分析企業內外環境做成。年度研發計畫須含蓋長期（5年）研發計畫、中期（3年）研發計畫及當年度研究計畫。

蒐集研發項目（S1）

　　研發主管需與產品企劃主管從企業內外蒐集下列的可能研發項目。

1. 檢討當年研發未完成的項目之未能完成原因，以決定淘汰、暫停或續留研究。
2. 檢討企業現有產品的收益性：蒐集企業內認為需要改善的產品之利益性（如毛利率、邊際貢獻等）與銷售量。以利益為縱軸，銷售量為橫軸，利益與銷售量各依企業本身的狀況設定及格標準，繪製產品組合圖。如此，落入第一象限的產品，屬於量多利多產品無須做任何變更；落入第二象限的產品，屬於量少利多產品可以考慮改善品質使之更符合消費需求（或做行銷討論）；落入第三象限的產品，屬於量少利少產品可考慮進行產品改良或淘汰；落入第四象限的產品，屬於量多利少產品可考慮進行降低成本研究。
3. 新提案：從國內外專利、文獻、專家顧問的意見、消費者意見與抱怨、自己公司的研究成果、公司同仁提案、研發相關負責人的構想等處廣收新提案。提案必須是(1)為具體化公司的研發策略所需項目、(2)因應市場需求（need）的項目、(3)應用既有技術種籽（seed）的項目、(4)可創造需求（idea）的項目、(5)技術趨勢相關的項目、(6)能強化公司技術的項目、(7)建立基礎技術所需項目。

小博士解說

1. 研發方針：即達成願景的指向。
2. 組織定位與使命：即組織存在的目的與組織工作的範圍。
3. 研發願景：即將來想變成什麼樣子的組織。
4. 企業內外環境即企業優勢、弱勢、機會、威脅的評估。

研發項目評估（S2）

研發項目評估需進行初步市場評估（preliminary market assessment）與初步技術評估（preliminary technical assessment）。初步市場評估可透過網路搜尋、文獻查詢、拜訪主要客戶、做focus group、簡速概念測試等進行之，目的是確認市場大小、市場潛力、市場接受度及形塑產品概念（product concept）初案。初步技術評估對所提出的產品進行快速的內部評估。目的在於評估：(1)開發和製造（或供應來源）途徑；(2)技術和製造的可行性；(3)可能完成的時間和執行成本；(4)技術、法律和法規風險以及(5)可能障礙。

市場調查與資訊蒐集（S3）

應從經營面、營業面、技術面等各方面去做調查和資訊蒐集，並再加以整理分析，以便了解如何具體地把創意商品化。市場調查至少應包括：(1)市場大小與其發展史、(2)市場競爭環境、(3)消費者之消費習慣、(4)新產品銷售量與損益預估、(5)機會點與風險。技術資訊宜包括：(1)專利；(2)法規；(3)文獻；(4)競爭產品的說明書、海報及樣品等。

1. 市場調查和市場研究：確定客戶需要（need）、需求（want）和偏好。定義新產品、目標市場、描述產品概念、規範產品定位策略、產品的好處和價值主張以及寫出基本和期望的產品特徵、屬性、要求、規格。進行競爭分析、概念測試。
2. 技術鑑定：專注於項目的技術可行性，進行初步設計或實驗室工作。
3. 生產性評估：包括可製造性、供應來源、生產成本和其他需投資項目的評估。
4. 事業和財務分析：財務分析包括現金流量分析、敏感度分析、風險分析及詳細的法律、專利評估，以消除風險並計畫所需的行動。

釐訂開發計畫（S4）

決定後的每項產品研發項目都要有一份經核准的開發計畫書。開發計畫書由產品企劃單位彙整市場研究計畫書與技術研究計畫書而成。開發計畫書必須為即將研發的產品做明確的定義，以利開發人員做正確的工作。

➕ 知識補充站

創意的來源有：(1)競爭產品、(2)消費者意見或抱怨、(3)原材料／設備供應商、(4)專家顧問的建議、(5)國內外文獻專利、(6)自己公司的研究成果、(7)公司同仁提案、(8)營業／行銷／研發／企劃等的構想。

4.3 開發計畫書的撰寫

研發項目決定以後，宜由產品企劃單位與研究單位分別撰寫市場研究計畫書與技術研究計畫書，然後由產品企劃單位彙整成產品開發計畫書。

市場研究計畫書

撰寫市場研究計畫書的目的是用於產品企劃人員執行市場研究的依據，可為主管追蹤改善把握進度之用。

市場研究計畫書之內容宜包含下列兩大項：

1. 市場研究計畫作業目標。
2. 市場研究計畫進度表。

技術研究計畫書

撰寫技術研究計畫書的目的是用於研究人員做研究的依據，可為主管追蹤改善把握進度之用。

技術研究計畫書之內容宜包含下列兩大項：

1. 技術研究計畫作業目標。
2. 技術研究計畫進度表。

開發計畫書

開發計畫書是彙總市場研究計畫書與技術研究計畫書做成的。表明研究開發之全程進度做為主辦者努力的目標，也做為主管跟催考核之依據。

開發計畫書之內容宜包含下列兩大項：

1. 開發計畫作業目標。
2. 開發計畫進度表。

小博士 解說

1. 產品開發計畫以實施期間之長短，分為長期開發計畫與短期開發計畫。
2. 開發長期計畫的內容，必須能據以實現下列效果：(1)淘汰低利且欠缺發展機會的產品；(2)預測設備投資之需要；(3)資金調度的指標；(4)經營與組織結構之強化；(5)確保以具競爭力之新產品獲利。

市場研究計畫書（範例）

1. 市場研究計畫作業目標
    (1)產品概念初案
    (2)開發費用
    (3)市場研究計畫執行期間
    (4)研究開發題目核准的實際日期
    (5)提出開發報告書的預定日期
    (6)提出上市計畫書的預定日期
    (7)預定試銷日期
    (8)預定上市日期
    (9)其他事項
2. 市場研究計畫進度表

作業項目	進度說明
1. 市場消費者調查 　(1)市場大小及其歷史性發展調查 　(2)市場調查分析 　(3)消費者調查分析	
2. 蒐集產品有關之法令規章	
3. 完成產品概念	
4. 行銷策略研究 　(1)商品標示與包裝之設計與審查 　(2)行銷策略案研究 　　①同業銷售策略調查分析 　　②本牌行銷策略研究 　(3)利益計畫 　　①銷售預估 　　②損益預估	
5. 消費者接受度確認	

技術研究計畫書（範例）

1. 技術研究計畫作業目標

產品概念初案、研究重點、研究費用、研究需要時間、研究開發題目核准的實際日期、提出開發報告書的預定時間、提出上市計畫書的預定日期、預定試銷日期、預定上市日期及其他事項。

2. 技術研究計畫進度表

作業項目	進度說明
1. 資料調查 　(1)專利與法令調查 　(2)技術資料蒐集 　(3)樣品蒐集及解析評價	
2. 實驗準備 　(1)原材料準備 　(2)設備準備	
3. 試作檢討及概念測試 　(1)組成及配方研擬 　(2)雛型試作 　(3)概念測試及概念修訂	
4. 工業化研究 　(1)產品規格檢討 　(2)原料調查及檢討 　(3)配方與製程檢討 　(4)設備檢討 　(5)包材檢討 　(6)保存試驗與品評比較 　(7)使用方法及機能性檢討 　(8)成本試算 　(9)現場試製 　　①試製計畫及連繫 　　②進行試製 　　③試製後檢討 　(10)完成技術研究報告書	
5. 技術移管 　(1)完成暫定作業標準書原案 　(2)協助現場初期生產 　(3)完成作業標準書原案 　(4)繕寫移管函，移管生產單位	

開發計畫書（範例）

1.開發計畫作業目標

　　產品概念初案、研究開發費、研究開發所需時間、研究開發題目核准的實際日期、提出開發報告書的預定日期、提出上市計畫書的預定日期、預定試銷日期、預定上市日期及其他事項。

2.開發計畫進度表

責任者	作業項目	進度說明
研究部門	1. 資料調查 2. 實驗準備 3. 試作檢討及概念測試 4. 工業化研究 5. 技術移管	
開發部門	1. 市場消費者調查 2. 產品有關法令規章之蒐集 3. 產品概念確認與完成 4. 行銷策略研究 　　(1)商品標示及包裝設計之設計與審查 　　(2)行銷策略研究 　　(3)利益計畫 5. 消費者接受度確認 6. 完成新產品綜合評價表 7. 完成併提出開發報告書 8. 業務移管	
事業部門	1. 提出試銷計畫書或上市計畫書	

✚ 知識補充站

　　長期開發計畫在實務上並未被重視活用，原因是：

1. 做計畫時未充分了解企業真正的需求，所做計畫不實際。
2. 計畫立案時各單位的橫向溝通協調不徹底，計畫內容有衝突。
3. 計畫內容的預測不科學、不合理，長期計畫不能符合日後需求。
4. 計畫未曾追蹤實況年年修正。

4.4 發展新產品概念與設計產品品質規格

新產品開發計畫核可後，研發人員與產品企劃人員需即刻共同發展新產品概念（product concept），以便據以設計新產品的品質規格，精準研發新產品。不可否認的，廣告力與販賣力是新產品成功的必要條件，具有優良產品功能的新產品藉著強力的廣告可以把它輕易的賣出；強勢的販賣力容易舖貨。但是，如果沒有足以吸引消費者的產品概念，該產品有可能很快地從市場上消失，何況在產品開發過程中常因產品概念的不確定，影響開發的進度。

新產品概念

產品概念是用於將計畫開發之新產品的構想內容轉達給研發人員的工具。如某烤肉醬的產品概念內容為：(1) 2倍濃縮；(2)液狀；(3)中級燒肉店等級品質（可能的話，具體指出店名）；(4)每100克肉要沾5克烤醬；(5)每人份原料成本1元；(6)保存期限一年。可清楚的讓研發人員了解研發的方向與內容。

產品概念的內容將因產品的不同而有差異，制定時應就下列範圍加以考慮：

1. 產品屬性：述明產品的屬性（如嗜好品、營養品、必需品）。
2. 特徵訴求：說明產品要提供的功能（function）、產品的優勢（advantage）及產品對消費者提供的利益（benefit）。
3. 對象消費者：述明消費者屬性（如男性、女性、小孩、大人、老人）、客戶屬性（如直接用戶、業務用戶）、主要銷售對象（如發起者、影響者、決策者、購買者、使用者）及其他。
4. 產品品質：述明成分（如主成分、特殊成分）、外觀（如色、香、味）、產品型態（如液態、固態、粒狀、粉狀）、產品用途（如使用目的、使用方法、使用量、使用效果）、便利性需求、保存期限等。
5. 產品包裝：述明包裝容器的形狀、包裝的吸引力、包裝容器的便利性、包裝容器與產品及其保存環境的相容性與保存性。
6. 產品銷售：述明銷售屬性（如地域性銷售、全國性銷售、外銷品、季節性銷售、整年銷售）、通路屬性（如常溫流通銷售、冷藏流通銷售、冷凍流通銷售）、銷售場所（如量販店、超市、超商、百貨公司、零售商店）。

小博士解說

產品概念也可視為是產品開發過程中公司內各階層、各部門溝通的共通語言。
完成產品概念是研發成功的最關鍵要素，必由行銷與研發人員共同完成。

發展產品概念（S5）

　　產品的開發需由不同部門的人員合作共同進行，因而有互相協調的必要。以產品企劃人員為中心組成定期或不定期的協調會議，召集相關的行銷及研究人員協商產品開發事宜，並於適當時機邀請有關的工程、生產與採購人員參加。

　　產品概念要在開發過程中一步一步地孕育，它容許變更也容許修正，重點是要在協調會議上共同討論修訂，不可個人獨立修改。由於產品概念容許不斷的進化，在開發過程中把產品概念當做公司內溝通上下左右的共同語言，容易建立團隊的共識。

　　產品概念完成後可試作產品雛型（prototype）或篩選某些市售品做為研發的標竿品質。以便進行各項預備測試（如嗜好性、功能性、使用法或調理法、保存性及試算成本），以確認產品觀念的適合性。其判定項目有：(1)市場需要性、(2)市場規模與發展性、(3)行銷組合適性、(4)利益性。

設計產品品質規格（S6）

　　產品概念已將一般語言或商業語言做了具體的表達，研發人員則必須將產品概念轉化成品質規格。比如說，產品概念表明產品必需是「脆的」，「脆」是一般形容詞，研發人員必須使用可以量測的科學方法來摹擬表達產品的「脆度」。如此，把產品概念轉化成科學語言，才能有具體的目標可以進行研發。有目標的研究可以縮短研發時間，在進行產品研發之前設定品質規格是很重要的事。

新產品概念空白表

項　　目		說　　明
一、產品名		
二、概念	(1)產品屬性	
	(2)特徵訴求	
	(2)對象消費者	
	(3)產品品質	
	(4)產品包裝	
	(5)產品銷售	

4.5 新產品的官能品評

食品需要具有以下幾個特性：
1. 要有營養並具有安全無害的健康性。
2. 需要舒適的色、香、味、口感、形狀的嗜好性。
3. 要有使用方便、調理容易，取得容易、大小適合等社會性機能。
4. 要有不易腐敗、品質安定等保存性。

這些食品的品質特性有難於或無法以物理、化學及微生物分析法測試的困難，官能品評可以彌補這一缺陷輔助表達食品的品質特性。

新產品開發的官能品評（S9）

在食品開發研究過程中，對於食品品質的測定除了必須分析其營養成分、物理性、化學性及微生物等性狀之外，分析外觀嗜好性、風味、組織及被接受性等官能品評也是必要的。為使官能品評結果能充分表達消費者意見並為大眾接受，需要有一科學性的品評計畫做準確的評估。

在整個產品開發過程中有五個階段需要進行官能品評。
1. 目標品質的篩選：篩選標竿產品時由提案、產品企劃、行銷等人員30人以上進行品評。品評時可用順位法（Ranking method）或喜好評分法（Hedonic rating scale）做統計分析。
2. 研製品的鑑定：進行研發時各階段研製品品質之鑑評由專家型品評員約10人進行品評。品評時可選用順位法、喜好評分法、三角試驗法（Triangle test）之一做統計分析。
3. 小規模市場調查：研究到了一個程度，為了解研製品之市場適合度、消費者的接受度，由意見領袖／代表性小族群30人以上進行品評。適合的評分方法是順位法與喜好評分法。
4. 大規模市場調查：為擴大蒐集研製品的市場適性，由隨機大眾100人以上進行品評。品評時可選用順位法、喜好評分法、三角試驗法之一做分析。
5. 上市後品質追縱：由專家、意見領袖、代表性小族群約10人，以順位法、喜好評分法、三角試驗法之一做分析。

小博士解說
研發要有研製品的「品質目標」與研發的「時程目標」，否則研發將成為團團轉而無期限的研發。

家庭使用適性測試（Home use test）

家庭使用適性測試必須在與一般家庭實際消費相同條件下測試，測試項目有：使用性、包裝設計、標示可讀性、接受性、嗜好性等。

味之素株式會社以從業員的家庭主婦750名做為公司內部的品評員，Kikkoman會社以200名一般主婦做為品評員。

食品研發階段的官能品評

產品開發流程	品評員	品評員人數	常用的品評方法
1. 目標品質的篩選	行銷人員為主	30人以上	Ranking Hedonic Rating Scale
2. 研製品的鑑定	專業研究人員	約10人	Ranking Hedonic Rating Scale Triangle
3. 小規模市場調查	意見領袖／代表性小族群	30人以上	Ranking Hedonic Rating Scale
4. 大規模市場調查	隨機大眾	100人以上	Ranking Hedonic Rating Scale
5. 上市後品質追縱	專業研究人員／意見領袖／代表性小族群	約10人	Ranking Hedonic Rating Scale Triangle

✚ 知識補充站

1. 進行官能品評時，「品評表」的設計最為重要。
2. 品評表的設計應依品評目的、品評方法、特別是受品評產品之特性而異。
3. 筆者建議，設計品評表之前，以老饕型（很懂得吃的人）品評員進行腦力激盪式的小組（約3~5人）品評。然後，根據其「自由評語」的品評廣度與深度，設計品評項目、品評標準等必要內容。

4.6 新產品的工業化研究

新產品的工業化研究（S10）

工業化研究的目的在於確認實驗室研究成果的量產可能性。新產品進入生產線後經常發生：(1)生產條件需要改變；(2)原材料來源引起規格修改；(3)原料、半製品的物性引起設備修改；(4)發現更好的生產流程；(5)產品不符需求引起規格修改等現象。

為避免以上事件的發生，研發設計階段應重視：(1)事先了解現有流程、設備、原材料等；(2)了解將要使用的原材料與設備；(3)原材料來源、理化特性、品質規格、價格、可取得性；(4)生產設備的機能、使用條件、特性。

工業化研究的內容

1. 基礎研究結果之再確認。
2. 製造條件與生產設備之問題點解決。
3. 確立製造方式。
4. 量製產品之品質評估（如性狀、性質）與市場接受性評估。
5. 全製造工程之物質流量與熱量之孳生流失。
6. 收率與成本估算。
7. 決定製造條件。
8. 設定品質、技術、作業及管理標準。
9. 各種檢驗方法之確立。
10. 副產物與廢棄物之確認（如產生量、性質、用途、回收法、公害與安全性）。
11. 生產現場作業員之教育訓練。

工業化研究之展開法

展開工業化研究應注意事項有：
1. 需規劃一個低成本高效率的工業化研究計畫。
2. 確認工業化研究的正確方向。
3. 要有周全的工業化研究計畫。
4. 組織優秀的研發團隊。
5. 研究員需能自主努力以赴。
6. 團隊要以共同目標做努力。

小 博 士 解 說

工業化研究的結果報告，必須涵蓋的內容有：
1. 將依照工業化研究計畫研究所得結果，做成記錄、整理、把握到的現狀內容。
2. 內容必須是即使負責人變更也能執行。
3. 內容可作為決策的判斷資訊。
4. 有助於確立工業化技術的內容。

研究展開法

	研究目的與作業順序	研究內容／研究任務
第一階段	1. 實驗室的研究	1. 反應機制（mechanism）與其難易度。 2. 品質、回收率、最適條件。 3. 相關物質之物理化學特性。 4. 生成物之分離精製法。
	2. 製程（process）研究	1. 以實驗室所得各工程條件在工業生產設備生產知識性研究。 2. 以最低成本、最少時間完成生產之工程研究。 3. 一貫作業生產方式之確認。
	3. 化學工學研究	設計實驗工廠之研究。 1. 單元操作研究。 2. 機械設備篩選。 3. 物質流量與熱量之孳生流失研究。
第二階段	4. 實驗工廠（pilot plant）	第一階段與工業化生產前之間的中間工廠生產研究。此項研究必須取得工業化生產所需技術與資料。 1. 不明的工學問題研究。 2. 取得最終建廠資料。 3. 最少生產量時之產品品質檢討。
	5. 半工業化工廠	1. 大量生產時之產品品質檢討。 2. 最後的成本檢討。 3. 工業化生產規模之決定。 4. 整理建廠資料。

資料來源：瀨川正明著，新製品開發入門，p.244。

＋知識補充站

研發要選對原材料為食安把關

新產品研發階段或是現有產品改良階段，研發人員在選用原材料的時候必須考慮的是：

1. 選用政府法規核可且經合法向政府有關機構登記有案的原料與食品添加物等。如符合衛福部頒布的「食品添加物使用範圍及限量暨規格標準」、「可供食品使用原料彙整一覽表」等。
2. 充分了解擬採用原料與食品添加物之本質、品質特性與功能外，更要清楚製造廠商、製造方法等溯源訊息。

4.7 開發報告書之撰寫

在產品企劃人員依照市場研究計畫書完成市場研究做成市場研究報告書，研究人員依照技術研究計畫書完成技術研究報告書之後，由產品企劃人員彙整上開兩報告做成開發報告書。

市場研究報告書與技術研究報告書

市場研究報告書範本

1. 前言
2. 市場消費者調查：
   (1)市場大小及其歷史性發展
   (2)市場調查分析
   (3)消費者調查分析
3. 蒐集產品的相關財稅法令規章
4. 確認產品概念
5. 行銷策略設計（事業部負責）
   (1)行銷策略研究
      ①同業行銷策略調查分析
      ②本牌行銷策略：
         A.產品策略
         B.價格策略
         C.通路策略
         D.廣促策略
   (2)利益計畫分析：銷售量與損益預估
6. 消費者接受度確認
   （大量產品品評與確認）
7. 新產品綜合評價
   （利用新產品題目篩選用評價表）
8. 其他
9. 結語

技術研究報告書範本

1. 前言
2. 資料調查
   (1)專利
   (2)法規
   (3)技術資料
   (4)樣品蒐集與比較
3. 產品概念
4. 原料調查
5. 組成及配方
6. 產品規格
7. 製程條件
8. 設備
   （現有、增設、金額預估）
9. 包裝及材料
10.產品保存與保證期限
11.品質特性與產品評價
12.使用方法
13.成本試算
   （原料、包材、加工等）
14.其他
   （營養標示）
15.結語

開發報告書

開發報告書範本

一、摘要
　　（以一頁為宜）
二、開發目的
　　（簡單說明開發產品之動機、背景和
　　目的）
三、產品概念
　　1.產品特徵與訴求
　　2.對象消費者
　　3.產品品質
　　4.產品包裝
　　5.產品銷售
四、技術研究摘要
　　1.法令規章
　　2.使用原料與包材
　　3.產品與包裝規格
　　4.製程
　　5.品質特性與產品評價
　　6.產品保存與保存期限
　　7.預估生產成本
　　　(1)原料費
　　　(2)包材費
　　　(3)加工費
　　8.生產設備
　　9.原材料之取得
　　10.問題點

五、市場研究摘要
　　1.市場消費者調查
　　　(1)市場大小及其歷史性發展之調查
　　　(2)市場調查分析
　　　(3)消費者調查分析
　　2.產品概念確認
　　3.行銷策略
　　　(1)產品策略
　　　(2)價格策略
　　　(3)通路策略
　　　(4)廣促策略
　　4.利益計畫與分析
　　5.消費者接受度確認
　　6.新產品綜合評價
　　7.問題點
六、開發進度及費用之檢討
　　1.設備投資與回收
　　2.市場研究完成日期
　　3.技術研究完成日期
　　4.開發報告完成日期
七、結論與建議

✚ 知識補充站

　　開發報告書的內容包括市場研究結果，與研發進行中管控進度與產品品質的達成實況。用於新產品研發完成後傳遞新產品開發原委、市場面、品質面、生產面等各方研究所得訊息，其主要目的有：

　　1. 研發績效的呈核備查。

　　2. 供事業部門做為而後行銷的依據。

　　因此，技術內容應避免機密資訊的曝光。

4.8 新產品的技術移轉

開發報告書一經核定，研發單位必須進行技術移轉給生產、品管及行銷三個單位，移轉文件為：

1. 「作業標準書原案與品質工程圖原案」移轉給生產單位。
2. 「品質工程圖原案」移轉給品管單位。
3. 「商業用產品技術資料」移轉給行銷單位。

確立生產標準（S11）

1. 確立作業標準書原案

作業標準書原案由研發人員根據工業化研究所得資料撰寫，供生產單位了解產品的原設計條件，繼而配合實際生產設備完成作業標準書。

作業標準書原案的內容須涵蓋：

(1)標準製造法與標準操作法（即生產流程與作業標準）。

(2)包裝作業標準。

(3)成品與半成品的品質規格與檢驗法。

(4)原料品質規格與檢驗法。

(5)包裝材料的品質規格與檢驗法。

2. 確立品質工程圖原案

品質工程圖原案由研發人員根據工業化研究所得資料撰寫，供生產與品管單位了解品質管理的重點，繼而由品管人員會同生產人員配合實際生產作業完成品質工程圖。

品質工程圖原案的內容須涵蓋：(1)管制點、(2)管制項目、(3)取樣頻率、(4)取樣方法、(5)檢驗方法、(6)判定基準。

3. 整理商業用產品技術資料

研發人員於技術移轉前必須將整個新產品研究過程中所得產品相關特性的實驗資料彙整成可供行銷單位利用的技術資料。

這些資料需要能夠表達產品的：

(1)功能特性。

(2)產品優越性。

(3)使用法。

(4)使用量。

(5)營養標示。

(6)保存實驗報告。

(7)其他。

技術移轉的進行（S12）

技術移轉可分為三個階段進行：

1. 產前準備階段：由產品企劃單位招集研發單位與生產單位及品管單位相關人員召開技術移管會議。會中討論下列議題：
   (1) 決定技術移轉日與時間。
   (2) 討論生產單位準備事項（包括所需人員、設備、原材料等的數量）。
   (3) 討論品管單位準備事項（包括所需人員、儀器、藥品等）。
   (4) 移交作業標準書原案與品質工程圖原案。
   (5) 移交產品的商業用技術資料。
2. 技術轉移階段：以研發人員為主進行下列事項：
   (1) 現場教育訓練。
   (2) 模擬作業演練。
   (3) 由研發人員指揮生產人員上線生產，並指導品管人員按品質工程圖原案進行品質管理。
3. 監督生產階段：由生產單位相關主管指揮上線生產，由研發人員全程監督指正生產與品管。本階段所需時間應視產品特性決定，通產生產三批次沒有問題即可視為移轉完成，研發人員即可退場。

技術移轉的進行

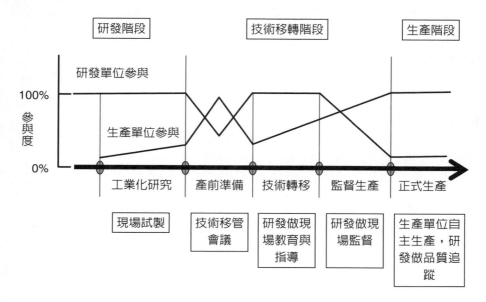

4.9 產品上市與上市後追蹤

研發單位研發的製品還不能算是產品，必須經過產品企劃單位與行銷單位進行製品的商品化作業始能成為可以面對消費者的產品。

產品企劃單位與行銷單位需進行的工作有：

1. 於研究單位完成工業化研究之同時完成製品的商品化作業。
2. 於完成技術移轉之後，視產品的需要進行試銷作業。
3. 規劃上市計畫。

研發單位於產品上市後則需進行下列工作：

1. 產品上市後的品質追蹤。
2. 品質再設計（回到S5）。
3. 後續研發。

商品化作業（S13）

製品的商品化作業包括包裝設計、產品命名及訂價。

1. 包裝設計需具備能保護內容物、容易攜帶、能讓產品突出顯眼等功能。
2. 商品的命名宜選擇：(1)容易記憶、(2)易懂、(3)容易發音、(4)沒有不良諧音、(5)意義良好、(6)音意不與他牌類同、(7)能匹配包裝設計。

決定產品名稱可進行記憶測試、認知測試、感情測試、聯想測試等命名測試法（Naming Test）決定。

3. 產品定價，需考慮：(1)成本、利益、(2)市場競爭、(3)通路價格。
4. 商品化評價重點：(1)消費者接受度、(2)市場大小、(3)行銷組合的適性、(4)行銷成本及利潤。

試銷（S14）

試銷的目的在於測試：(1)市場大小、(2)運輸成本、(3)消費者對產品的評價、(4)產品保存性、(5)行銷成本與利益估算。

產品上市（S15）

提供市場與產品品質等相關資料，協助行銷單位完成產品上市計畫書，執行之。必須提供之相關資料，可參照「銷售計畫之區分與內容」。

上市後追蹤階段

新產品上市以後，宜進行持續的品質追蹤，以便於據以修正品質並做後續研發工作。

銷售計畫之區分與內容

銷售計畫的區分	內容
(1)產品計畫	產品的外觀、機能、品質、使用法等計畫。
(2)銷售計畫	按客戶別、品質規格別、收貨地區別等之不同，規劃銷售量、銷售單價、銷售金額。
(3)營業資金計畫	營業費、宣傳費、廣告費、促銷費等所需資金計畫。
(4)廣告促銷計畫	宣傳廣告與促銷計畫。
(5)客戶服務計畫	事前服務與事後服務計畫。
(6)銷售策略	銷售方針、態度、重點項目等銷售政策（sales policy）。
(7)價格策略	售價相關政策。
(8)營業員管理計畫	營業員教育訓練、配置、管理等項目、方法、進度及預算的計畫。
(9)需要計畫	預測的產品別需要量計畫。
(10)庫存計畫	各區分別庫存量、單價、金額之計畫。

＋知識補充站

上市後的品質追縱可獲取產品品質能持續進步的訊息來源，與產品接觸的各部門從業人員皆應負責就其工作範圍搜尋各種有助於改善已上市產品品質的訊息。

最有效的上市後品質追蹤辦法是設置專人負責通路品質稽核，在客戶抱怨發生之前及早發現問題。

4.10 營養配方食品開發範例——嬰兒配方食品

　　嬰兒配方食品之生產是一種複雜性極高的食品製造。其生產技術涵蓋著食品科技、小兒科營養、醫學及化學等領域。嬰兒配方食品的成分含量僅可在相當狹窄與精確的範圍內變動，但是使用的原料多達40餘種，標示在包裝罐上的成分約33種。任何對嬰兒不利的品質訊息都會影響品牌的市場占有率，嬰兒配方食品需要相當嚴格的品管程序以確保產品品質。

嬰兒配方食品之品質開發

步驟一　發展產品概念
　　　　界定目標消費者了解消費者的需求，研究市場競爭者之產品品質，檢視公司既有及能夠獲得的技術，發展產品概念決定目標品質。

步驟二　訂定營養素規格
　　　　由營養學家、臨床小兒科醫師依據科學研究與推薦及相關法令規章訂定。

步驟三　訂定配方及製程
　　　　(1)研究原料之物理及功效特性。
　　　　(2)確認原料之標準組成分。
　　　　(3)建立預拌原料、半成品及成品之標準品質規格。
　　　　(4)由食品科學家、食品技術人員、品管專家依據步驟二所訂之營養素規格、有關法規、原料特性及製程應用之可行性等因素設計配方及製程。

步驟四　研究室試製及實驗工廠試驗
　　　　由食品科學家及食品技術人員參與進行研究室試製及工廠試驗。

步驟五　試製品的物理、化學及官能品質分析
　　　　試製品經過物理、化學分析及官能品評後，由營養學家、小兒科醫師及食品科學家確認。

步驟六　進行大量試製
　　　　大量試製須由食品科學家、食品技術人員及品管專家參與進行，然後再依試製情況發展正式生產製造之程序。進行大量試製之目的在於熟悉製程及製程對產品組成分與理化性質之影響，並且每一過程如：混合、氮氣充填、紫外線殺菌等之品質均一性均須加以檢討。

步驟七　分析大量試製品（物理性質、化學性質、微生物品質、官能品質、安定性試驗、保溫試驗）

大量試製品之物理、化學、及官能性質均須分析，此外微生物試驗、品質穩定性試驗、恆溫試驗等測試也是必須的。各項分析結果須經營養學家、臨床小兒科醫師、食品科學家、食品技術人員及品管專家等之確認。品質確認後，接下來是幾項重要的工作：

(1)確定配方。

(2)修正步驟三所建立之預拌原料、半成品及成品之標準品質規格。

(3)訂定取樣計畫及程序。

(4)建立檢驗程序。

步驟八　臨床研究

臨床研究必須由臨床小兒科醫師主持，其主要的目的是產品營養之確認，檢驗成品是否符合目標消費群之生理需求。臨床研究之結果須經由營養學家及臨床小兒科醫師審核確認。

步驟九　市場測試

目的在於了解營養學家、臨床小兒科醫師及消費者，對產品品質、使用法及購買慾之反應。

步驟十　展開全面性銷售

嬰兒配方食品研發流程

步驟十：展開全面性銷售

步驟九：市場測試

步驟八：臨床研究

步驟七：分析大量試製品（物理性質、化學性質、微生物品質、官能品質、安定性試驗、保溫試驗）

步驟六：進行大量試製

步驟五：試製品的物理、化學及官能品質分析

步驟四：研究室試製及實驗工廠試驗

步驟三：訂定配方及製程

步驟二：訂定營養素規格

步驟一：發展產品概念

第五章
複製標的產品的作業流程

5.1 複製標的產品的作業流程

創新開發新產品的難度很高，從複製市面上已有的產品加以修改成為自家獨特的類似產品，不但較為容易也可以藉以鍛鍊出研發人員的創新能力。

複製作業流程

1. 決定複製的產品項目

依新產品開發程序，經發掘研發項目階段與研發項目立案階段的作業，決定要複製的產品項目。

2. 決定標的產品

蒐集市面上即有的相關產品，經由產品企劃、行銷及研發人員進行官能品評等評估作業，決定複製的標的產品。

3. 蒐集相關產品的品質資料

(1)蒐集相關產品相關資料：如包裝標示、說明書、廣宣文件、網頁等。

(2)以「市售品品質資訊展開表」分析與品質相關的資訊。

(3)取得實物做必要的物理、化學、微生物學分析，補充蒐集到的資料之不足訊息。

4. 確認產品的品質規格

5. 搜尋製程、機械設備、製造方法、配方、檢驗方法等

(1)從專利、文獻、書籍，可以看到製程、機械設備、製造方法、配方、檢驗方法等參考資訊。

(2)從政府的法令規章去了解不能用的原材料與不能做的限制事項。

6. 選擇適用原材料

7. 建立「產品組成試算表」

8. 試做、分析、修正

小博士解說

逆向工程（Reverse engineering）

是一種技術過程，即對一項標的產品進行逆向分析及研究，從而演繹並得出該產品的處理流程、組織結構、功能效能規格等設計要素，以製作出功能相近，但又不完全一樣的產品。逆向工程源於商業及軍事領域中的硬體分析。其主要目的是，在不能輕易獲得必要的生產訊息下，直接從成品的分析，推測出產品的設計原理。

新產品品質設計程序

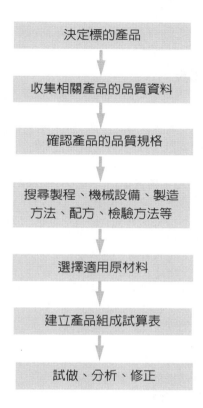

決定標的產品

↓

收集相關產品的品質資料

↓

確認產品的品質規格

↓

搜尋製程、機械設備、製造
方法、配方、檢驗方法等

↓

選擇適用原材料

↓

建立產品組成試算表

↓

試做、分析、修正

✚ 知識補充站

1. 記得小時候學習毛筆字，一開始老師會要學生們做抄寫臨摹，慢慢的讓學生寫出自己的筆法。學習開發新產品也是一樣的，從複製、模仿中學習，從而進行現製品改良，創新就可信手得來。
2. 複製（copy）、模仿（Imitation）、革新（Renovation）、創新（Innovation）是創新的捷徑。

5.2 品質資訊展開表

　　品質資訊展開表是將蒐集到的所有市售品之產品品質相關資料，有系統的彙整在一張表格上，以便於比較分析的一種表單。

如何製作品質資訊展開表

1. 以資訊項目列在最左欄，不同品牌產品名依序列於右欄。資訊項目可依蒐集到的資料做分類。
2. 品質資訊展開表也可以用於開發新產品之用。可在表格的最右一欄留下空白，以便填寫本公司的計畫內容，如此可以一目了然本公司的計畫內容是否與眾不同。
3. 資訊項目可分為大分類、中分類及小分類：
   (1)大分類：如產品特色描述、營養標示、成分、包裝訊息、使用方法、保存訊息、官能品質、銷售訊息等。
   (2)中分類：如
   　①營養標示：分為熱量、蛋白質、脂肪、碳水化合物、礦物質、維生素。
   　②包裝訊息：包裝方式、包裝容量、包裝設計。
   　③使用方法：適用對象、用途、使用方法。
   　④保存訊息：保存方法、有效日期、賞味期限、保存期限。
   　⑤官能品質：色、香、味、脆度等物理性。
   　⑥銷售訊息：售價、製造商、進口商、經銷商。
   (3)小分類：如
   　①熱量：來自蛋白質的熱量、來自脂肪的熱量、來自碳水化合物的熱量。
   　②蛋白質：酪蛋白、乳清蛋白、大豆蛋白等。
   　③脂肪：飽和脂肪、反式脂肪等。
   　④碳水化合物：糖、膳食纖維等。
   　⑤售價：零售價、批發價等。

品質資訊展開表的功用

　　利用品質資訊展開表可以比較出不同品牌的產品訴求、品質資訊、銷售訊息等資料，可供開發產品的參考。

　　從品質資訊展開表可以得知各品牌的下列資訊，以便摹擬複製開發特色產品：

1. 產品概念輪廓及訴求重點。
2. 產品特色。
3. 品質規格。
4. 使用原料種類及其重點品質。
5. 包裝形態、份量等。
6. 其他。

品質資訊展開表範例

品名	A品牌	B品牌	C品牌	D品牌	D品牌	F品牌	本公司計畫
	清雞湯	精燉鮮雞高湯	原味高湯	清雞湯	清雞湯	雞湯塊	
規格／售價	510g/32元	411g/25元	411g/26元	411g/28元	907g/48元	11×10g/45元	
包裝形態	康美包	易開罐	罐裝	罐裝	無菌利樂包	積層紙包裝加外盒裝加塑膠膜	
營養成分　熱量（kcal/100g）	N/A	10	N/A	N/A	15	N/A	
蛋白質（g/100g）	N/A	1.4	N/A	N/A	2	N/A	
脂肪（g/100g）	N/A	0.1	N/A	N/A	0.5	N/A	
碳水化合物（g/100g）	N/A	1.0	N/A	N/A	>1	N/A	
鈉（g/100g）	N/A	0.356	N/A	N/A	0.930	N/A	
基本成分	雞湯、雞味料、低鈉鹽、調味料、葡萄糖、酵母精華	天然雞汁、水、雞脂、鹽、調味料、維生素C	雞汁、鹽、雞脂、糖、酵母精華	雞湯、鹽、雞油、雞味料、發酵乳清、葡萄糖、糖漿米糖精華、麥芽味料糖糊精、雞味料粉、香味料改良澱粉及洋蔥粉	雞湯（鹽、葡萄糖、酵母精華、調味料、香味料、雞油、自溶酵母、雞粉水解及玉米蛋豆白、部分氫化大豆油及棉子油及牛油等，以上>2%）	鹽、味素、植物油、雞肉粉、糖、雞油、濃縮蛋白質、雞肉香料、香辛料、BHA（抗氧化劑）	
保存條件	常溫	常溫，開罐後冷藏	常溫	常溫，開罐後冷藏	常溫，開罐後冷藏	常溫	
保存期限	一年	二年	三年	二年	一年	一年	
廣告訴求	1.未來的湯 2.七大主張：(1)保有傳統美味；(2)健康無負擔；(3)可加熱即食；(4)可多用途調理；(5)保存更容易；(6)具方便性；(7)無鐵罐味	1.一罐高湯＋一罐清水＝上等鮮雞高湯 2.不含防腐劑 3.不含人工色素 4.不含人工香料	1.原裝進口 2.一罐高湯加一罐清水煮滾攪勻及調配	1.不添加味素 2.不含防腐劑 3.不含人造色素 4.不含人造調味料	1.每日入廚好幫手 2.省卻繁鎖的調味過程亦可為菜餚增添鮮味	1.一公升清水加兩塊上湯雞精塊即成雞湯	
製造廠商	XX食品股份有限公司	XX股份有限公司	XX罐頭公司	XX有限公司		XX股份有限公司	
產地	臺灣	臺灣	美國	美國		臺灣	

註：N/A表示未取得資料

＋知識補充站

1. 俗語說，他山之石可以攻錯。蒐集愈多他牌資料，愈能擴大思慮範圍創新差異。
2. 整理的方法是同項目比對原則，目標是在同項目內做出差異。

5.3 產品組成試算表

產品組成試算表是以Excel計算表為工具，測算產品成分、品質指數、產品物性、原料成本等產品訊息之用。

如何編製基本型產品組成試算表

基本型產品組成試算表用於複製產品主成分。

1. 版面編排：版面分為兩段。第一段是「原料成分組成表」，第二段是「配方計算表」。
2. 欄位編排：最左欄位設為原料名稱欄，依序往右欄填寫配料量、配料比及分析項目。

   基本型產品組成試算表的分析項目，有蛋白質（％）、脂肪（％）、碳水化合物（％）、礦物質（％）、水分（％）、合計（％）、單位成本（元/kg）、熱量（kcal/100克）、蔗糖（％）及鈉（mg/100g）。
3. 儲存格編排：原料成分組成表的儲存格，除了合計格與熱量格為運算格之外皆為數值格。配方計算表的儲存格分為「數值格」、「運算格」及「輸入格」等三類。

   (1) 原料成分組成表

   ①表中第2與第3欄留白不用。

   ②表中原料名稱欄及蛋白質等分析項目欄的儲存格是數值格。各項目名稱與數字由製表者填入。

   ③填入的數字可以採用原料商供應的組成數值或取自公認的食品成分表。不過，最好是經過實測所用原料的成分數值。

   ④表中合計欄與熱量欄各儲存格為運算格，需預置運算公式。

   (2) 配方計算表

   ①配方計算表頂列可列目標值，以供配置配方之標準。

   ②表中原料名稱欄，預置複製原料成分組成表之相對原料名稱欄。

   ③配料量欄位除合計格之外各儲存格留白，供輸入變數之用，是為輸入格。

   ④原料名稱欄與配料量欄之外各儲存格也是運算格，需預置運算公式。
4. 編製試算表的注意事項：

   (1) 欄位項目要上下對齊，如蛋白質欄必須整欄是蛋白質。

   (2) 「原料成分組成表」與「配方計算表」中，原料名稱順序要一致。

   (3) 配方完成之同時，務必完成原料成本之測算。

產品組成試算表的擴大運用

1. 用於複製理化性質：視實際需要分析物性指標，如比重、黏度、酸度等。
2. 用於複製營養成分：視實際需要分析各營養成分及其比值，如蛋白質分類（如酪蛋白、乳清蛋白、大豆蛋白等）及其比值、脂肪分類（如飽和脂肪、反式脂肪等）、胺基酸組成、脂肪酸組成及其比值、碳水化合物組成、礦物質組成及其比值、熱量來源比值、維生素組成及其比值。

產品組成試算（基本型）

原料成分組成表

原料名稱			蛋白質 (%)	脂肪 (%)	碳水化合物(%)	礦物質 (%)	水分 (%)	合計 (%)	單位成本 (NT$/kg)	熱量 (%)	蔗糖 (%)	鈉 (mg/100g)
原料A												
原料B												
原料C												
原料D												
水												

配方計算表

| 原料名稱 | 目標值 | | | | | | | | | | | |
	配料量 (kg)	配料比 (%)	蛋白質 (%)	脂肪 (%)	碳水化合物(%)	礦物質 (%)	水分 (%)	合計 (%)	單位成本 (NT$/kg)	熱量 (%)	蔗糖 (%)	鈉 (mg/100g)
原料A												
原料B												
原料C												
原料D												
水												
合計												

備註：深色底格為運算格，需預先置入運算公式，需鎖定。

產品組成試算（應用範例）

原料成分組成表

原料名稱			Ala (%)	Val (%)	Leu (%)	Ile (%)	Phe (%)	Tyr (%)	Trp (%)	His (%)	Asp (%)	Asn (%)	Glu (%)	Gln (%)	Lys (%)	Arg (%)	Ser (%)	Thr (%)	Met (%)	Cys (%)	Pro (%)	合計 (%)
原料A																						
原料B																						
原料C																						
原料D																						
水																						

配方計算表

| 原料名稱 | 目標值 | | Ala (%) | Val (%) | Leu (%) | Ile (%) | Phe (%) | Tyr (%) | Trp (%) | His (%) | Asp (%) | Asn (%) | Glu (%) | Gln (%) | Lys (%) | Arg (%) | Ser (%) | Thr (%) | Met (%) | Cys (%) | Pro (%) | 合計 (%) |
	配料量 (kg)	配料比 (%)																				
原料A																						
原料B																						
原料C																						
原料D																						
水																						
合計																						

備註：深色底格為運算格，需預先置入運算公式，需鎖定。

5.4 產品複製範例──冰沙粉配方研究

冰沙是夏季常見的一種冷飲料。是在水果與果實的碎塊中混入糖漿、果汁、香料、優格等配料,再加入冰塊與水,一起在刨冰机內刨碎成沙狀冰粒而成。本案例計畫開發一種粉狀的冰沙(即冰沙粉)。本案例期以複製的方法開發「冰沙粉」。

步驟一:決定標的產品

市面上,冰沙粉品牌不多,冰果店鮮製的冰沙卻是琳瑯滿目。經過蒐集市面上暢銷的店頭鮮製產品與冰沙粉,由行銷、產品企劃及研發人員進行官能品評,決定複製的標的產品。

步驟二:蒐集相關產品的品質資料

1. 蒐集到的資料有9種店頭產品的配方與製作方法及市售四種品牌冰沙粉的包裝標示、說明書、廣宣文件、網頁。並經製作「市售品質資訊展開表」,了解到:
   (1) 市售冰沙粉的產品品項23種,其中以香草、咖啡口味最多。
   (2) 包裝規格:包裝(鋁箔包)以每包1 kg為主。
   (3) 使用原料:以奶精為主輔以芋頭原粉、天然香料、食用色素等。
   (4) 保存期限:一年。
   (5) 使用方法:冰沙粉加水溶解,加冰塊和水而成。
   (6) 零售價:每公斤冰沙粉新臺幣180元。
2. 經取得店頭產品與各品牌冰沙粉實物進行物理、化學分析。

步驟三:確認產品的品質規格

設定品質目標如下:蛋白質5.0%、脂肪0.5%、碳水化合物88.0%、灰分1.5%、水分5.0%、糖度40、原料成本45元/kg。

步驟四:設計製程

設計製程如下:

原料 → 混合殺菌 → 濃縮 → 噴霧乾燥 → 包裝 → 成品

步驟五:選擇適用原材料

1. 蛋白源:脫脂奶粉(溶液略呈帶透明綠色)、全脂奶粉(溶液呈白霧色)。
2. 脂肪源:奶精粉、全脂奶粉(溶液呈白霧色)。
3. 甜味源:蔗糖、葡萄糖(甜度 = 蔗糖的40%)、麥芽糊精(甜度 = 蔗糖的20%)。
4. 增黏劑:麥芽糊精、修飾澱粉。
5. 香味源:香草、咖啡粉、可可粉、香料。

步驟六：建立產品組成試算表

1. 使用基本型產品組成試算表為基礎。
2. 確認預定使用原料之組成與價格。
3. 建製試算表：(1)設定組成期望值；(2)依蛋白質，脂肪，碳水化合物、灰分、水分、熱量（kcal）、黏度、糖度、香味、成本之序測試配方。

步驟七：試製、品評、調整配方

評比成分、濃度、黏度、甜度、口味與風味等做為調整配方的基準。

市售品品質資訊展開表

品牌	Caffe V	揚X食品	B食品
產品名	拿鐵、香草、摩卡、香拿鐵、冰山摩卡、椰香摩卡、白巧克力、泰式香茶、太妃糖	咖啡冰沙、優格冰沙、香檳冰沙、芋頭冰沙、抹茶冰沙等	芋頭牛奶冰沙粉
包裝	袋裝：1.76磅／包（8包／箱）盒裝：5磅／盒（4盒／箱）	1kg／包（20包／箱）	1kg／包
原料名稱	N/A	N/A	奶精、芋頭原粉、天然香料、食用色素
保存條件	N/A	N/A	開封後如未使用完畢，請勿直接接觸空氣，以避免潮溼而結塊保存期限：一年.
使用方法	N/A	以80g粉80c.c熱水沖泡，再倒入裝有400g冰塊之冰沙機打碎即可	以500c.c.一杯計算：水100cc ＋ 冰沙粉20g ＋ 果糖80g ＋ 冰塊300g
價格	N/A	N/A	180元／包

＋ 知識補充站

美味科學簡介

美味科學是透過各種理化學儀器分析，將美味的特徵數據化、視覺化，配合官能檢查的統計分析比對，進行的科學化研究。

美味科學的研究內容包括：

1. 如何以科學數據評估食物與食品的美味？
2. 如何製造食物與食品的美味？
3. 如何維持或保存食物與食品的美味？
4. 人腦如何判斷食物與食品的美味？

第六章
新產品開發過程中的各項評價方法

6.1 新產品開發中的評價體系

新產品開發過程中有諸多影響進度的不確定因素，為減低不確定因素的干擾、為達成經營管理者追求的高工作效率指標，在新產品開發過程中適當階段、適當時機進行作業成果的定性或定量評價，適時做對「持續或終止決策（Go/Kill decision）」是研發主管的職責。

新產品開發的評價體系

新產品開發的評價體系由下列各項評價作業組成：

1. 研發項目評價：決定研發項目用。
2. 市場評價：了解市場性用。
3. 產品概念評價：確認產品概念用。
4. 研製品評價：確認研製品成果用。
5. 商品化評價：確認研製品商品化成果用。
6. 試銷成果評價：透過試銷評估商品的市常接受度。
7. 上市後追蹤：據以改進用。

評估表的設計

各種評估表的評估項目及其權重，將因產業、產品、市場環境及企業本身條件的不同略有差異，可自行斟酌設計之。設計評估表的程序如下：

1. 組織評估委員會：由具有相關經驗者約3～5人組成。
2. 決定評估主項目及其比重：由評估委員做腦力激盪，藉用要因分析法（魚骨圖）決定評估主項目及其權重。
3. 決定評估細項目及其比重：同樣的，由評估委員做腦力激盪，藉用要因分析法（魚骨圖）決定評估細項目及其權重。
4. 決定評估基準。

小博士解說

新產品開發過程中，每一階段的評價等於是每一階段的成果驗收期末考，是能否走進下一工作階段的門卡。很可惜，實務上常被忽視，造成留級生照樣升級現象，結果是研發作業一再重複，研發進度緩慢。

新產品開發流程與評價體系

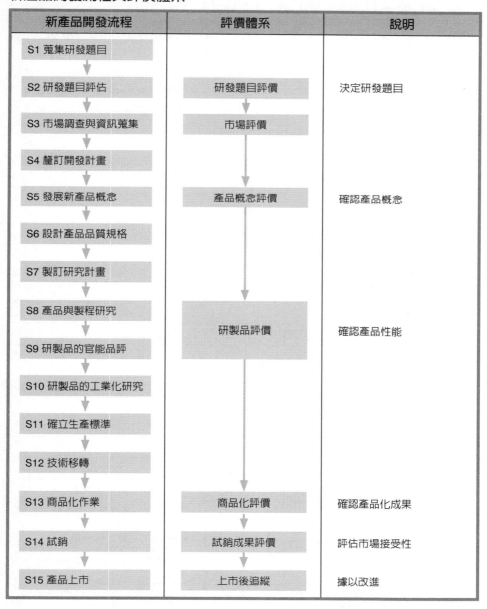

新產品開發流程	評價體系	說明
S1 蒐集研發題目		
S2 研發題目評估	研發題目評價	決定研發題目
S3 市場調查與資訊蒐集	市場評價	
S4 釐訂開發計畫		
S5 發展新產品概念	產品概念評價	確認產品概念
S6 設計產品品質規格		
S7 製訂研究計畫		
S8 產品與製程研究	研製品評價	確認產品性能
S9 研製品的官能品評		
S10 研製品的工業化研究		
S11 確立生產標準		
S12 技術移轉		
S13 商品化作業	商品化評價	確認產品化成果
S14 試銷	試銷成果評價	評估市場接受性
S15 產品上市	上市後追蹤	據以改進

6.2 研發項目評價表（範例一）

　　本表係一中大型綜合食品公司所用，適用於以國內市場為主的產品，如乳製品、飲料、醬油、冷凍食品等產品。

　　本表評價科目大分為限制性評價、量化性評價及參考性評價。限制性評價不符合項目既做淘汰，量化性評價結果是決策的主要依據，參考性評價提供修正決策之參考。

　　說明欄中之評價基準得視產品、市場、競爭程度及企業經營理念訂定適合企業本身適用的標準。

研發項目評價表

項目名稱：

壹、評估總結
1.判　　定：□採用　　　□再檢討　　　□保留
2.判定理由：
3.風險說明：

貳、限制性評價

評價項目	評價基準	備註
1. 公司現有技術開發能力	□不能配合 □可設法配合 □可配合	
2. 與公司的長短期經營策略之適合性	□不適合 □不恰當 □適合	

參、量化性評價

評價項目	評價基準	評分	備註（評價基準說明）
1. 總市場的大小（目前年需要量）	▪ 0.5億元以下（0～2分） ▪ 0.5～2.5億元（3～6分） ▪ 2.5億元以上（7～10分）		▪ 評價基準為國內市場。國外市場另訂之 ▪ 依公司即有產品營業額分布，大部分集中於 0.5 億元以下，小部分在 0.5～2.5 億元之間，極少部分在 2.5 億元以上
2. 過去三年總市場平均成長率	▪ 5%以下（0～2分） ▪ 5～10%（3～6分） ▪ 10%以上（7～10分）		▪ 過去三年無此類產品時，可參考：(1) 國外市場、(2)類似產品市場、(3)自行推測

3. 市場力（上市第三年之市場占有率）	▪ 10%以下（0～2分） ▪ 10～30%（3～6分） ▪ 30%以上（7～10分）		公司對新產品上市三年後的市占率要求10～30%
4. 上市第三年預估年營業額	▪ 1千萬元以下（0～2分） ▪ 1～5千萬元（3～6分） ▪ 5千萬元以上（7～10分）		公司即有產品的銷售額分布於1千萬元以下和 1～5千萬元之間，少部分超過5千萬元
5. 研究開發成本	▪ 300萬元以上（0～2分） ▪ 100～300萬元（3～6分） ▪ 100萬元以下（7～10分）		公司一般產品的開發需100～300萬元，若包括外國顧問，則需300萬元以上
6. 設備增置金額	▪ 1000萬元以上（0～2分） ▪ 500～1000萬元（3～6分） ▪ 500萬元以下（7～10分）		
7. 上市第三年毛利率	毛利率數字減25為得分（低於零以零分計，高於30以30分計）		公司通常新產品上市數年內毛利率有35%，毛利率若不到25%，稅前純利就將近負值（推銷支出約17%，財管等8%）
8. 投資回收期限	▪ 4年以上（0～2分） ▪ 2～4年（3～6分） ▪ 2年以下（7～10分）		
評價得分		初步評定	☐ 70分以上（採用） ☐ 60～69分（再檢討） ☐ 59分以下（保留）

肆、參考性評價		
評價項目	評價基準（打「✓」）	備註
1. 消費者的接受性及產品的優越性	☐ 1.普通 ☐ 2.較優越 ☐ 3.很優越	和他公司同類產品比較，如果兩條件發生矛盾時，以消費者接受性為主，做為判斷
2. 產品的競爭狀況	☐ 1.競爭激烈 ☐ 2.普通 ☐ 3.沒有競爭	同業同類產品的競爭情況
3. 對公司現有產品之影響	☐ 1.有負面影響 ☐ 2.沒有影響 ☐ 3.有正面影響	
4. 公司的銷售通路與銷售能力	☐ 1.無通路或很弱 ☐ 2.需要現有通路及一部分新通路 ☐ 3.可活用現有通路	如果兩條件矛盾時，以銷售通路為主，做判斷

5. 產品壽命	☐ 1. 2.5年以下 ☐ 2. 2.5～5年 ☐ 3. 5年以上	同業同類產品的剩餘壽命
6. 技術應用性	☐ 1.無發展性 ☐ 2.普通 ☐ 3.相當有發展性	
7. 研究先驅性	☐ 1.向同業跟進 ☐ 2.約和同業同時研究 ☐ 3.比同業先進	
8. 研究開發所需時間	☐ 1. 1年以上 ☐ 2. 0.5～1年 ☐ 3. 0.5年以下	從開始研究開發到技術移轉的時間
9. 技術可行性	☐ 1.其他公司有專利 ☐ 2.其他公司有專利但本公司可以克服 ☐ 3.其他公司沒有專利	
10.原材料的取得	☐ 1.困難 ☐ 2.普通 ☐ 3.容易	指大批原料的採購掌握度；季節性的國內原料和需國外採購者歸類「普通」，國內隨時可採購者歸類「容易」
11.生產設備	☐ 1.需要新設備 ☐ 2.可改造現有設備或委託加工 ☐ 3.可利用現有設備	
12.設備稼動率	☐ 1.第一年25%以下 ☐ 2.第一年25～40% ☐ 3.第一年40%以上	
13.上市第三年的資本報酬率	☐ 1. 10%以下 ☐ 2. 10～20% ☐ 3. 20%以上	
14.總資產週轉率	☐ 1. 1.5次以下／年 ☐ 2. 1.5～3 次／年 ☐ 3. 3次以上／年	
15.固定資產週轉率	☐ 1. 2.5次以下／年 ☐ 2. 2.5～6次／年 ☐ 3. 6次以上／年	

✚ 知識補充站

雀巢如何決定研發項目

決定研發項目的必需條件：
1. 提案項目是否符合實際的消費者需求？
2. 提案項目是否符合公司要提供的特定消費者利益？
3. 哪一種產品最合適？
4. 是否符合公司對該產品類別的策略？
5. 公司是否擁有或可以開發適當的技術？
6. 是否該在公司進行這項工作？
7. 是否可以在合資企業中，進行美容營養補品更好地處理？
研發項目的三個必要標準

研發項目必須符合消費者需
求、技術具可行性及良好商
機的三個標準條件。

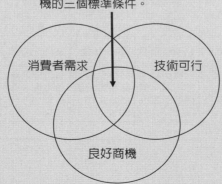

資料來源：http://www.nestle.it/asset-library/documents/pdf_nostri_report/13_innovatingthefuture.pdf

6.3 研發項目評價表（範例二）

本表系一大型紡織公司所用，適用於兼顧國內外市場的產品。（資料來源：瀨川正明　新製品開発入門，p.186～190）

本表評價科目大分為市場性評價、市場安定性評價、市場成長性評價、生產性評價等。

評分		10	8	6	4	2
評價		很好	好	普通	不好	很不好
評估項目	比重					
1. 銷售通路	1.0	現有通路即可	大部分用現有通路，少部分需新通路	新舊通路各半	大部分需要新通路	全部新通路
2. 產品競爭力	2.0	產品特色大大優於競爭品	產品特色略勝競爭品	產品特色與競爭品疊同	產品特色略遜於競爭品	產品與競爭品比較無特色
3. 市場大小	0.5	最終使用者占國內人口的70%以上	最終使用者占國內人口的50～69%	最終使用者占國內人口的30～49%	最終使用者占國內人口的10～29%	最終使用者占國內人口的9%以下
4. 對現有產品銷售的影響	2.0	極有幫助	沒有影響	完全沒有影響	略受負面影響	有礙
5. 相關業者的評價	0.5	可望普及度高	可望普及度良好	可望普及度一般	不太可望普及	不可能普及
6. 市占率競爭	0.5	80%以上	60～79%	40～60%	20～39%	19%以下
7. 季節變動	0.5	四季皆無需求下降	只有一個季節需求會下降	有兩個季節需求會下降	有1～2個季節需求會減半	一年只有1～2個季節有需求
8. 顧客購買量	0.5	只要2家客戶即可消化50%產能	有3～4家客戶即可消化50%產能	要5～7家客戶即可消化50%產能	要有10家客戶才可消化50%產能	有10家客戶尚未能消化50%產能
9. 多樣化需求	0.5	1～3種即可	要4～10種	要11～20種	要21～30種	要有31種以上
10.品質與價格	2.0	品質與競爭品相當，價格較低20%以上	品質與競爭品相當，價格較低10～20%	品質與競爭品相當，價格較低5～10%	品質與競爭品相當，價格較低5%以下	價格相同或略高於競爭品
小計	10.0					

（市場性）

評分		10	8	6	4	2
評價		很好	好	普通	不好	很不好
評估項目	比重	很好	好	普通	不好	很不好
安定性						
1. 市場永續性	2	永久會被使用	可被持續使用約5年	可被持續使用約3年	可被持續使用約2年	可被持續使用約1年
2. 競爭品牌	1	沒有其他廠商生產販賣	另有1～3家公司生產販賣	另有4～6家公司生產販賣	另有7～10家公司生產販賣	另有11家以上的公司生產販賣
3. 國內外市場範圍	2	具廣泛需要者的全國性市場，並具銷往國外的可能性	具有廣泛需要者的全國性市場	具需要者的全國性市場	為小範圍需要者的地方性市場	小範圍的特殊市場
4. 模仿的難易	1	其他公司要花4年以上的時間	其他公司要花3年以上的時間	其他公司要花2年以上的時間	其他公司要花1年以上的時間	6個月內即可模仿完成
5. 受景氣變動的影響	1	銷售與景氣變動無關	銷售與景氣變動有些為相關	銷售隨景氣的變化做變動	銷售大受景氣變化的影響	景氣變化為銷售低迷的主要原因
6. 產品的獨占性	3	完全受專利的保護	可取得專利，但可被模仿	無法取得專利，但產品特徵不容易被模仿	沒有專利，有實力的公司有可能模仿	沒有專利，在何公司都有可能模仿
小計	10					

評分		10	8	6	4	2
評價		很好	好	普通	不好	很不好
評估項目	比重	很好	好	普通	不好	很不好
成長可能性						
1. 產品特徵	3	具獨特的產品特徵，能滿足消費者需求	具獨特的產品特徵，大致上能滿足消費者需求	具良好的產品特徵，能滿足消費者需求	具良好的產品特徵，但不太能滿足消費者需求	具良好的產品特徵，但不能滿足消費者需求
2. 使用成本	2	使用成本為原來的40%以下	使用成本為原來的41～60%	使用成本為原來的61～80%	使用成本為原來的81～100%	使用成本與原來相當或更高
3. 出口國外的可能性	1	30%以上可以用國內價格或有利潤的價格出口	20%以上可以用有利潤的價格出口	10%以上有可能用有利潤的價格出口	有可能以銷售成本出口	有可能以低於成本的價格出口
4. 技術革新或改良的程度	1	無需再做品質的提升	希望提高品質	需要提高品質	不提高品質不行	絕對需要提高品質
5. 對公司內部的附加價值	3	原材料成本是售價的20%以下	原材料成本是售價的21～30%	原材料成本是售價的31～40%	原材料成本是售價的41～50%	原材料成本是售價的51%
小計	10					

評分			10	8	6	4	2
評價			很好	好	普通	不好	很不好
	評估項目	比重					
生產性	1. 以公司的技術水準生產的可能性	1.5	有接觸類似品的生產	有接觸類似品的生產，但不完全	熟悉類似品的一部分工程	已完成文獻蒐集，但沒有生產經驗	需從文獻搜尋開始著手
	2. 產品的產成率	1.5	良品收率95%以上，抱怨退貨1%以内	良品收率95%以上，抱怨退貨2%以内	良品收率85%以上，抱怨退貨3%以内	良品收率80%	良品收率79%以下，抱怨退貨6%以上
	3. 上市所需時間	1.0	3個月以内	4～6個月	7～12個月	1～2年	2年以上
	4. 取得專利的可能性	0.5	能取得專利	有可能取得專利	未提出專利申請前無法預料	認為無法取得專利	確認無法取得專利
	5. 閒置設備利用度	0.5	全部使用閒置設備生產	約3/4使用閒置設備生產	一半以上的工程使用閒置設備	約1/4使用閒置設備生產	完全不用閒置設備
	6. 增置設備的必要性	0.5	全部利用現有設備生產	改良一部分器具、工具、零件即可	需一部分設備改造或新添	需作相當亮的設備更新	需購買完整的新設備
	7. 剩餘動力（水、電、蒸氣、空壓、冷凍）的利用	0.5	利用率80%以上	利用率60～70%以上	利用率40～59%以上	利用率30～39%以上	利用率29%以下
	8. 生產需要員工	0.5	不需重新安排，維持現狀即可生產	同部門内重新安排，可生產	同工廠内重新安排，可生產	同公司内重新安排，可生產	需採用新進員工
	9. 原材料 a.買進價格	0.5	可能比市價便宜20%以上購得	可能比市價便宜10～19%購得	可能比市價便宜5～9%購得	可能比市價便宜0～4%購得	購買價格比市價高
	b.買進方法	0.5	80%以上依賴國產	60～79%依賴國產	40～59%依賴國產	20～39%依賴國產	19%以下依賴國產
	c.公司内部轉用	0.5	可轉用其他產品的庫存	大概無法轉用其他產品的庫存	轉用其他產品的庫存有困難	無法轉用其他產品的庫存	其他產品沒有庫存
	10.維持生產的難易度	1.5	生產計畫達成率95%以上	生產計畫達成率85～94%	生產計畫達成率75～84%	生產計畫達成率65～74%	生產計畫達成率64%以下
	11.企業負擔度	0.5	營業額占事業部總營業額的10%以下	營業額占事業部總營業額的11～20%	營業額占事業部總營業額的21～30%	營業額占事業部總營業額的31～40%	營業額占事業部總營業額的41%以上
	小計	10.0					

✚ 知識補充站

評量商品價值的四個原則

有廣大的消費者願意購買，而且願意一再地購買的產品，才有機會成為暢銷產品，而這種產品必是消費者滿意的產品。「滿意」就是對商品價值有所認知與肯定，評量商品價值有四個原則，把握住這四個原則，產品才有暢銷的可能，茲解說四個原則如下：

第一原則：商品價值是產品價值與包裝價值的總合。

　　產品價值（product value）：包括由產品的主要材料本身所表現的價值要素和產品的性能
　　　　　　　　　　　　　　　所表現的價值要素。

　　包裝價值（package value）：包括兩個要素，一個是用語言表現的品牌（brand name）
　　　　　　　　　　　　　　　價值，一個是非語言表現的價值，如大小、型狀、商標設計
　　　　　　　　　　　　　　　等。

　　設　V ＝ 價值
　　則　V（商品）＝　V（材料）＋V（性能）＋V（品牌）＋V（設計）

第二原則：商品價值的量是消費者對商品新穎度和產品水準，所感受到的價值大小之總合。

　　　　　$V = I(H + N)$
　　　　　而 I ＝ Involment（感受度）　　H ＝ High Quality（高品質）
　　　　　N ＝ New（新穎度）

第三原則：商品價格要「小於」或「等於」商品價值。

一般來說，商品價格要比被認知的商品價值略低，才能賣出。不過也有例外，譬如獨一無二的嶄新產品，因為消費者無法判斷其價值，標價多少就是價值多少。

　　　　　$V \geq P$　　　　　　　P ＝ 價格

第四原則：商品要具備有「被購買動機」。

商品須具備有促進購買者購買的「誘購條件」，才會引起消費者的購買慾。當消費者看到一個商品，開始考慮購買的時候，腦海中可能會浮現出「是否還有更好的？」的念頭，這個念頭消除，而後消費者才會甘心的購買。而商品要能提供購買者某些「保障條件」，才能讓這個念頭消失，才能讓購買者不後悔。為使消費者重複購買，商品尚須具備有能引起消費者繼續購買的「續購條件」才行。

　　　　　$M = (m \cdot H)^r$
　　　　　M ＝ 購買動機強度　　　m ＝ 誘購條件
　　　　　H ＝ 保障條件　　　　　r ＝ 續購條件（但 $r \geq 1$）

6.4 市場評估表範例

市場評估表目錄

一、背景說明（簡要說明評估市場的背景、目的、方法、及結果）

二、市場規模及其歷史性發展〔以包裝單位及（或）金額說明未來3～5年的市場規模〕

三、競爭環境分析（依下列項目分別說明市場上具有競爭力之各相關品牌的產品訊息）

 1.競爭（或類似）產品

  (1)銷售數量及（或）銷售金額。

  (2)品質與知名度。

  (3)包裝型態、容量或大小、標示。

  (4)生產方式與生產成本。

 2.價格

  (1)零售價。

  (2)廠價與各通路價格。

  (3)銷售利潤。

 3.行銷通路

  (1)採用的行銷通路及通路別百分比。

  (2)採用的運送方式及運送方式別百分比。

 4.銷售與促銷活動

  (1)促銷費用占銷售額的百分比。

  (2)促銷方式。

  (3)銷售計畫。

 5.廣告活動

  (1)廣告費占銷售金額的百分比。

  (2)媒體運用狀況。

  (3)產品定位與訴求。

小博士解說

市場調查依其目的之不同分為：

1.規劃營業活動用的市場調查。

2.擬訂各種計畫（如產品計畫、銷售計畫等）用的市場調查。

3.策劃新產品上市用的市場調查。

4.供研究開發用的市場調查。

四、顧客資料（分項註明資料來源）

列明相關產品的消費顧客資料（如下）：

1.顧客的品牌意識、購買意願與偏好。

2.顧客的口味嗜好。

3.顧客對包裝容量的偏好。

4.顧客對包裝、配方等之認知度。

5.每人每年消費量（and/or金額）。

6.季節性變化。

7.顧客購買的態度與實際購買行為。

8.市場區隔。

五、技術與生產能力分析

六、預估新產品產量與銷售損益

七、建議（提出推薦理由）

八、合理性（綜合上述分析，說明公司進入本案市場的合理性）

九、風險性（將來發展本案產品時可能面臨的風險與規避方案）

十、今後的工作（提出公司成功地推出本案新產品必須採取之下一步工作）

產品與消費者相關一手資料取得方法

1. 觀察法。

2. 個人訪談法。

3. 郵寄調查法。

4. 電話調查法。

5. 小組訪談法（group interview）。

6. 市場實驗法。

✚ 知識補充站

二手資料調查的主要內容：

(1)企業內部資料（包括內部各有關部門的記錄、統計表。報告、財務決算、用戶來函等）；(2)政府機關、金融機構公布的統計資料；(3)公開出版的期刊、文獻雜誌、書籍、研究報告等；(4)市場研究機構、咨詢機構、廣告公司所公布的資料；(5)行業協會公布的行業資料、競爭企業的產品目錄、樣本、產品說明書及公開的宣傳資料；(6)政府公開發布的有關政策、法規、條例規定以及規劃、計畫等；(7)推銷員提供的情報資料；(8)供應商、分銷商以及企業資訊網提供的資訊；(9)展覽會、展銷會公開發送的資料。

第七章
建構研發管理體制

7.1 建構研發管理體制

　　體制是一種企業組織的設置、組織內各單位的隸屬關係、權責劃分和各種作業程序與作業標準的總稱。專為研發管理制定的體制稱為研發管理體制。

　　建立「研發管理體制」是研發主管的首要工作，以利於帶著一群人（包括管理與作業階層員工）分工合作完成一致的目標。當企業組織特別是研發組織變動時，研發管理者即須盡速重修「研發管理體制」，以符合新組織的部門機能。

研發管理體制的制定

1. 確認組織的任務。
2. 制定組織編制與人事安排。
3. 制定各種管理辦法：如
　　(1)研發管理體系
　　(2)管控溝通辦法
　　(3)開發協調會組織
　　(4)研發單位考評辦法
　　(5)文件管理程序
　　(6)生物資源管理程序
4. 制定各種研發作業程序與作業標準：如
　　(1)新產品開發程序與作業標準
　　(2)產品改良作業程序與作業標準
　　(3)投資及新事業開發程序與作業標準
　　(4)技術合作作業程序與作業標準
　　(5)食品品評標準工作手冊
　　(6)商品標示之製訂辦法

研發管理體制的運作

1. 體制一旦制定完成，為推行順利必須對員工施以教育，加以宣導推廣。
2. 體制運作當中，制定管理與技術面的標準以為管理上的基準，進行過程與成果的審核。
3. 整個系統除定期檢討外，年終做年度檢討，逐年改進。

研發管理體制製作程序

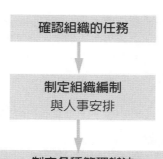

確認組織的任務

↓

制定組織編制
與人事安排

↓

制定各種管理辦法
如：● 研發管理體系
　　● 管控溝通辦法
　　● 開發協調會組織
　　● 文件管理程序
　　● 生物資源管理程序
　　● 研發單位考評辦法

↓

制定各種研發作業程序與作業標準
如：● 新產品開發程序與作業標準
　　● 產品改良作業程序與作業標準
　　● 投資及新事業開發程序與作業標準
　　● 技術合作作業程序與作業標準
　　● 食品品評標準工作手冊
　　● 商品標示之製訂辦法

✚ 知識補充站
　　研發管理所需要的管理辦法、作業程序及作業標準的種類，依企業規模、業種別、產品別、研發主管之要求等之不同而異。企業可依自己的需要制定，其能一切作業可有所本、有所據，如是員工不論新舊手皆可有一致性的作業規範。

7.2 開發部門（研發的重要組織）

　　研發管理面對的重要問題是研發什麼產品？如何開發產品？也就是方向與方法如何決定的問題。這些問題的解決，必須依產業領域、產品種類、企業規模等企業本身的條件來定義研發管理的內涵與管轄領域，然後設置適當的組織來推動研發管理。

　　實際上，沒有所謂最好的組織，企業必須視自家的願景、技術力及研發領域，建構最適當的研發組織。

　　研發管理的組織在組織機能上必須要有開發管理與研究管理兩大機能。

研發管理少不了具有開發機能的部門

　　通常企業重視成立研究單位，如設立研究室或研究所，卻忽略了必須要有具開發機能的單位之存在。所謂具開發機能的部門不一定是獨立的單位，其組織型式多樣可依自家企業的實況選擇適用形式，但必須是能靈活、能有效的以最短時程完成新產品開發的組織。此部門通常稱為開發部（室）或依所賦與的重點任務稱為研究開發戰略部（如Asahi group）、研究開發企劃部（如味之素）、研究推進部（如日清製粉）等。負責開發機能部門的人選最好是具有技術背景、行銷歷練及具有企劃協調能力者。

開發部門的職責

　　開發部門以新產品開發企劃、新產品開發的推進及溝通行銷與研究部門等為其主要職責。

開發部門的組織

　　開發組織型態有：(1)在行銷部門下設置開發單位、(2)在研究部門下設置開發單位、(3)設置獨立的開發部門、(4)設置專案開發小組、(5)企業主管直接指導型、(6)成立新產品開發委員會等。此等組織各有利弊，企業可視本身實況做適當的選擇。

小博士解說

通常，企業將開發工作分由兩大群組進行。一是研發、生產、銷售的直線部門，一是調查、計畫、管理的幕僚部門。

為求開發作業的迅速化、效率化，設置開發部門專責執行，有助於新產品的推動與管理。

開發組織型態的比較

組織型態	內容	優點	缺點	適用
(1)企業主管直接指導	企業主管直接做指示、指導	決策與行動迅速	受限於企業主管的能力	常見於中小企業
(2)設於行銷部門	由行銷主管執行開發任務	能與行銷策略密切配合	研發活動侷限於該行銷部門的營運範圍	適用於技術性少的產品開發與市場開拓型開發
(3)設於研究部門	設開發專人於研究部門	能發揮自有技術特性開發產品	與行銷部門的連繫必須加強	適用於以技術研究為主體的開發
(4)專案開發小組	針對特定產品的開發，由研究、行銷、生產等部門指派專人組成專案小組進行	能發揮專業人才的群體功能	成敗有賴於各部門的支援與協調	適用於多單元操作製程的產品（如味精、製糖等）及誇領域製程的產品（如嬰兒配方食品）
(5)獨立的開發部門	設置獨立的開發部門專人負責執行開發管理的任務	能專注執行開發的企劃、追蹤、評價等工作	各階層、各部門的協調工作繁重	適用於略具規模的企業、多產品線的企業。幾乎所有日本企業採用此型
(6)新產品開發委員會	由企業CEO、及各部門主管組成	研發方向與進度能配合企業策略	平常無專門執行人且委員職責不明，無實質開發功能	通常與其他開發組織並用
(7)並用型	採用(2)~(5)型開發組織，並設新產品開發委員會	可彌補各型開發組織的缺點	新產品開發委員會有賴於企業CEO的專注	日本企業採用(5)、(6)並用型

＋知識補充站

　開發組織的型態各有利弊。可依自家企業實際狀況擇一執行。筆者多年在獨立的開發部門體制下工作，本書內容多有其實際作業的例子可供讀者參考。

7.3 組織編制與人事安排

組織編制與人事安排是體制的主要元素。制定組織編制之前需先確認組織被賦予的任務並依工作範圍與工作量制定組織、組織內單位的棣屬關係、安排人事、分配工作明定職責。

確認組織的任務

遵循公司的經營方針、經營策略，考慮研發單位的特性，參照同業資訊釐定組織任務。組織任務內容宜明白敘述：
1. 組織在企業內的地位：明定組織棣屬部門。
2. 組織負責的範疇與開發產品類別：明確組織負責的事業範圍與研發的產品類別。

制定組織編制與人事安排

根據組織任務考慮工作範圍與工作量制定組織編制、組織內單位的棣屬關係及人事安排分配工作明定職責。

工作職責分配

分別就管理階層與作業員階層釐定其各自的職責。
1. **管理階層的職責：**
    (1) 與產品企劃單位、行銷單位密切聯繫合作，傳達溝通公司對研發單位之要求（研發主題必能創造公司業績與利益），分配資源，領導成員達成目標。
    (2) 釐訂組織願景、研發政策、長期發展計畫及年度研發計畫。
    (3) 規劃與執行研發政策管理、研發項目審核、研發進度管控、研發成果管理。
    (4) 制定與修改研發管理系統，持續改善組織之經營績效。
    (5) 編列年度研發費用預算與財產增置預算。
    (6) 跨部門事項溝通協調。
    (7) 轄屬人員考績評核。
    (8) 部門其他行政工作。
2. **作業員階層的職責：**
    (1) 執行被指派之研發主題。
    (2) 撰寫可行性分析、研發計畫書、實驗報告、研發會議簡報、研發結案報告書、技術移轉報告。
    (3) 正式生產階段協助相關單位解決問題或提供改善措施。
    (4) 追蹤所負責的生產技術之執行現況與改進方案。
    (5) 負責文管中心負責人之職責：負責文件管理。
    (6) 生物資源中心負責人之職責：負責生物資源管理。

研發組織範例

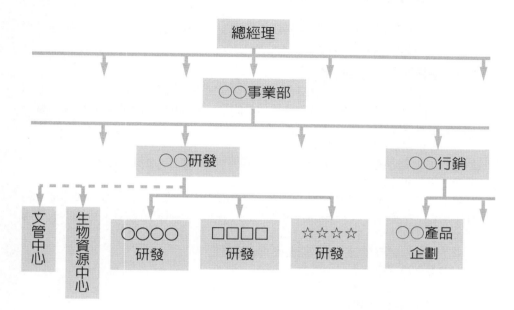

註：虛線表示為虛擬組織。

✚ 知識補充站

　組織編制與人事安排影響團隊工作效益很大。對的組織、對的編制、對的人事安排，將使組織功能大增。

7.4 研發管理體系與溝通辦法

　　研發管理體系由研發政策管理、研發項目審核、研發進度管控、研發成果管理。管理的推動則透過各種溝通會議進行。

研發管理體系與溝通會議

1. 研發策略管理：由董事長、總經理及各事業部門主管組成「開發委員會」，原則上，每年開會一次，例如，可於每年10月的第二週召開。必要時得增開臨時會。會議的主要議題有：
   (1)檢討年度研發計畫執行成果。
   (2)釐訂或修改研發願景、研發政策、長短期研發計畫、年度研發計畫。
   (3)釐訂下一年度研發計畫。
2. 研發項目審核與研發進度管控：由產品企劃部門、行銷人員及研發人員組成「研發協調會」。原則上，按產品分類別，每月各開一次研發協調會。會議的主要議題有：
   (1)評估、審核研發項目，並呈開發委員會議核定。
   (2)討論發展產品概念／技術構想。
   (3)雛型品與研製品評價，包括品質、效益、成本等。
   (4)研發進度追蹤與協調。
   (5)進行部門協調：如原料使用評估、生產流程與設備研究之協調、發展品質工程圖、技術移轉協調。
3. 研發成果與紀錄管理：由研發主管與研究人員按週召開「研發週會」，檢討：
   (1)研發計畫之執行成果報告。
   (2)進行必要的研究指導與資源的提供。
   (3)依公司的「文件管理程序」辦理研發成果與紀錄的存檔等事宜。

小博士解說

研發管理的溝通必須做好縱向部門與橫向部門的溝通。縱向部門的溝通著重於研發方向的確認，橫向部門的溝通著重於研發方法與進度的協調。

研發管理體系與溝通辦法（範例）

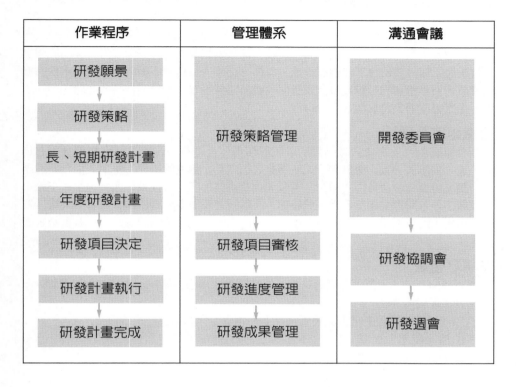

作業程序	管理體系	溝通會議
研發願景		
研發策略	研發策略管理	開發委員會
長、短期研發計畫		
年度研發計畫		
研發項目決定	研發項目審核	研發協調會
研發計畫執行	研發進度管理	
研發計畫完成	研發成果管理	研發週會

✛ 知識補充站

　研發管理的溝通不以固定的會議為限，各相關部門主管與作業人員皆應隨時進行必要的協商。

7.5 開發協調會組織

研發工作是屬於團隊合作的作業模式的工作，涉及的單位有研發、產品企劃、營業、行銷、生產、工程及採購等單位，成立開發協調會的目的在於求得各部門能同步進行研發工作，使研發工作圓滿達成。以產品企劃人員為中心組成定期或不定期的協調會議，召集相關的行銷及研究人員協商產品開發事宜。並於適當時機邀請有關的工程、生產與採購人員參加。

會議組織及種類

開發協調會可依企業的產品類別或製程類別分組進行。各產品開發協調會置召集人一人、主辦人一人、會員若干人。召集人由產品企劃主管擔任，主辦人由相關的產品企劃人員擔任。會員由主題相關研發人員及事業部門（或營銷部門）、生產工廠、工程部門等有關單位指派適當人員參加。人數視需要決定。各協調會由召集人擔任主席，召集人因事不能出席時，由主辦人代理。主辦人負責會議記錄及一切會務推動工作。

會議之運營

1. 開會時間：原則上每兩週開會一次，視實際需要得由主席決定會議次數與日期。
2. 開會議題與內容：
   (1)工作討論：由各主辦人蒐集擬定之下列各項工作於本會討論審核之。
      ①產品概念。
      ②研究開發項目評估。
      ③排定研究開發項目之優先順序。
      ④確認開發報告書等研發書類。
      ⑤其他。
   (2)工作成果與進度之追蹤
      ①每項工作依計畫表應用計畫評核術（Program Evaluation and Review Technique, PERT）或要徑法（Critical Path Method, CPM）等專案管理法追蹤。
      ②檢討問題點，擬定改進措施。
   (3)研製品評估：包括品質、成本、包裝及其他。

作業準則

本會作業基本準則悉依各研發管理體系與工作程序辦理。每次會議應做成會議記錄上呈。各與會人員應負責在各該所屬單位推動本會決議事項，併由產品企劃部門彙整各協調會之工作備查。

開發協調會組織（範例）

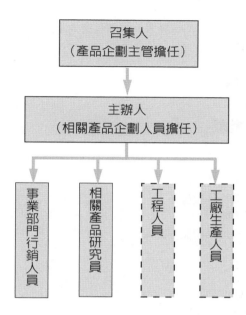

召集人
（產品企劃主管擔任）

主辦人
（相關產品企劃人員擔任）

事業部門行銷人員　相關產品研究員　工程人員　工廠生產人員

註：實線框者為固定參與人，虛線框者視需要邀請參加。

＋知識補充站

企業高階主管在新產品開發工作上的職責：
1. 明確說明開發指定產品之意義。
2. 明確指示公司的未來產品發展方向。
3. 明確指示長短期研發方針與目標。
4. 決定新產品創意項目。
5. 審核開發計畫。
6. 研發成果的評價與企業化之決定。
7. 審核新產品銷售計畫。
8. 視實際狀況進行研發項目之進行、暫停及終止之決策。

7.6 研發單位考評辦法

　　本辦法用於評估各階層、各部門研發單位的團隊績效，內容包括：
1. 評估研發對公司的貢獻。
2. 研發效益分析。
3. 年度新產品開發績效檢討。
4. 其他關心指標。

評估研發對公司的貢獻

　　評估項目有下列五項：
1. 上市新產品數。
2. 新產品初年度營業總額及其順位。
3. 新產品初年度毛利總額及其順位。
4. 公司營業總額與毛利總額。
5. 研究開發費及其占公司營業總額的比率。

研發效益分析

　　進行下列兩項分析：
1. 研發過程各階段使用時間統計（期間與平均）。
2. 個人研發使用時間統計。

年度新產品開發績效檢討

　　分別進行下列兩項檢討：
1. 新產品上市件數檢討（實際與計畫的比較）。
2. 已完成研究而未上市及研發暫緩的原因分析。

其他關心指標

　　其他關心指標有：
1. 製程效率改善數量。
2. 提升多少產品的附加價值。
3. 品質水準改善績效。
4. 生產成本降低多少。
5. 其他視實際情境增減分析檢討項目。

研發對公司貢獻的評估用表（範例）

	X年度 計畫	X年度 實際	(X+1)年度 計畫	(X+1)年度 實際	(X+2)年度 計畫	(X+2)年度 實際	(X+3)年度 計畫	(X+3)年度 實際
上市新產品數					29種(54品項)	24種(42品項)	26種	
新產品初年度總營業額（億元）	—（ %）	—（ %）	—（ %）	—（ %）	—（ %）	—（ %）	—（ %）	—（ %）
新產品別初年度營業額順位（萬元）	1.產品r($) 2.產品s($) 3.產品t($)	1.產品s($) 2.產品r($) 3.產品t($)	1.產品a($) 2.產品b($) 3.產品c($)	1.產品a($) 2.產品b($) 3.產品c($)	1.產品d($) 2.產品e($) 3.產品f($) 4.產品g($)	1.產品d($) 2.產品h($) 3.產品e($) 4.產品g($) 5.產品f($)	1.產品k($) 2.產品m($) 3.產品n($) 4.產品p($)	1.產品k($) 2.產品p($) 3.產品m($)
新產品初年度毛利總額（億元）	—（ %）	—（ %）	—（ %）	—（ %）	—（ %）	—（ %）	—（ %）	—（ %）
新產品初年度毛利額順位（萬元）	1.產品r($) 2.產品s($) 3.產品t($)	1.產品s($) 2.產品r($) 3.產品t($)	1.產品a($) 2.產品b($) 3.產品c($)	1.產品a($) 2.產品b($) 3.產品c($)	1.產品d($) 2.產品e($) 3.產品f($) 4.產品g($)	1.產品d($) 2.產品h($) 3.產品e($) 4.產品g($) 5.產品f($)	1.產品k($) 2.產品m($) 3.產品n($) 4.產品p($)	1.產品k($) 2.產品p($) 3.產品m($)
公司營業總額（億元）								
公司毛利總額（億元）								
研究開發費（%）	（ %）	（ %）	（ %）	（ %）	（ %）	（ %）	（ %）	（ %）

研發效益分析用表（範例）

單位：日數

研發階段	部門別	A	B	C	D	E	F	G	H	I	全公司
評估	評估										
	呈核										
研究	技術研究										
	設備研究										
	市場研究										
	開發報告										
設備	增置										
移管	業務移管										
	技術移管										
上市	上市計畫										
	上市										
合計											

研發階段使用時間與平均期間

個人研發使用時間統計用表（範例）

部門別	項目				種類	口味別	包裝別	產品項目	主辦人	研發天數 評估至上市
	計畫	追加	合計	比率%						
合計										

年度新產品開發績效檢討用表（範例）

項目 ＼ 部門						合計
一、未在原計畫，但完成上市件數（甲）						
二、原計畫件數（註1、註2） 　1.原有計畫之完成上市件數（乙） 　2.原計畫暫緩／中止件數 　3.原計畫進行中件數						
三、完成上市件數合計 　（甲）＋（乙）						
1.原計畫完成件數對原計畫總件數之%						
2.原計畫暫緩／中止件數對原計畫總件數之%						
3.原計畫進行中件數對原計畫總件數之%						
4.完成件數總合對原計畫總件數之%						

註1：研究完成未上市件數

註2：未在原計畫項目中而在進行中或未上市者不列入

年度問題問題原因分析用表（範例）

已完成研究未上市原因分析

部門＼項目						合計	
						數量	%
1. 技術問題							
2. 細節解決可上市							
3. 市場性問題							
4. 原料尚未採購							
5. 其他（設備不足問題等）							
合計							100

暫緩項目原因分析

部門＼項目						合計	
						數量	%
1. 技術問題							
2. 消費者接受問題							
3. 成本太高							
4. 市場性問題							
5. 新產品之間類似							
6. 其他							
合計							100

7.7 研發的文件管理與生物資源管理程序

文件管理之目的在於確保研發制度的有效運作,對於研發成果與紀錄予以適當保存,以便同仁之知識分享與傳承,並防止機密資料外流。基於此,管理階層宜負責文件擬案(含修改)、發行、存廢之審查與核准,文管人員負責研發項目編號與執行文件之發行、登錄、保存、存廢申請。

文件分類

文件包括作業規範類文件、研發成果類文件、研發紀錄類文件、外來文件,所有文件必須分類編號以便於管理。

1. 作業規範類文件:為研發作業之準則與依據,包含研發管理手冊、各項程序、檢驗標準作業方法及各式文件格式。
2. 研發成果類文件:研發作業產出之文件。包含長期發展計畫、年度研發計畫、可行性分析、研發計畫書、研發結案報告書、技術移轉報告、發表論文、專利文件等。
3. 研發紀錄類文件:包括年度研發計畫會議紀錄、研發委員會議紀錄、實驗報告、研發會議簡報與會議紀錄、研發協調會議紀錄等。
4. 外來文件:本單位以外之公司內外單位公文。

文件存檔與管制

所有文件由主辦人主動提交電子檔或紙本文件供文管人員存檔備查。文件得開放研發人員閱讀。所有文件保存十年,十年到期由文管人員於每年12月底前提出存廢申請,經主管判定存廢。

生物資源管理

微生物與基因等是生技公司的命脈,必須做好其保存與使用的管理,嚴禁個人私自攜出。參與人員及其權責如次:

1. 管理階層:負責生物資源存取之審核。
2. 生物資源管理人:負責生物資源資料庫之管理與儲存庫之規劃,並於每半年定期查核生物資源資料庫。
3. 生物資源儲存人:須負責維護個人儲存之生物資源在儲存中之品質與數量。
4. 文管人員:保管生物資源儲存庫之鑰匙,負責生物資源儲存庫之管理。

文件管理程序（範例）

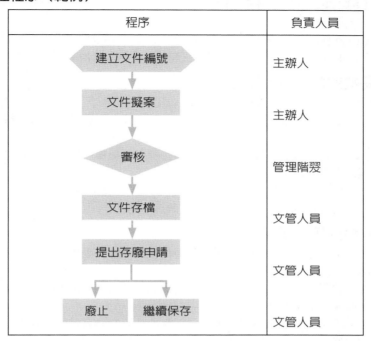

生物資源管理程序（範例）

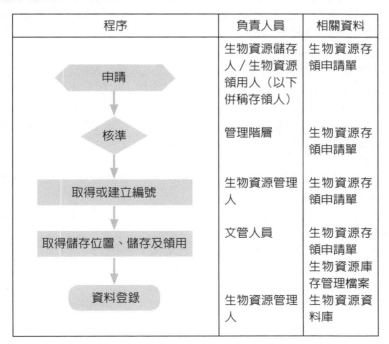

7.8 新產品研發程序

制定新產品研發程序之目的在於讓開發產品工作能有系統地運作，有效結合各部門的專業技術並正確反應客戶之需求，降低研發成本及增加新產品開發成功之比率。

新產品開發的參與者及其職責

1. 研發主管：核定研發項目與指派負責人。
2. 研究人員：執行新產品研發工作及檢驗方法之開發，並將研發成果移轉給相關部門。
3. 行銷部門：依市場或客戶需求，提出新產品研發之提案。提供市場資訊，做市場調查，規劃產品行銷。
4. 生產部門：提供設備規劃、協助工業化研究、承接研發技轉。
5. 品管部門：對新產品研發工作，規劃品質管理活動。

新產品開發的作業程序

1. 研發項目分派：由研發主管將經過開發委員會核定的研發項目交付適當的研發人員執行。
2. 書寫研發計畫書：主辦人依「文件管理程序」、標準格式範本，提出新產品研發計畫書，並會知相關單位。
3. 進行研究發展：所有實驗過程與數據需紀錄於「研究計畫試驗記錄本」，並整理成為「實驗報告」。茲特別說明研究發展中的重點作業如次：
   (1)概念與雛型之發展：新產品概念之發展需透過開發協調會與相關單位共同討論、修正。雛型品發展期間，應進行必要的新產品概念測試、檢驗分析及動物試驗或田間試驗等雛型評價。
   (2)新產品研發與設備研究：主辦人擬訂研究架構並依循進行。
   (3)工業化研究：於實驗室模擬工廠條件或利用工廠機器設備進行初步研究，並設定工廠試車之項目與標準。進行工業化研究之前，主辦人應移完成下列事項：
   ①填寫「產品試車聯絡事項」，事先通知生產單位提供必要之協助。
   ②備妥「暫定作業要點」、「暫定產品配方」、「暫定品質工程圖」等資料。實際試車時以之與相關人員溝通、使用。
   ③試車期間主辦人應於現場負責測試工作，生產／品管部門指派專人共同參與。試車完成之製品需進行必要的檢驗分析、動物試驗（或田間試驗）及保存試驗等。
4. 結案：主辦人於研發完成或計畫中途終止時，提出新產品研發結案報告書，並會知相關單位。
5. 技術移轉：進行技術移轉時，研發主辦人應完成下列事項：
   (1)備妥「暫定作業要點」、「暫定產品配方」、「暫定品質工程圖」等資料，與接受技術移轉單位協商技轉時間。
   (2)負責主導技術移轉，原則上至少連續生產三批次達到標準。

(3)完成技術移轉作業後，對「暫定作業要點」、「暫定產品配方」、「暫定品質工程圖」進行必要之修正，完成「產品作業標準原案」、「品質工程圖」、「檢驗作業標準原案」、「行銷技術資料」。

(4)以技術移轉函，分送相關文件予如下單位。

　①生產單位：產品作業標準原案、品質工程圖、檢驗作業標準原案。

　②品管單位：品質工程圖、檢驗作業標準原案。

　③行銷單位：行銷技術資料。

(5)將各文件合併成為「技術移轉報告」。

6. 正式生產：主辦人追蹤生產品質至少三批次。若發現新問題應即刻進行改善研究，並要求生產單位配合改善措施。

新產品研發程序（範例）

程序	負責人員	相關資料
研發主題		
研發計畫	研發單位	新產品研發計畫書
研究發展 1. 概念與雛型發展 2. 新產品／新技術研發與設備研究 3. 工業化研究	研發單位	實驗報告 產品試車聯絡單 新產品研發結案報告書
研發結案	研發單位	
技術移轉	研發／生產／品管／行銷單位	技術移轉函 產品作業標準原案 品質工程圖 檢驗作業標準原案
正式生產	生產／研發單位	行銷技術資料 技術移轉報告

7.9 技術合作作業程序

技術合作可分爲技術輸入型合作與技術輸出型合作。技術合作的主要工作有：(1)建立技術合作關係、(2)技術移轉、(3)產品開發。

企業有了進行技術合作的構想、不論是什麼型態的合作，首先要在公司內務色指派主辦單位（或主辦人），以主辦單位爲中心按照作業程序進行作業。

技術合作作業程序包括：技術合作構想與技術合作項目確認、洽商了解對象企業與對象技術能力評估、技術合作契約書草案、簽訂契約、移管準備、技術移轉及產品上市等步驟。

技術合作構想與技術合作項目確認

受指定之主辦單位（或主辦人）應即進行相關資料之蒐集與評估，提出「技術合作項目評估書」，提呈開發委員會研審確認。

洽商了解對象企業與對象技術能力評估

技術合作項目經開發委員會確認完成，主辦單位即應與對象廠商進行接洽，必要時可簽署「備忘錄」相互約束對外保守機密。爲確保企業本身權益，備忘錄在簽署之前必先會請法務部門審查。

洽談時，一方面了解對象企業之經營理念、經營範疇、經營狀況及其技術合作需求等事項，一方面交由研究單位進行對象技術能力評估或對象技術接受能力評估。

技術合作契約書草案

由主辦單位提出「對象洽商調查報告」與「技術合作效果預估報告」，並彙整擬訂「技術合作契約書草案」提呈開發委員會審核。

簽訂與履行技術合作契約

經過一番溝通協調之後，雙方簽訂「技術合作契約書」，並依約進行移管準備、技術移轉、及產品上市作業。同樣的，爲確保企業本身權益，技術合作契約在簽署之前必先會請法務部門審查。

小博士解說

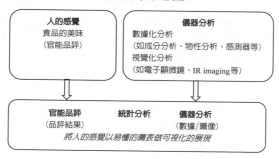

美味科學示意圖

技術合作作業程序（範例）

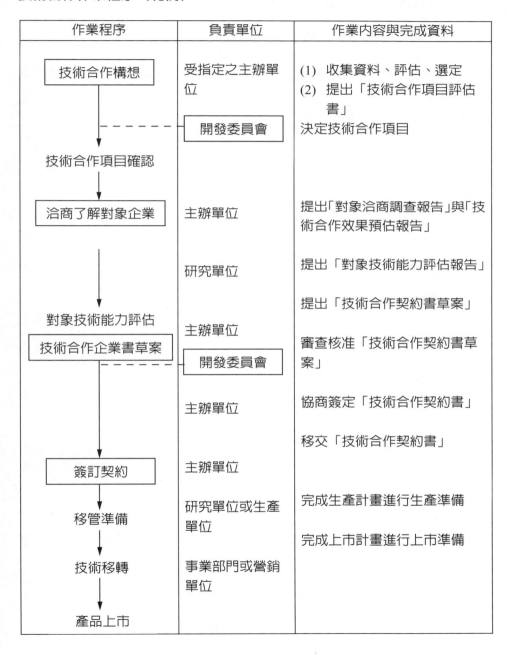

作業程序	負責單位	作業內容與完成資料
技術合作構想	受指定之主辦單位	(1) 收集資料、評估、選定 (2) 提出「技術合作項目評估書」
	開發委員會	決定技術合作項目
技術合作項目確認		
洽商了解對象企業	主辦單位	提出「對象洽商調查報告」與「技術合作效果預估報告」
	研究單位	提出「對象技術能力評估報告」
		提出「技術合作契約書草案」
對象技術能力評估 技術合作企業書草案	主辦單位	審查核准「技術合作契約書草案」
	開發委員會	
	主辦單位	協商簽定「技術合作契約書」
		移交「技術合作契約書」
簽訂契約	主辦單位	
移管準備	研究單位或生產單位	完成生產計畫進行生產準備
技術移轉	事業部門或營銷單位	完成上市計畫進行上市準備
產品上市		

7.10 商品標示之制定辦法

　　制定商品標示制定辦法之目的在於劃一公司商品標示製作程序，明確區分職責，使商品標示符合法令規章，做為商品標示製作之依據。

　　本辦法所稱商品標示係指公司產品在商品陳列販賣時，於商品本身、內外包裝、說明書所為之表示。

作業程序與各單位職責分配

　　商品標示之制定，需經提議、提供資料、提案、設計、查核、修正呈核、完稿製板、採購、驗收等步驟。

1. 提議：由行銷部門於產品開發商品化階段項開發協調會提出。
2. 提供資料：研究人員提供成分、營養資訊、使用方法、有效日期、保存期限、保存方式、注意事項等資訊。
3. 提案：產品企劃部門草擬商標標示原案，提開發協調會討論。
4. 設計：由行銷部門依開發協調會提供之商標標示原案進行標示及圖案等設計。
5. 查核：產品企劃部門會同研究人員查核行銷部門提出之設計案，提出商品標示查核意見表。
6. 修正呈核：行銷部門依商品標示查核意見表修正後呈核。
7. 完稿製板：完稿製板及以下各項作業悉依各單位作業程序辦理。
8. 採購：由採購部門完成。
9. 驗收：由品管部門完成。

商品標示查核要領

　　商品標示設計案需經過產品企劃部門會同研究人員就共同項目及個別項目進行查核，提出商品標示查核意見表。

1. 共同項目查核依據：
   (1) 食品安全衛生管理法（民國108年06月12日修正）第五章食品標示及廣告管理（第22～29條）及食品安全衛生管理法施行細則（民國106年07月13日修正）第7～27條。
   (2) CNS 3192包裝食品標示。
   (3) 商品標示法（民國100年01月26日修正）。
   (4) 商標法（民國105年11月30日修正）及商標法施行細則（民國107年06月07日修正）。
2. 個別項目查核依據
   (1) 行政院衛生福利部頒布之「食品良好衛生規範準則」中有關規定。
   (2) 各產品相關之CNS中對標示之規定。
   (3) 國外有關之法規：特別是外銷品，需特別查核該輸入國之法規。

商品標示查核方法

1. 制定查核表格：按照共同項目與個別項目查核依據之相關法規，分別製成表格。每一表格分為「法規要求」、「標示草案」及「查核結果」等三個欄位。
2. 將原擬定之標示草案內容填協於「標示草案」欄，然後逐條與「法規要求」中條文比對。
3. 符合者：在該項目右邊之「查核結果」欄內寫上「合格」，表示通過。
4. 不符合者：將不符合處寫明在該項目右邊之「查核結果」欄內。
5. 「法規要求」欄如有與「標示草案」無關之條文，則在「查核結果」欄內，畫一橫線「－」表示略過。
6. 於表格最後一頁將所有建議事項整理列出。

商品標示查核表

法規要求	標示草案	查核結果
食品安全衛生管理法及其施行細則： 1. 2.		
CNS 包裝食品標示 1. 2.		

✚ 知識補充站

　本文所稱商品標示乃指緊貼於產品包裝上，用於表明產品身分（產品名、品牌、製造商等）、質地（成分、特性等）、營養資訊、使用方法（包括保存方法、保存期限等），包括圖按設計在內的文件而言。

第八章
企業重整研發體制的範例

8.1 重整研發體制的作業流程

　　範例企業是一家已有30多年歷史頗具規模的綜合食品公司，設有開發室與研究室各一，負責產品企劃與開發。基於市場競爭激烈，產品生命週期日見短促，企業需要新產品上市的需求殷切，急需具有強力研發能力的團隊。為此，特聘時任日本武田藥品工業株式會社研究所所長中谷弘實博士為範例企業顧問，專責指導企業的研發體制重整事務。本章內容為當年實際的作業檔案。

　　重整研發體制的作業流程包括：(1)確定題目、(2)擬訂實施計畫、(3)現狀分析、(4)整理問題點提出改善對策、(5)制訂各項作業程序與標準作業法、(6)成效追蹤。

確定題目

　　日本顧問正式赴任前，曾數次來臺訪視，並以綿密的書信往來討論企業需求與作業目標。確認顧問來臺的工作主題為「R&D體制的整備與強化」。

擬訂實施計畫

　　顧問提出「R&D體制整備實施計畫表草案」，交由本案的企業主辦人與相關人員討論提出建議，經雙方同意做成正式的「R&D體制整備實施計畫表」。計畫包括：(1)現狀分析、(2)提出改善對策、(3)完成各項目之立案與實施。

現狀分析

　　針對(1)研究開發體制、(2)新產品開發程序、(3)研發管理與評價及(4)員工職務能力與適性，依序進行問卷調查、員工意見徵詢及面談作業。

1. 問卷調查：做成問卷交由全體研發人員填寫，彙整分析之。
2. 徵詢員工書面意見：針對下列事項徵詢意見：(1)作業程序與管理辦法等之不合理或改進意見（每人無記名提出10件）；(2)薪資、升遷、工作環境等之不滿（每人無記名提出3件）；(3)員工士氣好壞程度之看法（無記名提出）。
3. 員工面談：為提高問卷等的可靠性，與填寫者面對面對談溝通。

整理問題點提出改善對策

1. 針對研究開發體制的組織機能、編制與人員、研究開發費、教育訓練、研究設備與儀器、資訊蒐集與活用等事項，提出現狀分析結果與改善案。
2. 針對新產品開發程序的研究開發計畫、研發項目的選定與研究、技術移管與生產指導、產品評價與上市準備等事項，提出現狀分析結果與改善案。
3. 針對研究開發的管理與評價，提出作業管理、人事管理及資訊管理的現狀分析結果與改善案。

制訂各項作業程序與標準作業法（參閱7.1建構研發管理體制）

成效追蹤（參閱8.11研發體制重整後成效追蹤報告）

重整研發體制的作業流程

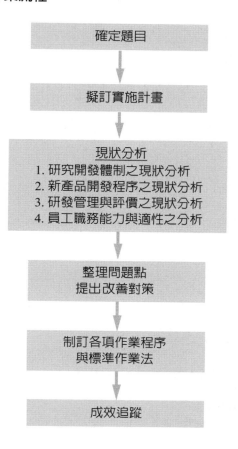

確定題目

↓

擬訂實施計畫

↓

現狀分析
1. 研究開發體制之現狀分析
2. 新產品開發程序之現狀分析
3. 研發管理與評價之現狀分析
4. 員工職務能力與適性之分析

↓

整理問題點
提出改善對策

↓

制訂各項作業程序
與標準作業法

↓

成效追蹤

8.2 擬訂重整研發體制的實施計畫

　　在日本顧問正式赴任前，數度邀請來臺訪視，並以綿密的書信往來討論企業需求與作業目標。經確認顧問來臺的工作主題為「R&D體制的整備與強化」。

擬訂各項實施計畫

　　顧問提供「實施計畫用表草案」交由本案主辦人與相關人員討論提出建議，經與顧問協商，雙方同意做成正式的「R&D體制整備實施計畫表」。

實施計畫內容

　　包括現狀分析、發掘問題、擬訂改善對策、完成各項作業之立案與實施進度。

計畫之終極目標

　　提供：
1. 研發人員配置調整計畫。
2. 研發組織改革計畫。
3. 研發員工教育計畫。
4. 建立標準開發程序與作業模式。
5. 研發組織機能強化計畫等。

小博士解說

重整研發體制實施計畫的目標：
1. 研究開發體制的整備與強化之檢討。
2. 教育訓練之檢討。
3. 新事業、新產品開發、產品改良等現行項目之整理。
4. 研發組織機能之整備與強化。
5. 職務能力與適性評價之檢討。
6. 開發體系之立案、設定、實施。

R&D 體制整備實施計畫表

圖例：▬▬▬ 立案，　　實施

項目	74年			75年												76年												
	O	N	D	J	F	M	A	M	J	J	A	S	O	N	D	J	F	M	A	M	J	J	A	S	O	N	D	

1.職務能力與適性評價
 (1) 現有人員配置的檢討與調整
 (2) 選定新業務負責人
  ● 烘焙製品
  ● 微生物實驗
  ● 調理實驗
  ● 官能品評
  ● 包裝容器評價檢討
   □開發管理、資訊調查、專利
   管理
   □開發企劃、事業開發
   □產品開發

2.研究開發體制的整備與強化
 (1) 人員補充計畫的立案與實施
 (2) 組織改革的立案與實施
  ● 開發室與研究室的統合
  ● 工廠研究分室的統轄與
   組織化
 (3) 完成並公布開發處與研究所
  之職種與業務規定書

3.教育訓練
 (1) 管理者的三年教育訓練計畫
  之立案與實施
 (2) 研發負責人的三年教育訓練
  計畫之立案與實施

4.開發程序之立案、設定與實施
 (1) 開發程序、運營、作業管理規
  則之作成
 (2) 研發項目評價表及新產品綜
  合評價表之作成
 (3) 各種計畫書。報告書、業務移
  管書範本之作成
 (4) 目前研發項目之檢討、整理、
  及研發項目三年計畫之立案

5.組織機能的整備與強化
 (1) 學術文獻、書報雜誌等的整備
  三年計畫之立案與實施
 (2) 專利、資訊集中管理機能之整
  備三年計畫之立案與實施
 (3) 產品開發、學術活動機能之整
  備三年計畫之立案與實施
 (4) 與公司外關連機構之合作計
  畫之立案與實施
 (5) 研究設備、儀器之補充三年計
  畫之立案與實施
 (6) 新研究所建設構想之立案、施
  工準備與實施

8.3 研發體制的現狀分析

基本資料準備

1. 組織圖。
2. 與關係部門（生產、業務、事業部門等）之連繫、運作方式及權責劃分。
3. 研究部門與開發部門之將來構想。
4. 開發部門的市場研究體制與市場研究方法。
5. 目前研究開發部門之問題點。
6. 公司營業額及其構成比。
7. 研究開發費用相關資料
   (1)研究開發費占食品營業額之比率。
   (2)每人每年的研究開發費。
   (3)研發人事費占研究開發費之百分比。
8. 臺灣食品公司的研究開發費。
9. 臺灣食品以外產業的研究開發費。
10. 其他
   (1)公司內各工廠是否設有研究部門？
   (2)技術引進之檢討與企劃是哪一部門負責？
   (3)研究開發部門如何因應技術服務與促銷之需求？

研發體制的現狀分析項目

1. 研究開發體制之現狀分析
   (1)組織機能、編制與人員、研究開發費用現況。
   (2)教育訓練現況。
   (3)研究設備與儀器現況。
   (4)資訊蒐集與活用現況。
2. 新產品開發作業之現狀分析
   (1)新產品開發程序之現況。
   (2)各種計畫書表運用之現況。
   (3)研發項目評估與新產品評價之執行現況。
   (4)作業標準書原案之種類與記載內容。
3. 研發管理與評價之現狀分析
4. 員工職務能力與適性之分析
   (1)職務能力、職務適性評價。
   (2)人事適性評價（自我評估與管理者評估）。
   (3)員工人事（升遷）評價。

研發體制的現狀分析流程

研究開發體制之現狀分析
1. 組織機能、編制與人員、研究開發費用現況
2. 教育訓練現況
3. 研究設備與儀器現況
4. 資訊收集與活用現況

新產品開發程序之現狀分析
1. 新產品開發作業之現況
2. 各種計畫書表運用之現況
3. 研發項目評估與新產品評價之執行現況
4. 作業標準書原案之種類與記載內容

研發管理與評價之現狀分析

員工職務能力與適性之分析
1. 職務能力、職務適性評價
2. 人事適性評價（自我評估與管理者評估）
3. 員工人事（升遷）評價

➕ 知識補充站

　　以有系統、有組織的科學方法進行了解事務的實際狀況，會比光評觀察、感覺而下結論的方法，更具有效性。更能透析問題所在及其解決辦法。

8.4 研究開發之組織機能、組織人員及研究開發費的現狀分析

1. 研究開發之組織機能現狀分析

機能／業務內容	負責部門				
	研究室	開發室	事業處	工廠研究分室	其他單位
□基礎研究——新產品與新技術的調查					
□應用研究 　產品開發研究（包括改良、試製） 　引進技術與商品的檢討					
□技術評估 　分析能力 　微生物試驗 　調理實驗 　官能品評 　包裝與容器的檢討					
□技術服務 □生產服務 □銷售服務					
□技術資訊之蒐集、管理、活用					
□專利申請、調查、管理					
□企業、市場、消費者需求、新點子（idea）等資訊之蒐集、評價、活用					
□新產品、新技術調查之企劃、推動、管理、評價					
□產品開發之企劃、推動、管理、評價					
□市場調查及其評估					
□上市準備（指技術移管與行銷資料移管）					
□學術活動 　發行產品資訊刊物 　協助販賣促銷活動 　參與宣傳活動					
□新事業之檢討、立案、實施、管理、評估 　（包括引進技術、引進商品及自己公司的技術活用）					
□與公司外相關機構之連繫、調查、委託研究、活用					
□代工商管理、指導					

機能／業務內容	負責部門				
	研究室	開發室	事業處	工廠研究分室	其他單位
□抱怨處理					
□新產品與既有產品之品質追蹤					
□中長期計畫之立案、實施、管理、評估					
□生產設備改良					
□其他					

2. 研究開發之人員與研究開發費現狀分析

研發業務區分			現狀與業務內容	人員	年研發費用	參考資料		
						公司年營業額	市場成長率	企業方針適性
研究室	基礎／應用	味精	醱酵／精製／菌種	本科（男女）一般（男女）				
		新技術						
		其他						
	產品開發（含改良研究、試製研究等）	A製品						
		B食品						
		C品						
		飲料						
		點心類						
		烘焙品						
		其他						
	管理與評價（含技術服務）	分析						
		微生物試驗						
		調理研究						
		官能檢查						
		包裝／容器檢討						
		其他						

研發業務區分			現狀與業務內容	人員	年研發費用	參考資料		
						公司年營業額	市場成長率	企業方針適性
開發室	調查管理	資訊調查與管理						
		專利申請、調查管理						
		其他						
	企劃開發	研究開發的企劃與管理						
		新產品開發、行銷上市準備						
		其他						

小 博 士 解 說

預演未來市場的能力

超優勢競爭環境

當前的市場競爭可以說是預演未來市場的能力之競爭。Richard A D'Aveni在其所著《Hypercompetition（超優勢競爭）》提到超優勢競爭環境。他說：「一種優勢迅速崛起，並迅速消失的環境，稱為超優勢競爭環境。」他指出，在超優勢競爭的環境裡，優勢不再屹立不搖，競爭的策略重點，不是尋求持久的優勢。策略的目標，亦非建立穩定與平衡。成功要仰仗於持續地開發一系列暫時優勢，要主動打破現狀，積極地轉移到下一個優勢。

預測未來市場的情境

當進行發展下一個競爭優勢的時候，當然需要事先預測未來市場的情境，而且不僅是預測，還要模擬未來的市場結構與競爭態勢，設想自己的企業在未來市場的定位，探討要使自己的企業在市場上具有競爭力，所需要的關鍵能力，以便為自己的企業做好必需能力的準備。

企業要有改變商業模式的柔軟度

企業必須具備預演未來市場的構想力與執行所訂策略的執行力。未來的市場，競爭方法與速度的變化仍然很大。想像的未來市場不一定會出現，構想的應對方法不一定會有效，企業要有因應實況改變商業模式的柔軟度。

✚ 知識補充站

美味科學的應用

1. 應用美味科學做新產品研發
   - 財團法人美味科學研究所：藉助於儀器分析為會員客戶測定食品的味道、香氣、顏色、食感（Texture）、黏度等並與官能檢查比對，從事美味評價。實際的成功案例有：
     (1)美味甘藷的開發與品牌的建立。
     (2)福井芋頭與競品做品評（獨有的特性分析）比較。
     (3)美味混合米的開發。
   - Asahi Group Holding：美味科學為公司研發技術之一。含評估美味的技術、解析美味理由的技術、製造美味的技術、保持美味的技術。
   - 味之素AGF株式會社：應用於了角客戶所期待的美味因素，據以開發新產品。
2. 應用於產品的行銷活動：日本太陽化學株式會社設「美味科學館」為客戶分析美味因素，並據以為客戶設計美味食品配方，促銷自家產品。
3. 應用於食品相關設備的功能評價
   - 財團法人美味科學研究所應用美味科學進行：
     (1)電鍋品質實力的評價：為號稱能煮美味雞肉的電鍋，以味覺感測器（sensor）測定與他牌電鍋比較，成果列印在產品目錄中。另外，也為炊飯機、特殊冷凍機、濾水機、家電製品等做特性評價。
     (2)冰箱（號稱經冷凍、解凍仍然美味）功能評價。
   - Food Science Laboratory用於研究「如何加熱可以使食材的美味與健康性最大化」。

8.5 研究開發部門的教育訓練現狀分析

1. 針對研究開發部門的員工做了什麼樣具體的教育訓練與指導？

項目	是	否	具體事例與實績
□透過日常業務實施教育訓練與指導			
□是否定期舉辦報告會、研討會、讀書會，訓練「口條」與「整理話語的方法」			
□是否要研究員製做提出月報與研究報告，並透過這些報告指導「文書的寫法」、「報告整理法」			
□是否送到國內外研究機構學習			
□是否聘請外部專家學者舉辦演講會、討論會			
□是否與外部研究機構或企業合作研究			
□是否透過引進他公司的技術提升本公司的技術力。			
□是否讓員工參加公司外的專業研討會			
□員工是否參加國內外相關學會			
□員工是否積極在國內外相關學會發表研究結果			
□是否積極申請國內外專利			
□其他	✕	✕	
【問題點與建議】			

2. 研究開發部門員工做什麼樣的自我研修與啓發（請填寫具體的實例）？公司有什麼促進策略？

自我研修與啓發的實例：

- ・研究技術專業學識　　　・外語　　　　　　　・統計學
- ・行銷學　　　　　　　　・企劃、開發　　　　・資訊管理
- ・經濟學　　　　　　　　・經營管理　　　　　・其他

促進策略的實例：

項目	是	否	具體的事立、實績、備註
□公司有資格試驗與升遷制度			
□公司對提案、發明、改善、合理化等貢獻者是否有獎勵制度			
□公司是否對員工取得學位有精神上、經濟上的鼓勵			
□其他	✕	✕	
【問題點與建議】			

✚ 知識補充站

　　研發單位的人員，可以略分為領導群與被領導群兩類。對這兩類人員的教育，應有不同的重點。

　　對於領導群，在觀念上我們希望他們具有「多年度思考概念」與「世界觀」，在工作能力上，希望他不但能作好技術指導，也具有行政管理能力。對於被領導的群體，我們期待他們有豐富的學識與經驗，能獨立在某一個技術領域裡成為專家。

8.6 研發部門之儀器設備及資訊蒐集活用的現狀分析

研究設備與儀器

研究設備與儀器的配備設置，應考慮事項有：

1. 預算。
2. 必要性。
3. 需要的使用期間與頻率。
4. 其他。

研究設備與儀器

項目	是	否	具體事例與實績／備註
□就全面性而言，實驗室與設備是否有問題			
□研究、實驗所需儀器是否充分			
□分析用儀器、微生物試驗用設備是否完整			
□構置希望要的儀器設備，是否容易			
□請列舉急需購置的儀器設備			
□其他			
【問題點與建議】			

小博士解說

如果買來的設備使用期間不長或是使用頻率不多時，可考慮利用公司外部的設備，適當運用委託分析或合作研究。

資訊種類

資訊有一手資訊與二手資訊之分，一手資訊必須自己動手去調查、研究、蒐集。二手資訊要能歸納、演繹、做正確的判斷。

資訊蒐集與活用

項目	是	否	具體事例與實績／備註
□就全面性而言，是否有具體的資訊蒐集管理辦法			
□是否完整的蒐集、管理、活用各項相關資訊，包括他公司的專利等			
□是否完整的蒐集、管理、活用各項相關文獻與學術資料			
□是否完整的存檔、管理、活用公司各項報告書類			
□其他			
【問題點與建議】			

✚ 知識補充站

進行研究工作之前，廣收資料，了解前人研究（包括公司內外人士的研究）及其所得，可以規避前人的失敗，策劃成功的捷徑。

8.7 新產品開發作業之現狀分析

1. 新產品開發之現狀分析（開發部門）

項目	現狀			問題點及所見
	是	否	備註	
(1)研發程序（program） □產品開發體系（從研發項目之選定至新品上市之程序）是否為全公司所認定 □產品開發、改良研究等業務，是否依既定程序順利進行 □產品開發與改良研究之主導權在什麼部門？列明相關部門及其運作模式 □是否明白指定研發項目選定、產品開發與改良研究之負責人				
(2)研發項目之選定 □是否有需求（needs）、技術（seeds）的蒐集、整理、評估相關規範（評估基準、評估方法） □是否有研發項目之評估與選擇基準 □針對研發項目是否有研發計畫表、行銷計畫書，是否按照計畫表執行研發管理 □決定研發項目之同時是否有預算化作業 □什麼時候決定研發項目				
(3)新產品評價與上市準備 □是否有做行銷計畫書 □是否按照研究開發計畫表及行銷計畫書定期評審管理負責單位之檢討狀況與檢討內容 □是否解析市場調查結果並做成報告 □是否針對研究開發、產品、生產及行銷相關事項進行調查、檢討、評價 □是否撰寫試銷計畫書與試銷報告書 □是否撰寫事業計畫書或做提案 □是否有上市準備與業務移管作業規範				

2. 新產品開發之現狀分析（研究部門）

項目	現狀			問題點及所見
	是	否	備註	
(1)研究作業 　□研究單位是否自選研發項目進行研究工作 　□針對決定的研發項目有沒有撰寫研究計畫書並依計畫書進行研究管理 　□研究完成時，是否作成報告書提供相關單位？提供給哪些單位？ 　□研究完成時，是否進行技術移轉生產單位的準備？是否同時完成生產成本的試算？				
(2)技術移管與生產指導 　①研究單位是否完成下列資料移管生產單位： 　　□原料規格與試驗法草案 　　□產品規格與試驗法草案 　　□標準製造法草案 　　□作業程序表草案 　　□包裝材料規格、樣式尺寸與試驗法草案 　　□標準包裝法草案 　②針對前項各技術資料，是否有明確規定由誰提出、誰評審、誰裁決。 　③技術移管生產單位時，研究負責人是否親臨生產現場進行試生產並做技術指導。				

✚ 知識補充站

　· 新產品開發作業之現狀分析分別就開發部門與研究部門做分析。
　· 開發部門就研發程序、研發項目之選定、新產品評價與上市準備等領域進行檢討。
　· 研究部門則就研究作業、技術移管與生產指導兩領域進行檢討。

8.8 研發管理與評價之現狀分析

研發管理就作業管理、人事管理、研發資訊管理等三方面做檢討分析。

1.作業管理之現狀分析

項目	現狀			問題點及所見
	是	否	備註	
□是否基於年度計畫、研究開發計畫表、研究計畫書、行銷計畫書等，定期進行研究開發進度與內容之檢討管理 □是否按照新產品綜合評價表進行評估研發成果 □是否評價研究開發效率 　(1)研究開發效率 ＝（研究開發成本／3年後營業額）x 100 　(2)研究開發成本 ＝ 研究部門費用 ＋ 開發部門費用 　(3)研究部門費用 ＝ 研究員數 x 單位研究費 x 研究期間 ＋ 研究設備費 　(4)開發部門費用 ＝ 開發人數 x 單位開發費 x 開發期間 ＋ 調查費 ＋ 技術研究費 　(5)目前研究單位的勤務時間（AM 8：00～PM 5：00）是否恰當 　(6)研究單位各級主管對目前之勤務時間，是否認為能充分完成研究與實驗 　　□不足　　□適當　　□過分充足 □是否努力於縮短會議時間，騰出更多時間做研究實驗				

2. 人事管理之現狀分析

項目	現狀			問題點及所見
	是	否	備註	
□管理人員是否定期評估研究開發負責人執行職務的能力 □人事安排是否做到適才適所？有否其判定基準 □管理者是否經常為研究開發負責人之將來設想 □管理者是否經常關心研發部門之員工年齡構成 □公司是否有升遷、升薪辦法與判定基準 □人際關係與連繫溝通相關事項： 　(1)管理者是否定期與各負責人面談 　(2)管理者是否定期舉辦職場懇談會做自由意件交換 　(3)是否定期辦理職長敦親會 　(4)管理者是否經常有措施為「提升員工參與經營意識」及「提升士氣」而做 　(5)管理者是否經常對各負責人強調自我研修與自我啓發之重要性 　(6)管理者是否嚴於律己，並常做思考轉換的努力 □公司是否有對個人或團隊的表揚制度 □公司是否有提案表揚辦法				

3. 研發資訊管理之現狀分析

項目	現狀			問題點及所見
	是	否	備註	
□文獻、書籍、新聞、雜誌等資訊，是否做成目錄，加以管理活用 □週報、月報、各種報告書等，是否做成目錄，加以管理活用 □資訊管理是否電腦化 □是否有系統的蒐集、管理、活用各種資訊				

8.9 研發人員職務能力與職務適性之現狀分析

其檢討方法依下列各項逐步取得人資單位之協助完成之。

1. **以開發室及研究室全員（含新進人員）為對象**
   (1) 檢討人員配置適性並進行內部調整。
   (2) 新業務負責人之選定。
   (3) 不適任負責人處理案之作成。
2. **以他部門（工廠、業務單位等）之職員為對象**
   (1) 開發與研究負責人之選定。
   (2) 開發部門與研究部門之棣屬方案的作成。

人事適性評價表（範例）	
自我申告表 日期：____	**管理人員面談意見表** 面談管理人：____日期：____

自我申告表

日期：____

- 姓名：_____ ・ 單位：_____ ・ 職位：_____

出生年月日	
進公司年月日	

- 學歷

學校名稱	學位	專攻	畢業年月日

- 職歷

年月日	單位	工作內容

- 資格、證照

資格或證照名稱	取得年月日

- 自我研修、啟發：____
- 性格：____
- 健康狀態：____
- 興趣：____
- 職務適性

項目	理由
1. 適合	
2. 難於判斷	
3. 不適合	

是否有 更動要求	理由	更動希望（地點與職務）
1. 希望繼續現職		
2. 希望近期內更動		
3. 希望將來有機會更動		

- 自由意見：____

管理人員面談意見表

面談管理人：____日期：____

1. 面談確認自我申告表內容
2. 對自我申告者之職務能力評估

(1) 目前工作的適性評價

項目	理由	建議
①適合		
②難於判斷		
③不適合		

(2) 職務能力的評價（常識、專門知識、技術、創造力、折衝力、統御力、指導力）

項目	建議
①管理職（能帶部屬工作）	
②專門職（無需部屬可執行工作）	
③管理職與專門職皆可勝任	
④目前狀況不明	

(3) 前景（研究室為例）

項目	建議
①研究部門管理職	
②研究部門專門職	
③轉任開發部門	
④轉任銷售工程師	
⑤轉任工廠職務	
⑥轉任其他部門	

(4) 對自我申告者之異動建議

項目	理由	職務／地點
①繼續現職		
②一年內調動		
③二年內調動		

職務能力、職務適性評價彙總表　　　　　　評估人：　　　　日期：

職務分類 （所屬）	性名 （職位）	年齡 （性別）	畢業學校 （專攻）	服務 年數	目其負責業務 （年數）	服務最久的職務 （年數）

職務能力評價			
業務實績 （平均分數）	服務狀態 （平均分數）	能力發揮度 （平均分數）	綜合評價 （優、良、不可）

職務適性評價		人事對策（備註）
現業務之適性評價（適、不適、不明）	管理職、專門職適性	

小博士 解說

讓員工發揮才能的環境：

1. 符合個人適才適所的工作崗位。

2. 有意願培植部屬的主管。

3. 和諧的工作夥伴。

8.10 研發體制重整後成效追蹤用問卷

研究開發部門員工意見普查

本問卷是在研發體制重整後的第六年執行的，目的在於了解研發體制重整的效益。

問卷首頁

各位同仁：您好！

又是一年的開始，值此萬象更新之際，謹以最誠摯的心，祝福各位新春快樂！事事如意！

回顧民國○○○年，由於大家的努力與配合，我們完成了不少豐碩的成果。除了在此向各位表達我衷心的感謝之外，希望藉著本調查更加了解各位的想法，以為今後改善我等工作環境之參考。

本調查不必書寫您的大名，所有資料僅供做團體分析參考，決不公開個人資料，也不移作他用，敬請協助，安心作答。謝謝！

○○○　　敬上

民國○○○年○○月

問卷本文

一、對於下列有關您的工作，您今年的「滿意程度」如何？（請在方格內勾記其中一項）

問題	非常滿意	很滿意	滿意	普通	不滿意	很不滿意	非常不滿意
1. 您對您的「工作性質」之滿意程度	□	□	□	□	□	□	□
2. 您對「工作環境」之滿意程度	□	□	□	□	□	□	□
3. 您對您的「薪水」之滿意程度	□	□	□	□	□	□	□
4. 您對您的「升遷」之滿意程度	□	□	□	□	□	□	□
5. 您對「各級主管」之滿意程度	□	□	□	□	□	□	□
6. 您對您的「同事」之滿意程度	□	□	□	□	□	□	□
7. 您對您的「部屬」之滿意程度（如果您沒有部屬，免填）	□	□	□	□	□	□	□
8. 您對「公司整體性」的滿意程度	□	□	□	□	□	□	□

二、您自認您今年的「工作績效」如何？（請在方格內勾記其中一項）

 1. 今年我所有的工作中達成「成果（品質和成本）目標」者，占我全部工作約：（註：以直覺數字表示即可，如有正確數字更佳）

 □100% □76～100% □51～75% □26～50% □25%以下 □0%

 2. 今年我所有的工作中達成「進度（時間）目標」者，占我全部工作約：（註：以直覺數字表示即可，如有正確數字更佳）

 □100% □76～100% □51～75% □26～50% □25%以下 □0%

三、您自認您今年的工作「效率」如何？

 （請注意：這裡指的是效率，不是能力，效率是與時間進度有關的）

 1. 您對您的「工作效率」的感覺是：

 （請在方格內勾記其中一項）

 □我滿意我目前的工作效率，我已無法提高它。

 □我雖然滿意我目前的工作效率，但是我仍然在提高它之中。

 □我滿意我目前的工作效率，我不想提高它。

 □我不滿意我目前的工作效率，我正努力提高它。

 □我不滿意我目前的工作效率，我很想提高它，但是力不從心。

 □我不滿意我目前的工作效率，除非有「誘因」，我不想提高它。

 □我不滿意我目前的工作效率，即使有「誘因」，我也不想提高它。

 2. 您認為下列哪些項目，可以使您的「工作效率」提高？（可複選）

 □改善工作分配

 □改善工作程序

 □變更組織編制

 □獲得同事的協助

 □獲得各級主管的領導

 □給我更多接受教育訓練或學習的機會

四、您自認您的「工作能力」如何？

 1. 您對您的「工作能力」的感覺是：

 （請在方格內勾記其中一項）

 □我滿意我目前的工作能力，我已無法提高它。

 □我雖然滿意我目前的工作能力，但是我仍然在提高它之中。

 □我不滿意我目前的工作能力，我正努力提高它。

 □我不滿意我目前的工作能力，我很想提高它，但是力不從心。

 □我不滿意我目前的工作能力，除非有「誘因」，我不想提高它。

 □我不滿意我目前的工作能力，即使有「誘因」，我也不想提高它。

 2. 您認為下列哪些項目，可以使您的「工作能力」提高？（可複選）

 □給我更多接受教育訓練或學習的機會

 □給我更多工作機會

 □調任他組工作；每一工作希望做多少年？_____年。

 □調任他單位工作；調出後願不願意回原單位：□願意 □不願意

五、您自認今年對您的工作「努力程度」如何？

　　1. 您對您的「工作努力度」的感覺是：

　　　（請在方格內勾記其中一項）

　　　□我滿意我目前的工作努力度，我已無法提高它。

　　　□我雖然滿意我目前的工作努力度，但是我仍然在提高它之中。

　　　□我不滿意我目前的工作努力度，我正努力提高它。

　　　□我不滿意我目前的工作努力度，我很想提高它，但是力不從心。

　　　□我不滿意我目前的工作努力度，除非有「誘因」，我不想提高它。

　　　□我不滿意我目前的工作努力度，即使有「誘因」，我也不想提高它。

　　2. 您認為下列哪些項目，可以使您的「工作努力度」提高？（可複選）

　　　□能常常與高階主管交換意見。

　　　□我的工作有明確的目標。

　　　□調整薪水。

　　　□獲得主管的口頭鼓勵。

　　　□工作有成果時，公司給予「沒有公開的獎賞」。

　　　□工作有成果時，公司給予「公開的獎賞」。

六、您對您今年所負擔的「工作量」的意見如何？

　　　（請在方格內勾記其中一項）

　　1. 我同時進行的工作，通常是：

　　　□只有1件　□最多3件　□最多5件　□5件以上

　　2. 我覺得我的工作，通常比我的同事：

　　　□多　□不多不少　□少

　　3. 我自認為我的工作量：

　　　□過多　□適中　□過少

七、您對研究開發本部之「組織體制」的意見如何？

（除第4.(6)題以外，請在方格內勾記其中一項）

1. 我自認我對公司的「新產品開發體系與程序」之了解程度有：
   （註：以直覺數字表示即可）
   □完全了解　□約80%　□約60%　□約30%　□完全不知

2. 我自認我對公司的「產品改良體系與工作程序」之了解程度有：
   （註：以直覺數字表示即可）
   □完全了解　□約80%　□約60%　□約30%　□完全不知

3. 我自認我對公司的「新品牌原料申請採用工作程序」之了解程度有：
   （註：以直覺數字表示即可）
   □完全了解　□約80%　□約60%　□約30%　□完全不知

4. 我對公司的「開發協調會」之意見：

   (1) 我對「開發協調會」的作業之滿意程度：
   □非常滿意　　　　　　　　　□很滿意
   □滿意　　　　□普通　　　　□不滿意
   □很不滿意　　　　　　　　　□非常不滿意

   (2) 我認為「開發協調會」：
   □需要　□不需要　□沒意見

   (3) 我認為想開好「開發協調會」，主席應由：
   □「開發室主辦人」擔任　　□「開發室主任」擔任
   □「研究室主辦組長」擔任　□「研究室主任或副主任」擔任
   □「事業部經理」擔任　　　□沒意見
   □其他人員（請提供您的意見）＿＿＿＿＿＿＿＿＿＿

   (4) 要做好研發工作，我認為每一位研究員都要參加「開發協調會」：
   □同意　□不同意　□沒意見

   (5) 您曾經參加「開發協調會」嗎？
   □曾經參加　□不曾參加（請以您所聽到的添答下一題）

   (6) 您所知道的「開發協調會」，通常討論些什麼？（請以1、2、……、7在方格內標明討論多少之順序，討論最多的標1，最少的標7）
   □討論中長期或年度開發計畫　□評估或決定開發題目
   □討論或設訂「產品觀念」　　□討論各種計畫書或報告書
   □研發成果或進度的追蹤　　　□研製品的品評或評價
   □其他（請提供您的意見）＿＿＿＿＿＿＿＿＿＿

5. 本公司的儀器設備足以應付我日常工作的程度：
   （註：以直覺數字表示即可）
   □完全可以應付　□約80%　□約60%　□約30%　□完全不能應付

6. 本公司的圖書資料足以應付我日常工作的程度：
   （註：以直覺數字表示即可）
   □完全可以應付　□約80%　□約60%　□約30%　□完全不能應付

八、您對公司給您「教育訓練」的意見如何？

（請在方格內勾記其中一項）

1. 我對「假日」參加教育訓練的意見是：
   □非常滿意　　　　　　　　　　　□很滿意
   □滿意　　　　　□普通　　　　　□不滿意
   □很不滿意　　　　　　　　　　　□非常不滿意

2. 我對「晚上」參加教育訓練的意見是：
   □非常滿意　　　　　　　　　　　□很滿意
   □滿意　　　　　□普通　　　　　□不滿意
   □很不滿意　　　　　　　　　　　□非常不滿意

九、您是否感受到「被重視」？

（請在方格內勾記其中一項）

1. 主管向您詢問工作情形之頻率：
   （註：以直覺數字表示即可）
   □從不過問　□約1年1次　□約1個月1次　□約1週1次　□天天詢問

2. 主管向您詢問工作情形之頻率，您覺得：
   □過分的多　□太多　□多　□差不多　□不多　□太少　□過分的少

3. 您與同事討論工作情形之頻率：
   （註：以直覺數字表示即可）
   □從不討論　□約1年1次　□約1個月1次　□約1週1次　□天天討論

4. 您與同事討論工作情形之頻率，您覺得：
   □過分的多　□太多　□多　□差不多　□不多　□太少　□過分的少

5. 您認為您休假多久，您的主管或同事就會有工作上的困難：
   （註：以直覺數字表示即可）
   □再久也不會有困難　□1年　□1個月　□1週　□1天

十、您的工作是否「目標明確」？

1. 大致說來，我的工作目標之明確度有：
   （註：以直覺數字表示即可）（請在方格內勾記其中一項）
   □完全明確　□約80%　□約60%　□約30%　□完全不明確

2. 我完全了解公司（或上級）對我的工作要求（指成果、進度）：
   （請在方格內勾記其中一項）
   □非常同意　　　　　　　　　　　□很同意
   □同意　　　　　□普通　　　　　□不同意
   □很不同意　　　　　　　　　　　□非常不同意

3. 我未完全了解公司（或上級）對我的工作要求（指成果、進度），是因為（可複選）：

☐未直接參與討論　　　　　　　　☐意思傳達者的傳達不好

☐沒有人告知　　　　　　　　　　☐決策意思經常改變

十一、您目前的「待遇」與您的「工作付出價值」比較，您覺得您的待遇：（請在方格內勾記其中一項）

☐過分的多　☐太多　☐多　☐差不多　☐不多　☐太少　☐過分的少

十二、您對「獎償」的意見如何？（請在方格內勾記其中一項）

問題	非常滿意	很滿意	滿意	普通	不滿意	很不滿意	非常不滿意
1. 您對只給口頭鼓勵之滿意程度	☐	☐	☐	☐	☐	☐	☐
2. 您對只給獎狀之滿意程度	☐	☐	☐	☐	☐	☐	☐
3. 您對給予新台幣1千元獎金之滿意程度	☐	☐	☐	☐	☐	☐	☐
4. 您對給予新台幣3千元獎金之滿意程度	☐	☐	☐	☐	☐	☐	☐
5. 您對給予新台幣5千元獎金之滿意程度	☐	☐	☐	☐	☐	☐	☐
6. 您對給予新台幣1萬元獎金之滿意程度	☐	☐	☐	☐	☐	☐	☐
7. 您對給予新台幣3萬元獎金之滿意程度	☐	☐	☐	☐	☐	☐	☐

十三、您對研究室與開發室的「組織文化」的意見如何？（請在方格內勾記其中一項）

問題	非常滿意	很滿意	滿意	普通	不滿意	很不滿意	非常不滿意
1. 我覺得研究室與開發室同仁，皆富有「創新」精神	☐	☐	☐	☐	☐	☐	☐
2. 我覺得研究室與開發室同仁，都有旺盛的「挑戰」精神	☐	☐	☐	☐	☐	☐	☐
3. 我覺得研究室與開發室同仁，都有「積極工作」的態度	☐	☐	☐	☐	☐	☐	☐
4. 研究室與開發室同仁之間，氣氛至為和睦	☐	☐	☐	☐	☐	☐	☐
5. 研究室與開發室各級主管和部屬間的關係十分親切	☐	☐	☐	☐	☐	☐	☐
6. 我的工作能夠發揮我自己的才能	☐	☐	☐	☐	☐	☐	☐
7. 我覺得工作很愉快	☐	☐	☐	☐	☐	☐	☐
8. 我覺得工作做得好累（有倦怠感）	☐	☐	☐	☐	☐	☐	☐

十四、基本資料（請在方格內勾記其中一項）

　　1. 請問您的性別是：　　□男性　　□女性

　　2. 請問您的年齡是：　　□滿30歲及以下　　　　□31歲～滿36歲

　　　　　　　　　　　　　□37歲～滿42歲　　　　　□43歲～滿48歲

　　　　　　　　　　　　　□49歲～滿54歲　　　　　□55歲～滿60歲

　　3. 請問您的服務年資是：□滿1年及以下　　　　　□2年～滿6年

　　　　　　　　　　　　　□7年～滿12年　　　　　□13年～滿18年

　　　　　　　　　　　　　□19年～滿24年　　　　　□25年以上

　　4. 請問您的學歷是：　　□國中或同等　　　　　　□高中、高職或同等

　　　　　　　　　　　　　□二專、五專　　　　　　□三專

　　　　　　　　　　　　　□大學、學院　　　　　　□研究所

　　5. 請問您是：　　　　　□班員　　　　　　　　　□職員

本問卷到此全部結束，請您回頭再檢查一次，請勿漏答任何一題，以免前功盡棄。再次謝謝您的合作！

協同單位對研究開發部門的意見調查

本問卷是在研發體制重整後的第六年執行的，目的在於了解協同單位對研發體制重整效益的看法。

問卷首頁

各位同仁：您好！

又是一年的開始，值此萬象更新之際，謹以最誠摯的心，祝福各位新春快樂！事事如意！

回顧民國○○○年，由於大家的厚愛與配合，我們完成了不少成果。除了在此向各位表達我衷心的感謝之外，希望藉著本調查更加了解各位的想法，以爲今後改善我等工作之參考。

本調查不必書寫您的大名，所有資料僅供做團體分析參考，決不公開個人資料，也不移作他用，敬請協助，安心作答。謝謝！

研究開發本部　○○○　敬上

民國○○○年○○月

問卷本文

一、對於下列有關研究開發本部的工作，您今年的「滿意程度」如何？
　　（請在方格內勾記其中一項）

問題	非常滿意	很滿意	滿意	普通	不滿意	很不滿意	非常不滿意
1. 您對研究室的「工作績效」之滿意程度	☐	☐	☐	☐	☐	☐	☐
2. 您對研究室的「工作效率」之滿意程度	☐	☐	☐	☐	☐	☐	☐
3. 您對研究室的「工作能力」之滿意程度	☐	☐	☐	☐	☐	☐	☐
4. 您對研究室的「工作努力度」之滿意程度	☐	☐	☐	☐	☐	☐	☐
5. 您對開發室的「工作績效」之滿意程度	☐	☐	☐	☐	☐	☐	☐
6. 您對開發室的「工作效率」之滿意程度	☐	☐	☐	☐	☐	☐	☐
7. 您對開發室的「工作能力」之滿意程度	☐	☐	☐	☐	☐	☐	☐
8. 您對開發室的「工作努力度」之滿意程度	☐	☐	☐	☐	☐	☐	☐

二、您對研究開發本部之「組織體制」的意見如何？

（除第4.(6)題以外，請在方格內勾記其中一項）

1. 我對公司的「新產品開發體系與程序」之了解程度有：

（註：以直覺數字表示即可）

□完全了解　□約80%　□約60%　□約30%　□完全不知

2. 我對公司的「產品改良體系與工作程序」之了解程度有：

（註：以直覺數字表示即可）

□完全了解　□約80%　□約60%　□約30%　□完全不知

3 我自認我對公司的「新品牌原料申請採用工作程序」之了解程度有：

（註：以直覺數字表示即可）

□完全了解　□約80%　□約60%　□約30%　□完全不知

4 我對公司的「開發協調會」之意見是：

(1) 我對「開發協調會」的作業之滿意程度：

□非常滿意　　　　　　　　　□很滿意

□滿意　　　　　□普通　　　□不滿意

□很不滿意　　　　　　　　　□非常不滿意

(2) 我認為「開發協調會」：

□需要　□不需要　□沒意見

(3) 我認為想開好「開發協調會」，主席應由：

□「開發室主辦人」擔任　　□「開發室主任」擔任

□「研究室主辦組長」擔任　□「研究室主任或副主任」擔任

□「事業部經理」擔任　　　□沒意見

□其他人員（請提供您的意見）＿＿＿＿＿＿＿＿＿＿＿＿＿

(4) 要做好研發工作，我認為每一位研究員都要參加「開發協調會」：

□同意　□不同意　□沒意見

(5) 您曾經參加「開發協調會」嗎？

□曾經參加　□不曾參加（請以您所聽到的添答下一題）

(6) 您所知道的「開發協調會」，通常討論些什麼？（請以1、2、……7在方格內標明討論多少之順序，討論最多的標1，最少的標7）

□討論中長期或年度開發計畫　□評估或決定開發題目

□討論或設訂「產品觀念」　　□討論各種計畫書或報告書

□研發成果或進度的追蹤　　　□研製品的品評或評價

□其他（請提供您的意見）＿＿＿＿＿＿＿＿＿＿＿＿＿

三、您對給研究開發人員的「獎償」之意見如何？
　　（請在方格內勾記其中一項）

問題	非常滿意	很滿意	滿意	普通	不滿意	很不滿意	非常不滿意
1. 您對只給口頭鼓勵之意見	☐	☐	☐	☐	☐	☐	☐
2. 您對只給獎狀之意見	☐	☐	☐	☐	☐	☐	☐
3. 您對給予獎金之意見	☐	☐	☐	☐	☐	☐	☐

四、您對研究室與開發室的「組織文化」的意見如何？
　　（請在方格內勾記其中一項）

問題	非常滿意	很滿意	滿意	普通	不滿意	很不滿意	非常不滿意
1. 我覺得研究室同仁，皆富有「創新」精神	☐	☐	☐	☐	☐	☐	☐
2. 我覺得研究室同仁，都有旺盛的「挑戰」精神	☐	☐	☐	☐	☐	☐	☐
3. 我覺得研究室同仁，都有「積極工作」的態度	☐	☐	☐	☐	☐	☐	☐
4. 我與研究室同仁之間相處，氣氛至為和睦	☐	☐	☐	☐	☐	☐	☐
5. 我體認到研究室各級主管和部屬間的關係十分親切	☐	☐	☐	☐	☐	☐	☐
6. 我覺得開發室同仁，皆富有「創新」精神	☐	☐	☐	☐	☐	☐	☐
7. 我覺得開發室同仁，都有旺盛的「挑戰」精神	☐	☐	☐	☐	☐	☐	☐
8. 我覺得開發室同仁，都有「積極工作」的態度	☐	☐	☐	☐	☐	☐	☐
9. 我與開發室同仁之間相處，氣氛至為和睦	☐	☐	☐	☐	☐	☐	☐
10.我體認到開發室各級主管和部屬間的關係十分親切	☐	☐	☐	☐	☐	☐	☐

五、基本資料（請在方格內勾記其中一項）
　　請問您的服務單位是
　　　☐事業部　☐工（場）廠、生產單位　☐資材、工程等單位

本問卷到此全部結束，請您回頭再檢查一次，請勿漏答任何一題，以免前功盡棄。再次謝謝您的合作！

8.11 研發體制重整後成效追蹤報告

　　本調查系針對研究開發本部的49位全體同仁及30位各事業部同仁與另外30位各工廠主管（以下對事業部與工廠簡稱為協同單位），以兩種不同的問卷所做的調查。希望際著本調查了解同仁的想法及協同單位對研發單位的評鑑，以為今後改善我等工作環境與工作品質之參考。

　　本調查所應用的研究架構如下圖所示。即員工的工作績效，將因工作能力、工作努力度及工作效率之好壞而異。員工有了良好的工作績效，公司給以適當的獎賞，員工自然對公司滿意而更加努力工作。報酬高有激勵，員工必然珍惜工作崗位，努力以赴。工作目標明確更能使員工做得起勁，如能繼而使員工身感自己受到重視，那必是赴湯蹈火在所不惜。工作能力固與員本人學經歷等背景有關，各種教育訓練也是提高工作能力所不可缺。工作效率要高，工作量之是否適當很重要。員工對組織體制、作業程序的了解更是影響工作效率之主因。教育訓練可以增進員工了解組織體制與作業程序，提高工作效率。

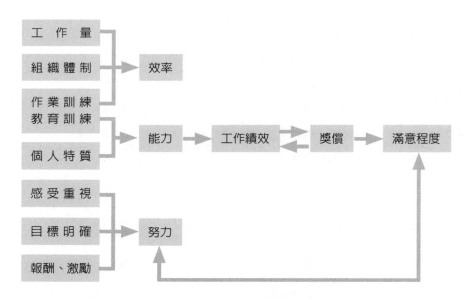

　　本調查的結果顯示：
1. 薪水、升遷、主管影響員工對公司的滿意度。
2. 讓部屬充分了解工作目標，是提高工作績效的必要條件。
3. 讓員工充分了解作業程序，是提高工作績效的祕方。
4. 激勵可以提升研發工作的績效。

結論與建議

本調查得到下列結果：

1. 今後研發單位應以培養「創新」與「挑戰」精神為主要工作重點。目前的研發單位公認為沒有「創新」與「挑戰」精神，但「積極工作」的態度尚可。研究室與開發室兩單位間相處和睦，尤其兩室與事業部和工廠保有很好的關係。研發人員認為本單位尚能發揮自己才能。

2. 本公司研發員工目前最不滿意的是「薪水」與「升遷」；員工對自己薪水的高低與升遷之有無，歸責於主管的關心；員工對主管的不滿意是員工對公司不滿的主要因素。員工對薪水與升遷有相等程度的要求，員工對自己薪水的高低與升遷之有無，歸責於主管的權數大，主管宜更多關心部屬的升遷。對目前的「待遇」全員覺得偏低。年齡愈大、教育程度愈低，覺得待遇愈偏低。班員以年資2～18年者最感偏低。職員中新進人員感受薪水偏低較小，年資在2～6年者偏低感略大，7～12年者有人感覺差不多而有人與2～6年者同感，這可能與是否有升級有關，13～18年者又是一個谷底，年資19～24年者有較滿意的待遇，但是25年以上者則顯得偏激不滿。

3. 各級研發主管應注意明確的把「工作目標」向部屬說明，並確認部屬了解程度。本調查顯示，員工對工作目標的了解偏低，但調查也表示員工認為「工作目標明確」是工作績效高的原因，也是對主管、對公司滿意的要因之一。

4. 為求提高員工工作績效，主管應努力於「工作進度管理」。

5. 請研究室與開發室主任，定期對內部同仁舉辦「研發組織體制說明會」；請開發室主任定期利用協調會時間向事業部及工廠等單位同仁說明「研發作業程序」；平時研發各級主管應隨時指導部屬按照研發組織體制，作業程序做事。工作人員本身了解「作業程序」是做好工作的首要條件；作業相關人員了解「作業程序」更能使工作順利完成。本調查顯示員工對「作業程序」的了解程度偏低（了解程度大於80%者約占40%，了解程度大於60%者約占70%）。以研發單位教育訓練之頻繁，尚且如此偏低的了解，誠有待在各單位舉辦「說明會」，加強研發員工及各單位同仁之了解。也希望各級主管依據所訂作業程序指導部屬作業。

6. 各單位對「開發協調會」的滿意度評價很高；開發協調會主席宜由開發室主任或資深的開發室主辦人擔任；盡可能的讓有關的研究人員參與協調會。

7. 宜辦理「研發人員調換工作意願調查」調整工作，滿足員工的意願，愉快的做事。

8. 研究人員的工作，屬於高度不確定性質，不一定要定時工作。為鼓勵作業自由度，提高研發能力，兼顧配合公司他單位之作業，建議給以「每人每月自選兩週末休假」以應員工週末休假的希望。

9. 宜制定辦法聯結員工的教育訓練與升遷，以提高員工接受教育的意願。

10. 本公司目前尚無激勵研發的具體辦法，本調查顯示目前研發單位，工作分配適當，內外協調性良好，所缺者為適當的激勵，宜制訂「研發獎勵辦法」，以提高工作績效。本調查顯示，員工對獎狀興趣缺缺；一千元的獎金與口頭獎勵同效；獎金三千元與一萬元激勵效應相當；三萬元以上的獎金才有觸電的感覺。

第九章
新事業開發

9.1 新事業開發

企業以開發新事業擴大發展

企業經營環境正以比過往更快的速度在變化。科技的發展促使市場競爭激烈化，消費者需求的多樣化促使產品壽命短期化。企業主們頗有「如果僅以目前的事業經營下去，企業終有成長窒息的一天」之危機感。

為著企業的永續發展，通常企業會努力於產品的持續進化，開發比現有產品更好、更多樣、更多功能等的產品。新產品開發，基本上以利用企業原有的產銷資源與體制，執行上比較容易，但是單靠新產品開發，企業的成長終將是有其限度的。為此，企業跨越既有業務領域，伸手新的事業領域開發新事業是有其必要的企業行為。

新事業開發有其難度

新事業開發需就市場的了解與規劃、生產技術與設備取得的方式、營運模式的設計、到建立新銷售通路等較為全方位的考量，從頭規劃一切，新事業開發的成功不易。

ABeam Consulting將新事業開發分為概念創立、計畫立案、計畫執行及移交營運單位等四階段調查。發現新事業開發的成功率隨著新事業開發的進展階段逐漸下降，只有25%的新事業，能按計畫在移交營運單位後即獲利；換句話說，四件新事業開發，只有一件是成功完成的。

小博士解說

Peter F. Drucker在其著作《創新與創業精神》提到：
新事業通常在原設計的市場之外得到成功。最後的產品可能與最初設計的大不相同：大部分顧客甚至於不是在公司當初的考慮範圍之內者；而且產品的用途廣泛超出原來的設計甚多。如果新事業沒能預期這些事情，未能善加利用這些預期之外的市場：如果不以市場為重心，也不以市場為導向，那麼一切所為，可能是在為競爭者創造機會。

新事業開發的成功要素

　　開發新事業沒能成功的原因很多，有的企業沒有選好新事業開發題目，有的企業在新事業概念（new business concept）創立階段、計畫執行階段受到挫折；有的企業因資金準備不足、執行計畫的團隊與體制不健全而沒有進度。

　　茲列舉新事業開發要成功必須注意的重點事項如下：

1. 了解「新事業開發程序」，確實執行開發的每一個步驟。
2. 要有專責的新事業開發主持人。
3. 計畫正式立案後，應立即成立「新事業開發專案小組」，專責執行新事業開發計畫，直到移交給營運單位為止。
4. 新事業主題符合企業本身的企業理念或是為企業實現將來所需。
5. 投入新事業營運的時機要對。

新事業開發的成功率

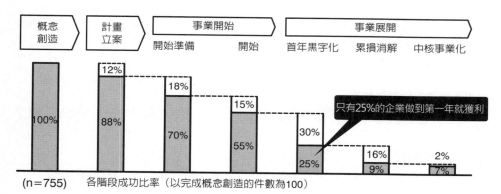

(n＝755)　　各階段成功比率（以完成概念創造的件數為100）

出所：ABcam Consulting自主調查

✚ 知識補充站

　　Peter F. Drucker在其著作《創新與創業精神》提到：

　　創新者的遠見總是侷限於某個範圍。事實上，創新者會產生一種所謂「狹隘的遠見」，創新者只看到自己熟悉範圍內的事物，而看不到其他的東西。

9.2 新事業開發程序

新事業開發程序

新事業開發的基本程序，包括概念創立、計畫立案、計畫執行及移交營運單位等四個階段。

概念創立階段

一旦公司決定要開發新事業，在概念創立階段需要做的事有：

1. 指派專責的新事業開發主持人（此為首要工作）

企業進行開發新事業的模式有，由公司董事長或總經理推動；由研發部門主管推動；由專責的兼任主管推動；由常設的新事業開發部門負責推動。實務上，由公司董事長或總經理推動最有效。但基於事實，最好的方案是由個性主動、正面思考力較強、且擁有工作資源的經理級以上人員兼任。但不宜由負責利潤中心的主管兼任。

2. 創意篩選

新事業開發主持人應隨時透過工作同仁的腦力激盪討論各種為業界看好的事業與產品、蒐集公司內外新創意提供者的創意，加以篩選。

創意的篩選是一個概略性探討的工作，評估的項目有：(1)初步市場評估、(2)初步技術評估、(3)事業化可能性的評估、(4)初步企業競爭優勢評估。

3. 提出新事業開發概要書

新事業開發主持人應將評估篩選出的新事業主題，彙整相關資料做成「新事業概要書」提請上級主管裁決。

計畫立案階段

1. 成立專案小組：新事業概要書呈裁通過後，新事業開發主持人應即招集企劃、行銷、研發及工程人員組成「新事業開發專案小組」。
2. 了解市場現況推估未來市場的動向：調查相關產業與市場的現狀，推估未來（10～15年）的發展趨勢。據以釐定新事業要創造的價值與營運的目的。
3. 規劃新事業商業模式：釐定新事業概念確認要提供什麼樣的價值給什麼樣的消費群。規劃中長期經營策略、技術生產與行銷計畫及營利模式等經營資源的安排。
4. 提出新事業投資計畫書：正式提出新事業投資計畫書以便獲取必要的資金等資源。

計畫執行階段

　　新事業投資計畫書通過後，即可以此為本進行下列事項：

1. 研發產品。
2. 完成建廠計畫書興建工廠。

移交給營運單位階段

　　新事業開發專案小組的任務，將於完成移交給營運單位之際宣告完成。

新事業開發流程

概念創立
S1. 指派專責的新事業開發主持人
S2. 新事業創意篩選
S3. 提出新事業開發概要書

計畫立案
S4. 成立新事業開發專案小組
S5. 提出新事業投資計畫書
　S5-1 未來市場動向推估
　S5-2 規劃新事業商業模式

計畫執行
S6. 研發產品
S7. 完成建廠計畫書
　興建工廠

移交給營運單位
S8. 完成移交給營運單位

✚ 知識補充站

　　標準作業程序能夠縮短新進人員面對不熟練且複雜的學習時間，只要按照步驟指示就能避免失誤與疏忽。

　　標準作業程序可以節省時間提高效率、可以節省資源浪費、可以獲得穩定性的作業。相反的，標準作業程序因抗拒變遷，無法因應特殊環境需要適時調整，阻礙目標的實現。

9.3 新事業開發（投資）程序範例

本範例指定新事業開發任務為產品企劃單位的職責，產品企劃單位負責新事業開發。

制定投資與新事業開發程序之目的在於有效評估投資方案。基於此，管理階層宜指派評估投資案之負責人，並向上級主管提出核示。受指派的負責人需蒐集受指派之投資對象資料，進行可行性評估。

本文所指投資案包括新生產線投資、新事業投資及外部技術轉入等。投資與新事業開發的作業程序包括創意蒐集、新事業題目、移管等三階段。決定新事業題目階段又分為事業籌劃、投資決策及移管準備三小段。

創意蒐集

由產品企劃單位蒐集新事業項目及其相關資料進行評估，向開發委員會提出新事業評估報告。

新事業項目

召開開發委員會議評審產品企劃單位提出之新事業評估報告，決定要進行的新事業項目。同時，指派專人成立新事業籌備小組以執行新事業之籌劃工作。

1. 事業籌畫：由新事業籌備小組進行新事業總合評價，提出新事業計畫書草案供開發委員會審核並進行新事業產品的開發工作。新事業計畫書草案之內容宜包括：
   (1) 新事業中長期經營計畫。
   (2) 投資方式。
   (3) 新事業進度計畫表。
   (4) 新事業經營組織。
2. 投資決策：由開發委員招開開發委員會議審核新事業籌備小組提出的新事業總合評價及新事業計畫書草案。
3. 移管準備：由新事業籌備小組準備：(1)新事業計畫書、(2)技術移管書、(3)業務移管書，移轉給新事業部門或新創公司或合作公司。

移管經營單位

新事業籌備小組備妥移管資料（新事業計畫書、技術移管書、業務移管書）移交給新事業部門或新創公司或合作公司。

新事業開發（投資）程序範例

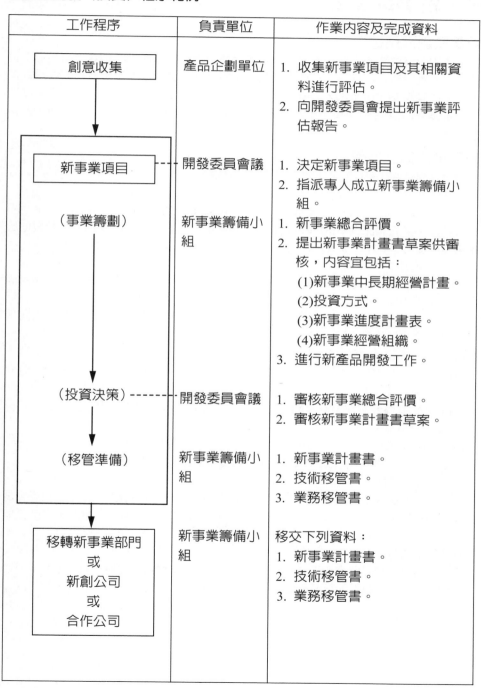

工作程序	負責單位	作業內容及完成資料
創意收集	產品企劃單位	1. 收集新事業項目及其相關資料進行評估。 2. 向開發委員會提出新事業評估報告。
新事業項目	開發委員會議	1. 決定新事業項目。 2. 指派專人成立新事業籌備小組。
（事業籌劃）	新事業籌備小組	1. 新事業總合評價。 2. 提出新事業計畫書草案供審核，內容宜包括： 　(1)新事業中長期經營計畫。 　(2)投資方式。 　(3)新事業進度計畫表。 　(4)新事業經營組織。 3. 進行新產品開發工作。
（投資決策）	開發委員會議	1. 審核新事業總合評價。 2. 審核新事業計畫書草案。
（移管準備）	新事業籌備小組	1. 新事業計畫書。 2. 技術移管書。 3. 業務移管書。
移轉新事業部門 或 新創公司 或 合作公司	新事業籌備小組	移交下列資料： 1. 新事業計畫書。 2. 技術移管書。 3. 業務移管書。

9.4 新事業創意篩選

新事業創意篩選

　　企業的新事業開發不能漫無目的、毫無目標地進行。蒐集到的創意必須經過一番篩選，篩選符合企業特性、符合企業經營策略、符合企業既有或可取得的客戶群需求、是企業競爭能力所可及。為能及時掌握商機，企業需要建立一個新事業策略框架（framework）來進行新事業創意的篩選，才能以較少時間較少成本完成有效率的新事業開發。

新事業的策略框架

　　本文介紹幾個代表性的新事業篩選策略框架如下：

1. 企業MVV

　　MVV是Mission（使命）、Vision（願景）和Value（價值）的首字母組合。進行新事業開發，必先確認企業MVV以為新事業策略的首要框架。新事業創意必須有助於企業履行使命，必需能促成企業達成中長期的未來像，更需要能提供企業價值。

2. 新事業開發的基本策略

　　新事業開發具有高度的不確定因素，企業需要製訂新事業開發的基本策略，做為篩選新事業創意的次要框架。茲略舉新事業開發基本策略如次：

(1)與企業之本業取得相乘效果策略：進入新領域後對既有產品／服務有正向效果，有助於既有業務的跨大。

(2)跨越異業領域策略：譬如，餐廳業開發外燴新業務，跨足供餐與宅配業領域。

(3)多角化新生策略：顧及充分利用既有事業資源，可以往發展多角化經營的方向開發新事業。

(4)填補垂直整合空缺策略：顧及垂直整合的綜效，可以往既有事業的上游或下游開發新事業。

(5)活用企業資源策略：未利用土地、建物、設備、智慧財等的活用。

(6)跨入成長業種策略：如IT關連產業，銀髮食品產業、健康關連產業。

3. 企業顧客群屬性

　　企業既有的顧客或是將來可以爭取到的顧客群是企業的重要資產。新事業創意要是能提供這些顧客的需要（needs）或想要（wants）的需求，新事業開發的工作就更加容易進行。

4. 企業競爭能力

　　企業的競爭優勢是開發新事業必備的條件。新事業創意除了要擁有顧客之外，企業本身與競爭者各自擁有的資源與優劣勢也是必須檢討的項目。

新事業創意篩選流程

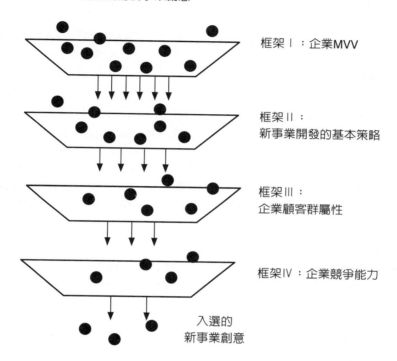

蒐集到的新事業創意

框架Ⅰ：企業MVV

框架Ⅱ：
新事業開發的基本策略

框架Ⅲ：
企業顧客群屬性

框架Ⅳ：企業競爭能力

入選的
新事業創意

✚ 知識補充站

1. 企業使命（Mission）表達該企業基本而獨特的存在目的。使命的內容可包括，目標客戶與市場、企業生產的產品、市場的地理範疇、經營理念，及希望塑造的自我與公眾形象。
2. 企業願景（Vision）是期待的企業將來像，源自於企業使命。
3. 經營理念是傳遞企業價值（Value）的指向，是企業經營者的理想與信念，出自企業經營者的經營哲學與價值觀。

9.5 新事業開發概要書的寫法

新事業開發主持人在完成創意篩選有了結果，對認為可行的創意方案應做成「新事業開發概要書」，說明創意方案的事業全貌、事業概念、事業化可行性及初步研究的建議等，提呈上級主管（通常是企業主持人）裁決。並促成被認同的新事業創意進入立案階段。

新事業開發概要

新事業開發概要是描述事業全貌、事業概念、事業化可行性及初步研究的建議等的記述。目的在於明白說明新事業要做的事，取得上級主管的投資興趣。

新事業概要的說明要簡潔易懂、有重點，可佐以圖表輔助說明。重要的是，要把事業概念（business concept）說明清楚，述明針對什麼樣的顧客（Who）、以什麼樣的方法（How）、提供什麼樣的產品或服務（What）。

新事業開發概要的內容至少需要包括下列幾個項目：(1)主題、(2)摘要、(3)事業願景、(4)事業概要、(5)事業概念、(6)事業化可行性、(7)建議事項。各項的說明重點可參考右頁範例。

新事業概念

新事業概念必須從顧客的角度去了解闡釋「5W2H」，述明提供符合顧客需求的價值。務必崁入事業概念的5W2H（模擬顧客購買產品或服務時的行為）：

- When：是什麼樣的時候購買？
- Why：買的理由是什麼？
- Who：是什麼樣的人買？
- Where：在什麼樣的地方購買？
- What：具體的產品是什麼？
- How：如何購買？購買的方法？
- How much：大概什麼樣的價格？

小博士解說

事業計畫書寫法要點：
1. 不要受制於既定格式，內容可自由發揮。
2. 整編事業構想的骨架。
3. 事業內容必須具體。
4. 必須附帶資金計畫。
5. 計畫須清楚說明事業能成功的理由。

新事業開發概要書範例

【主題】環保袋新事業開發概要書

【摘要】摘要頁面是描述事業計畫總體情況的頁面，宜概略說明本創意方案的來源，篩選的方法、過程及結果。

【事業願景】從大角度考慮要透過過生產環保袋建立什麼樣的社會貢獻。對於包包，人們可以隨身攜帶，因此可以預期有廣告效果。在這種情況下，環保袋不僅是時尚的包包，更具有傳遞訊息的功能。重點是：想要透過生產環保袋來實現什麼目標？憑此可以想像，何時會有多少銷售和利潤嗎？

【事業概要】第一，述明針對什麼樣的顧客（Who）、以什麼樣的方法（How）、提供什麼樣的產品或服務（What）。第二，描述開發主題的市場性、與競爭者的差異化重點。第三，說明新產品的內容或描述產品的基本規格等。可以附上產品的插圖、照片等補助說明。本頁面內容需能應對以下二問：
問：針對什麼樣的顧客、以什麼樣的方法、提供什麼樣的產品或服務？
問：基本的市場與產品資訊如何？

【事業概念】
以生產環保袋來說，光靠精美流行的設計比較難於吸引顧客的青睞。必須要有符合「客戶購買原因」的概念，才能打動客戶的心。
不論是訴求優質耐用，還是品牌形象，還是以合理的價格精心設計，都必須想像一個決定性的購買因素？重點是社會貢獻和客戶情感的價值。
問：提供給客戶的基本價值是什麼？

【事業化可行性】
透過企業內外環境分析，評估自家企業是否具有將此創意方案事業化的可能性。

【建議事項】提出對此方案的建議事項。如投入此事業，公司有什麼競爭優勢？另外，新事業的人事安排與生產成本將因企業的不同受到新事業單位在企業內地位（position）之影響。因此，需要在此確認新事業單位的業務位置。
問：為什麼要開發這項事業？
問：該事業在公司中的業務地位如何？

9.6 新事業投資計畫書的寫法

新事業開發概要書一旦經過決策層的認同，就必須著手成立「新事業開發專案小組」，專責進行市場、產品、生產技術等調查研究，規劃商業模式、投資金額、工作進度及風險分析等，完成「新事業投資計畫書」，以為下一計畫執行階段設計出執行規範。

新事業投資計畫書的寫法

新事業投資計畫書的架構可分為三大部分，第一部分說明投資原因（Why）；第二部分說明要做什麼（What）；最後部分說明如何進行（How）。書寫的重點如下：

1. 書寫重點之1：新事業投資計畫書的製作內容與流程因事因人而異，並沒有特定的模式。重要的是要能表達：(1)事業的目的或將來的願景（vision）、(2)事業內容即事業概念（business concept）、(3)行銷策略（marketing strategy）、(4)營銷與利益預測、(5)資金計畫（投資資金計畫、收支計畫）。

2. 書寫重點之2：彙總事業構想的輪廓
   此部分是導入段，必須明確說明事業的構想，如：
   (1)經營理念、事業目的、未來展望等的說明。
   (2)事業概要與事業概念的說明（參閱16.4新事業開發慨要書）。

3. 書寫重點之3：事業內容具體化
   以數據和客觀的見解，檢討下列各項目並做具體說明。
   (1)市場策略：根據市場調查說明：①市場當前環境與未來展望；②目標產品（或服務）的特徵、市場需要性、產品地位（product position）、差異點及競爭優勢；③目標顧客群與目標產品給顧客的好處；④為發揮事業與產品的特色所需要的知識（Know-how）等。
   (2)價格策略：考慮成本設定顧客可接受的價格，並說明所訂價格在經營策略上的意義。
   (3)行銷策略：說明行銷的STP策略與行銷4P計畫。
   (4)採購與生產方法：重要原材料來源是否可以安定的照計畫進貨。
   (5)事業上的問題點與風險：記載可能的問題點與風險及其解決方案。
   (6)競爭廠商分析：針對產品的品質、技術、價格、品牌、販賣方法等與競爭品牌比較優缺點，做綜合分析。

小博士解說

1. 行銷的STP策略：即市場區隔策略（Segmentation）、目標市場策略（Targeting）、市場地位策略（Positioning）。
2. 行銷4P計畫：即產品（Product）計畫、價格（Price）計畫、通路（Place）計畫、促銷（Promotion）計畫。

(7)組織與人事計畫：說明該有的組織體制、人員配置計畫。

(8)進度規劃：羅列從事業開發的第一日起至最後一日間的每一重要節點日及該節點日必須完成的具體目標。

(9)協力者與支援者：如技術、Know-how提供者等。

4. 書寫重點之4：資金計畫

需包括：

(1)利益計畫（包括總利益與產品別利益計畫）。

(2)預估損益計畫。

(3)開業資金計畫與收支計畫。

5. 書寫重點之5：說明產品可以賣出的理由。

新事業投資計畫書的架構範例

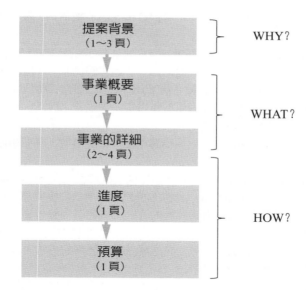

9.7 新事業商業模式

新事業商業模式

實務上，商業模式（business model）就是要答覆企業經營的最基本問題——憑什麼賺錢。簡單的說，商業模式是要說明針對什麼人（Target）、提供什麼價值（value）、如何提供與如何賺到錢（How）等的答案。

商業模式至今尚未有一公認的定義，在管理學界與實業界有很多種的解釋。NTT數據經營研究所，指出商業模式是由事業概念（business concept）、貨幣化模式（monetize model）及經營資源調配模式等基本成分所組成。

事業概念指出針對什麼樣的顧客提供什麼樣的價值。貨幣化模式指出向什麼人收取什麼樣的貨款。經營資源調配模式指技術、人、物、資金等資源的籌備與分配內容，而經營資源調配模式與成本結構的組成相關。

商業模式的檢視與分析工具——商業模式（畫布）圖（Business Model Canvas）

《Business Model Generation》一書的作者Alexander Osterwalder有系統的把商業模式用「價值主張」、「目標客層」、「通路」、「顧客關係」、「收入來源」、「關鍵資源」、「關鍵合作夥伴」、「關鍵活動」、「成本結構」等9個要素組織成為一張畫布，稱為商業模式（畫布）圖，適用於新事業商業模式之設計、改善及描述。茲簡單說明商業模式圖各空格應填入的內容：

1. 目標客層（customer segments）：說明為哪些顧客創造價值，具體指出目標客層，並說明這些顧客的購買理由。
2. 價值主張（value proposition）：描述為顧客創造的價值，具體的說明要以什麼產品滿足顧客的什麼需求（need）或以什麼方法為顧客解決什麼問題（problem）。
3. 通路（channels）：描述與顧客溝通互動的方式，具體說明接近顧客的通路，如超商、超市、量販店、零售店等實體通路或網路銷售等虛擬通路。
4. 顧客關係（customer relationships）：描述建立顧客關係的方法，具體說明如何爭取顧客、維持顧客及增加顧客的方法。
5. 收益來源（revenue streams）：說明獲利的方法，考慮顧客願意購買的價值，制訂提供顧客所需價值的策略。
6. 關鍵資源（key resources）：說明需要的資源，如資金、技術、智慧財產、設備與原物料、專業人才等。
7. 關鍵夥伴（key partners）：說明必須的合作夥伴（如果有的話），具體說明合作對象、合作事項及合作方法。
8. 關鍵活動（key activities）：列舉商業模式順利運作必做的重要活動。
9. 成本結構（cost structure）：說明成本的構成，列舉最重要的成本、最貴的資源、最貴的活動。推估固定成本、變動成本及經濟規模等。並做損益平衡圖與ROI分析等。

商業模式（畫布）圖空白表

備註：本畫布圖適用於新事業商業模式之設計、改善及描述。

(7) 關鍵夥伴	(8) 關鍵活動	(2) 價值主張	(4) 顧客關係	(1) 目標客層
	(6) 關鍵資源		(3) 通路	
(9)成本結構			(5)收益模式	

✚ 知識補充站

1. 「目標市場」的主軸是定調新事業的目標客群，即需明確指出要對哪些顧客提供事業的價值。
2. 「收益模式」是指與什麼顧客以什麼方法交易。
3. 「經營資源的調度」是企業內部對人、物、資金等的調度模式，重點是成本結構的最適化。

9.8 新事業投資評估的項目與重點

　　本文列舉的投資評估草稿是專為生技事業投資評估所設計，其他新事業可酌予參考。每一項投資評估，依下列項目、格式及重點，以口語式短文扼要描述，每一投資案以1～2頁為宜。

投資評估草稿

【一】標的公司、主持人與經營團隊的背景
- 說明該公司成立時間、公司概況（人員數目、座落地點、有無其他相關廠房設備或實驗廠場、資本額等）。
- 主持人與經營團隊的背景（各人員的學經歷、工作職務與經驗）。
- 描述與其經營團隊會面討論的印象評論（穩定？積極？誠實？清楚表達？……）。

【二】發展策略評估
- 公司定位（永續經營或接力經營）。
- 公司發展策略（自研、合作聯盟、併購）。

【三】技術平台評估
- 技術特性的描述（創新性、新穎性或改良性）。
- 技術之可行性（與評估者企業之核心技術的運用聯結性）。
- 完整程度（技術居上游、中游或下游之位置）。
- 對產業的衝擊力。

【四】專利與論文評估
- 專利擁有情形（件數、專利內容、取得地區與時間）。
- 與競爭者專利（或技術）之衝突情形。
- 重要論文發表狀況及技術發展後續計畫。

【五】技術或產品之市場潛力評估
- 市場大小（在相關產業運用的市場潛力）。
- 市場的成長性（初期？中期？後期？）。
- 市場之競爭優勢（與其他類似或具競爭性技術或產品的優勢及劣勢比較）。

【六】財務評估
- 財務結構（人事成本、技術研發成本等）。
- 集資計畫（目前集資情形、集資用途、現有資金、Burn rate）。

【七】投資報酬評估
- 假設參與投資（建議投資金額與投資方式），在其公司不同方式發展下，將來出脫的方式與可能之投資報酬率計算。

【八】機會分析
‧其技術產品與評估者企業之資源相關性。
‧說明標的公司現有的產品（及／或技術）在研發價值鏈中的位置（technology、tool/process、information、target、validated target、lead、clinical trials、product）及距上市所需時間。
‧說明標的公司現在所處投資階段（seed investing、early stage investing、expansion stage financing、later stage investing），尋找投資類別（seed fund、investor、partnership）及公司的發展時程。
‧說明投資勝算的機會。
【九】參與之利弊與風險分析
‧描述參與之利弊（技術上？時間上？資金上？……）。
‧潛在或已存在的風險（其公司自身變化、人員離職、技術無法突破、產品無法量產等）。
‧退出之可能性方式、難易度及損益預測。
【十】總結
【十一】建議
‧參與投資的作法。
‧不參與投資的作法。
‧變通作法：如先測試技術或產品後再做合作評估。
【十二】後續作業
‧期限前的討論。
【十三】附件

附錄
經驗分享

附錄1　新產品開發與研發管理緒論　　　鄭建益

新產品想在舊市場與新市場發展，創造藍海商機，除了要有策略性思考之外，技術的應用亦相當重要。

只要能滿足顧客欲望與需要的任何新東西都可稱為「新產品」。新產品包括了看得到的實體物品與購買過程中所享受到的無形服務。

了解現有消費者及潛在消費者對新產品、服務之需求與評價，可使企業掌握機先，並將可能的威脅風險降到最低。在進行研發之前，先與行銷有關的主管共同研商，以確認企業可能擁有的機會或可能面對的問題，予以訂定具體可行的研發範圍與目標。

在我們的生活中，可以發現對一般生活影響較大的科學技術；因為科學技術注重應用面，往往是為了解決問題而發展出來，對於生活的影響層面可說是全面而且深入。現代人生活的環境中，幾乎不能沒有技術的存在，連最常用的食品、保健食品、健康食品，都使用各式各樣的技術。

技術可分為創造性及應用性技術，這兩者的分類主要在於技術內容的新穎性。

1. 創造性技術指過去未出現過的獨特技術，可能是應用新科學原理的結果。
2. 應用性技術則是應用已開發出來的技術，加以改良或延伸，應用於其他情況中。
   產品開發往往是應用技術的具體實現，運用研究成果與經驗所得之既有知識，利用新材料、新設備與新工程等，改良既存技術之研究開發。
3. 創造性技術的影響較大，對人類生活的影響也較大，但是創造性技術不一定能成為商業上的成功，仍必須有適當的環境及行銷配合。應用性技術的影響較小，但是相對地其投資也較小，商業上較容易回收相關的投資。

對企業而言，必須利用多個產品的利潤組合，達到其預期利潤，以維持生存及發展；我們可看到企業預期未來的利潤線是逐漸成長的，而現有產品的未來利潤曲線，則是漸漸下降的；所以必須有新產品的利潤來救濟。

要如何利用技術，來填補預期利潤及現有產品的利潤，有以下兩個方法來思考：

1. 保衛支援及擴充現有產品：就像X產品，本來利潤率下降的，經引入技術改良後，就增加未來的利潤。
2. 驅動新產品、新事業：預期利潤與現有產品利潤差，必須引入新產品、新事業來彌補。

新產品、新事業計畫之執行，從資料之蒐集、整理、篩選、試作、實作與數據蒐集、分析到產品上市、上市後追蹤之研發管理；是否落實，會影響新產品、新事業的成敗，研發管理大致有以下重點：

1. 研發背景（問題點）：如企業問題探討與可能擁有的機會。
2. 研發目標（機會點）：如調查顧客及潛在消費者對新產品之需求。
4. 研發方法：有觀察法、焦點群體法、調查法、實驗法等。
5. 研發效益管理：可供企業具體改進之明確方向。

6. 研發進度管理：整個研發案各工序所需之作業天數管理。

7. 研發預算管理：研發計畫所需之預算經費編列、管理。

　新產品、新事業市場位置取決於市場吸引力和廠商競爭地位兩項主軸：

1. 市場吸引力：考慮的因素，包括成長率、市場規模、競爭程度、技術改變速度。

2. 競爭地位：市場占有率為指標，消費者的印象，專利保護等有關因素。

　優越的產品設計，差異化的產品，高階主管實質的資源支持，並信守承諾，可以提供顧客獨特的產品價值及企業更高的利潤。

附錄2　研發策略規劃與研發管理

鄭建益

　　企業在建構市場規劃的戰略體系時，其目的是針對所想要提供給消費者的產品，努力開拓或擴大市場對於產品之需求量，所以如何制定足以擴大市場的戰略體系，為市場規劃者極為重要之任務。

　　為了企業的目標和能力開發，維持一項「健康策略」的程序，必須有一項明確的宗旨（mission），相對的各項目標（objectives），和一組完善的事業組合（portfolio）及各項策略的配合。

　　市場導向的策略規劃：

企業策略規劃流程圖

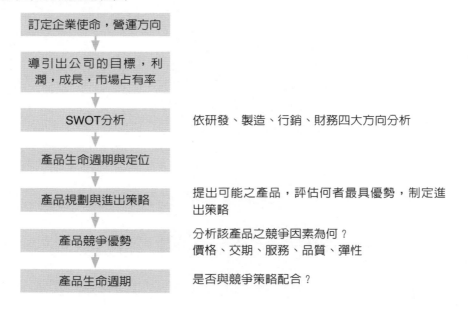

研發策略規劃程序之步驟：
1. 策定公司的宗旨：明確的宗旨或使命。
2. 訂定公司目標與目的：將宗旨轉化為一個具體的目標，即所謂的「目標管理」。
3. 研定公司的事業組合：事業組合係指企業的各項不同事業和產品的總和。
4. 研發規劃有四個基本的階段
   (1)我們位在何處？（藉產業分析獲得答案）
   (2)我們將往何處？（藉目標設定，分析檢核現在與未來的走向）
   (3)我們如何到達？（需要詳細的活動計畫與研發方案）

(4)我們到達了嗎？（必須使用評價系統，來衡量研發活動的效果）

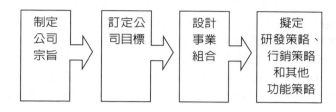

SWOT分析方法是一項有用的研發工具，在協助企業所處的產業環境中，正確面對如何的競爭，並且判斷企業本身擁有的強大優勢（Strength）與劣勢（Weakness）為何，同時了解企業本身的未來發展機會（Opportunity）以及將會遭遇的威脅（Threat）。

SWOT研討原則：
1. 不分職位階級皆暢所欲言。
2. 儘量於圓桌運用腦力激盪手法。
3. 不批評別人所主張。
4. 圈選（以舉手或票選）重要之前三項。

　　產品生命週期與定位：能讓企業明瞭各項產品在市場上處於何種位置，結構是否健全，以及應該採行何種因應措施。

　　將市場年成長率做為縱軸相對市場占有率做為橫軸，以現金流量的角度，產品分為四大生命週期：

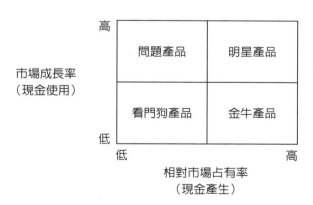

研發策略至少應具備以下項目：

1. 有哪些基礎研究項目，應用研究項目欲進行？兩者的比例爲何？
2. 產品革新策略：發展新產品的方法？投入資源的多寡？
3. 製程革新策略：發展新製程的方法？投入資源的多寡？
4. 領導者／跟隨者策略：公司是領導者抑是跟隨者？超前或落後的時間多長？
5. 市場面：保有OEM（Original Equipment Manufacture）、ODM（Original Design Manufacture）及OBM（Original Brand Manufacture）市場外，追求category leader。
6. 技術面：運用策略聯盟、技術合作、引進技術提升服務作業及軟硬體技術。

研發管理的方法：

1. 產品週期優化法（Product And Cycle-time Excellence, PACE）。
   產品週期優化法主要內容包括七個要素：(1)各階段決策評審、(2)建立跨部門的核心小組、(3)採用結構化的開發流程、(4)運用各種開發工具和技術、(5)建立產品戰略、(6)技術管理、(7)進行資源管道管理。
2. 雙軌制：在研發過程重要位置上設雙軌，完成同樣的工作，互爲備份。
3. 重要部分分解承擔：研發過程中將重要的部分和環節進行任務分解，由多個人共同承擔和協作完成。是針對人員流動，智慧財產流失的另一種解決方法。
4. 研發績效管理：研發績效管理應該考慮企業的整體戰略，研發項目的難度、研發效率和研發質量，應用平衡記分卡等工具制定研發績效評估系統。

附錄3　創新研發

鄭建益

創新、創意從哪裡來？在不經意間，有些奇怪念頭就會蹦出來，那很可能就是一個奇妙的創意。然而，在企業的經營中，產品創意與創新的開發，不能寄託於隨機的巧遇，創新與創意的產生，必須建構在一套完善的新產品開發架構與機制上，並且營造積極正面的環境，才能帶動員工的參與，保證產品創意不是靈光乍現，而是一套系統運作下的必然結果。

企業必須充分認知，任何的產品創意，皆是持續不斷的進化過程，要能適時掌握環境變動的商機，才能開發出滿足時代需求的產品，為了提供運用創新創意思考方法進行產品的開發與設計，啓發創意活力與創新能量，介紹各項創意思考與問題解決的基本技法，開啓創意思考能力。

在新產品開發過程中，產品創新、創意設計是一項極為重要的影響因素，它決定廠商最終所提供消費者的產品功能及式樣。高品質的產品設計不僅可以滿足市場需求，更可有效提高新產品開發的成功機率。產品設計是一連串複雜的問題解決活動，其執行在於有目標地創造產品，提供消費者使用。因此，產品創新、創意設計必須適當整合各式不同的問題解決方法與技術，達到各相關學科間的相互應用成果。

八個擴展新創意點子的有效方法：

虛心學習	換位思考	事物聯想
改變參數	問題：人、地、時、事、物	改變環境
腦力激盪	以退為進	靜坐禱告

創意商品開發前的考慮要項：

好的創意不見得會開發出成功的商品，就算開發成功了也不見得在市場上賣得好，就算賣得好也不見得會因此大賺一筆。不是要阻止業者的創意發明，而是建議各位在開發銷售創意的時候多想想、多規畫。

下列為有意將創意商品化的七個要項：

1. 產品是否是消費者需要的，或者是可以提供給特定消費者來使用：無論你的創意多獨特，一定要以使用者的需求做基礎。創意的基礎在於需求，沒有需求的情況下，創意只有欣賞的價值。
2. 先對市場的商品做一個矩陣分析，發現自己創意的優缺點，再看有沒有改善的空間。市場上是否有競爭的類似產品，若有，則競爭激烈。
3. 產品在市場上的定位及銷售對象為何：銷售對象的釐清涉及產品開發特色與市場定位，是商品開發第一個要確認的事項。
4. 產品是否具有市場利基（market niches）特色：如果市場充滿競爭、沒有成長空間，但你的商品有獨特的價值可以創造新的使用者、新的市場，那就是可以投入

的利基市場。

5. 新產品在市場行銷費用評估：透過詢價知道商品生產的成本，但很難知道商品進入市場的行銷費用，需要做好預算規劃。
6. 做好成本評估與定價策略：商品創意好、賣相也很棒，但是定價會是決定商品成功的最後關卡。
7. 整個開發專案財務規劃：開發新商品，一定要有適當的財務準備，否則等不到春天的來臨，就宣告陣亡了。

常用的創造力技術：
1. 屬性列舉法（attribute listing）
2. 強迫關係術（forced relationships）
3. 結構分析法（morphological analysis）
4. 腦力激盪法（brain storming）
5. 逐步激盪術（synectics）

影響創新採納速度的產品特徵：
1. 複雜度
2. 相容性
3. 相對優點
4. 易感受性
5. 可嘗試性

創新漏斗研發標準程序：

針對新產品開發到上市的過程，制訂了一套SOP，名為「創新漏斗」（innovation funnel），透過「標準程序」來篩選創意，並且以「檢核指標」來確認可行性，提升新產品能受到顧客青睞的機率。

第一步驟主要由行銷企畫人員主導，目的是天馬行空地「發想創意」（idea），並對這些想法進行市場測試，了解消費者的接受度和市場潛能。

第二步驟，雙方一同確認是不是能將概念落實為具體的商品。在此階段，最重要的工作就是「可行性」的評估，以及創造出商品的具體雛形。

第三步驟是財務與供應鏈評估，目地在解決各種財務、生產等實際執行面的問題，包含材料、包裝、流程、成本等，主要由供應鏈與財務的同事進行。

第四步驟，思考「如何與消費者溝通」，並由行銷部門負責擬定廣告與行銷計畫，讓整個產品動起來，創造銷售佳績。

第五步驟，廣告行銷計畫都完整提出之後，整個專案小組還必須向老闆報告，過了這最後一關，產品才會正式上市，並且進入為期半年、考驗「產品成功與否」的觀察期，目的在檢視新產品是否達到預期的財務目標、觀察消費者的反應，並且視狀況檢討修正行銷策略。

附錄4　企業研發的基本概念

鄭建益

　　企業研發的基本概念即將產品朝向滿足顧客的需求，來達到追求企業利潤的目標。開發新產品刺激消費者嘗鮮慾望，藉由新產品吸引顧客嘗鮮，增加企業利潤。研發要發揮高度熱忱，滿足顧客需求。

　　潛在顧客在態度、喜好、價值觀等方面有相當的差異，所以在滿足顧客需求的研發概念上，除了SWOT分析外，還要以STP和4P來作思考展開。

1. S（Market Segmentation），市場區隔：

　　區隔具有某些同質性的顧客群，針對其需求來擬定產品行銷組合。確認不同顧客的需要，將其區分同質性的消費者群的過程，稱爲市場區隔（market segmentation）。市場區隔可以讓公司集中行銷力量。

　　主要有下列四種：

　(1)地理區隔（geographic segmentation）：

　　將人們根據所在的區位分成同質的群體。如立頓（Lipton）和雀巢（Nestle）在香港和美國市場生產不同種類的茶。

　(2)人口統計變數（demographic segmentation）：

　　以一些特徵如性別、年齡、所得、職業、教育來區分消費者群體，如冰鎮紅茶針對年齡15到25歲之間的市場。

　(3)心理變數（psychographic segmentation）：

　　依據個性或生活型態區分爲同質的群體。如上流人士在Tiffany's購物或只在美食餐廳用餐。

　(4)行爲變數（behavioral segmentation）：

　　依據產品或服務來區分消費者，都有高忠誠度的傾向，爲了維持忠誠度，通常對品牌名稱和商標進行促銷。

2. T（Target Market），目標市場：

　　目標市場是一群人有著相同欲望以及公司所認定潛在商品與服務的購買者。一種研發成功之食品或餐飲業產品，並無法滿足所有的消費者；再者，由於食品與餐飲之生命週期較短，故選擇特定目標市場必須愼重。

3. P（Positioning），**產品定位**：

　　是指消費者對某產品或品牌在某市場區隔中所處位置的認知。顧客看待市場現有產品或品牌；一旦廠商能掌握消費者的想法，可以堅持現有產品或重新加以定位。百事可樂將產品重新定位爲「新生代的選擇」。食品的種類繁多，然而每一種食品均可依其屬性（規格大小、品味等級）與其所對應的消費市場做適時適切的定位，以做後續最有利之行銷。

　　4P思考展開：

1. 產品（Product）：

　　塑造產品價值→傳遞產品價值→溝通產品價值→品牌價值

2. 價格（Price）：
   新產品訂價的策略，可分為兩種：1.吸脂訂價法、2.滲透訂價法。
3. 通路（Place）：
   評估通路，通常以經濟性、控制性、適應性三方來進行。
4. 促銷（Promotion）：
   促銷的四項工具：廣告、人力推銷、促銷及宣傳。
   研發的概念涵蓋三個基本理念：
1. 滿足顧客需求，創造更大需求：
   確實掌握消費者之需求，以創造更大需求。係一種強調顧客滿足的活動概念。
2. 以公司利益為目標，非單是銷售額：
   不僅要重視消費者的需求與企業本身利潤，尚須肩負起部分社會的責任。
3. 整合公司整體研發的力量，提高營運效益：
   運用企業識別系統，提高公司形象，營運效益與市場地位。
   企業研發的核心觀念：
1. 顧客認知價值：指顧客從購買產品與使用該產品所獲得的價值和購買該產品的成本，兩者之間的差值；成本包括金錢與非金錢。
2. 顧客滿意度：取決於顧客對該產品所認知的功能與其所期望的價值而定。指滿足顧客的需求和期望的程度。
   研發的核心目的乃在於運用有效的方法，以滿足買賣雙方的需求與目標。新產品研發基本概念展開作法：
1. 產品面：建立四品競爭觀念，從實驗室的藝術品、到現場的工業品、經工藝品走向藝術品。可靠度、再現性。
2. 市場面：有OEM、ODM、OBM、In House（廠中廠）外、追求category leader。
3. 技術面：運用策略聯盟、技術合作、引進技術提升服務作業及軟硬體技術。
4. 人才面：培養人才。
5. 基礎面：回歸原點，先求本、求行、再求新。
6. 方向面：做對事再做好事，work hard→work smart→work happy。
7. 領導者／跟隨者。
   樂觀者在任何困難中，會找到機會。悲觀者在任何機會中，會遇到困難。有夢想，就要讓它實現；有想法也要有方法。智慧者創造機會掌握機會；成功者找方法讓它實現。保守者等待機會漏失機會；失敗者找理由說藉口。
   競爭是社會的常態，開發富有創意與競爭力的新產品，才能脫穎而出，賦予產品力。獨到的眼光，良好執行力是創新的基本要件。沒有永遠的優勢，今日的成功，並不能保證明天繼續成功，有可能因此埋下明日的失敗；所以需要持續建構創意與競爭力。

附錄5　產品的研發切忌亂槍打鳥

陳勁初

　　食品之成品組成不外乎物料和原料，物料即為包材，與生產線密不可分，例如玻璃瓶、寶特瓶、鐵罐、鋁罐各不相同。以鋁箔包為例，因為設備高度自動化，配合UHT滅菌、冷卻無菌充填，一方面飲料受熱時間短（尤其相對於低酸性食品需經Autoclave）可得到較佳的口感，能耗少，操作連續方便，二方面在國外原廠技術指導下，不易有重大問題發生，故一時之間蔚成風尚，國內各家公司莫不投入，但市場競爭結果，目前所剩不多。其中一個原因是包材需在國外印刷，最低訂購量需要一個貨櫃或半個貨櫃，而一個包材費約3元左右，對於中小型公司或新品開發時，常常購買過多的包材，一旦銷售不如預期，則在包材有使用期限下，必須報廢。造成的損失，也都在千萬元以上，因為印紅茶的包材不可能使用來裝奶茶。反觀若是玻璃瓶或寶特瓶則較有彈性，只要更換一張標籤紙即可替代使用，標籤紙成本要低很多，所以在選用填充包裝設備需考慮長遠一點。

　　無獨有偶，在原料的選擇上，研發人員也需考慮原料的可替代性（第二來源）以及最小訂購量、交期等。其實也很容易推算生產一批（10t）需用多少量，最低訂購量若為五倍或三倍以上，在新品開發時，就應該考慮摒棄不用，因為新品銷售好壞不易掌握，一旦銷售不佳，多餘的原料即成呆料，最後過期報廢，一樣造成公司很大的損失。所以在研發階段即需與採購單位配合，確實做好把關的責任。

　　另外在飲料這種容易開發的產品上，在1990年代，國內上市的飲品一年可達1500支產品以上，隔年仍活躍於市的往往寥寥可數，所以成了賭博心態。大家都以亂槍打鳥做法，認為只要矇上一支，就可吃香喝辣一輩子。從不懂得珍惜研發人力，其結果當然是倉促成軍，粗製濫造。所以年復一年，公司的戰力虛耗，一些中小型公司首先不支倒地，而稍大型公司也從中習得教訓，開始慎重推出新品。有公司甚至總數管制，只有1支舊品下架，才能推出1支新品；而這個過程絕非無作為的空等，而是一次次的討論再討論，各部門的檢討再檢討，利潤費用精算再精算。即使這樣也未必保證產品能成功賺錢，但可立即看到虛擲浪費的節省。大公司都已經這樣做了，中小型公司更應在研發上更為謹慎才是。

　　保健食品若以膠囊包裝，供消費者吞服使用，更不必考慮口感問題，所以各大、中、小型廠商百家爭鳴的情形更為嚴重；甚至中、西藥商，化粧品商、通路商都介入搶奪，此證明在研發生產上沒有技術障礙，既然沒有障礙就沒有差異化，生產的產品是否能獲利？就如人飲水了。

附錄6　防腐劑懂不懂？

陳勁初

　　玻璃瓶裝飲料因為厚重，給人有質感，單價可以賣得較高，所以一直深受機能性產品的青睞，例如提神飲料、雞精、美容飲品等。雞精由於是屬於低酸性食品，需經高溫高壓滅菌（121℃、15min以上），故以鐵蓋為主，配合耐高溫襯裡，在滅菌工程上只需注意冷卻時玻璃溫差需小於30℃，以防爆裂，至於微生物問題因已達商業殺菌，不易造成銷售困擾。

　　但以長高型瓶身的機能性飲品，則常為鋁蓋，加上耐高溫底襯技術未臻完滿，故常以酸性飲料呈現，一般酸性飲料在pH 4.0以下時，細菌（耐熱性）較難生長（註：測試枯草菌產孢率時，常以80℃加熱以消除營養細胞）。故殺菌的對象應著重在可於酸性環境生長的黴菌或酵母菌，後者耐熱性低，但最耐熱的黴菌孢子可耐92℃、2min，故即使是酸性飲品仍需確保內溫達92℃才保險。惟因鋁蓋無法承受121℃高溫，因此大多以100℃熱水澆淋瓶身或浸泡來殺菌。但因隔水加熱，內溫要達92℃仍有其難度。

　　故過去業者均會求助於防腐劑的使用，依食品衛生法規範，可使用於非碳酸類酸性飲料者有已二烯酸、苯甲酸等，使用量上限為0.6g/kg，但附有一句「以酸計」。一般化學程度不強者常看不懂這三字的意義，在不求甚解，囫圇吞棗的情形下，就把市售購得知已二烯酸鉀或苯甲酸鈉依0.6g/kg之用量添加使用，再配合熱淋殺菌上市。結果就有某批10萬箱的飲料陸續傳回有懸浮物的客訴，挑出該懸浮物，從顯微鏡下即可見到清楚的菌絲，培養結果更證實是活的黴菌。後續的下架、回收、銷毀自不在話下，虧失幾千萬元。

　　檢討上述事件的原因：第一是研發人員專業能力不夠，「以酸計」的意思是0.6g以已二烯酸來計算，但市售賣的是已二烯酸鉀，在同樣0.6g情形下，分子量大的已二烯酸鉀所含的已二烯酸莫耳數或重量是不足的，自然不足以抑制因熱殺菌不足而殘活下來的黴菌孢子，慢慢的經過萌芽生長，就長成了懸浮態的菌絲。那麼品管單位未能及時發現又是何故呢？主要是黴菌孢子汙染並非那麼多，此可由事後發現並非每瓶皆有懸浮物而得知，例如每100瓶有1瓶，在銷售上是非常嚴重的事，但品管抽檢50瓶也未必能發現，另一問題是品管取樣培養，常只取1mL，可是若只1個孢子在100mL中，則能取中的機會亦只百分之一，所以需改以膜過濾培養的方式，才較有機會檢測出來。或者震盪培養增殖後再檢測。至於生產線若能把加熱溫度再拉高，當然亦可防止其發生。時至今日，由於消費意識抬頭，防腐劑三字被醜化，業界大抵已不再使用，改以熱加工取代。陳年往事，姑且為文記之，或許能有些許教育價值。

　　另外，「以酸計」也能應用來解釋為何在低酸性的豆乾製品常發生防腐劑過量的情形。因為能抑菌的酸皆屬於弱酸，亦即弱酸之解離度不佳，因此有部分以不帶電荷之酸型態存在，不似強酸完全解離，故全為離子態存在。而抑菌效果主要來自於未解離的酸分子。而解離程度又與pH相關，在$[H^+]$濃度高時解離度差，所以酸分子多，故抑菌力自然強，反觀於中性的豆乾中，解離度高，酸分子變少了，抑菌力不佳，廠家為求有效，自然就超量了。

附錄7　潤滑劑對食品汙染風險及防範之探討

施柱甫

1. 食品汙染來源

一般來說食品汙染主要來自三個方面：

(1)物理汙染：如粉塵、金屬磨屑、鐵鏽等。

(2)生物汙染：如細菌、微生物、蟲卵等。

(3)化學汙染：如潤滑劑、亞硝酸鹽及其他化學物質。而潤滑劑汙染是指生產設備運轉中，潤滑劑不可避免地與食品偶爾接觸，導致食品被潤滑劑汙染，潤滑劑汙染的途徑主要有壓縮空氣中的油霧、鏈條油滴落在食品上、齒輪油洩漏到食品中，液壓油或導熱油洩漏或噴射到食品中。

2. 不同產業設備潤滑劑造成的汙染

(1)飲料工廠：製瓶、製罐過程中，注塑機熱流道潤滑油、吹瓶機用的壓縮空氣用食品級壓縮機油、封罐機及封蓋機軸承潤滑脂甩落和利樂乳製品包裝設備潤滑脂汙染，都會造成食品汙染。

(2)速食麵工廠：和麵機、麵團壓延機軸承潤滑脂、輸送機鏈條油、熱風乾燥機高溫鏈條油等造成食品的汙染。

(3)烘焙：隧道爐中的高溫鏈條上的鏈條油在高溫下蒸發，冷卻後附著在食品上。

(4)屠宰場：剪頭液壓剪和去蹄剪等液壓油、懸鏈的鏈條油、導軌潤滑脂、去毛機軸承、開胸切割鋸會造成肉製品等汙染。

3. 食品級潤滑劑／工業級潤滑劑之區別

(1)食品級潤滑劑：礦物基礎油是高度加氫精製，除去了易氧化和非理想組成分，使用原料符合美國FDA21CFR的相關規定，另食品級潤滑劑添加抗菌劑，可有效抑制細菌和微生物的產生，防止潤滑劑分解、降解，導致食品二次汙染和交叉汙染。礦物白油型食品級潤滑劑基礎油中芳香烴和重金屬近似於零，由於幾乎不含芳香烴，因此其苯胺點高與密封件相容性好，可以有效防止潤滑油洩露。

(2)工業級潤滑劑：工業潤滑劑基礎油由於精製程度不夠，含有多達16種多環芳烴的致癌物，同時添加劑含有硫、磷、氯及重金屬等含有對人體有毒有害物質。

4. 食品級潤滑劑法規

食品級潤滑劑是指具有傳統潤滑劑功能，用於食品加工機械的專用潤滑劑。食品級潤滑劑最早是美國農業部（USDA）的食品安全檢驗局（FSIS）認證和批准。歐洲以國際通行的標準NSF International為標準。日本採取國際或NSF的標準為規範。臺灣沒有完善法規與監管體系，食品級潤滑劑的使用比例遠低於先進國家。中國相關國家標準定義則有GB 4853-94（食品級白油）、GB 12494-90（食品機械專用白油）、GB 15179-94（食品機械潤滑脂）、GB 23820（偶然與產品接觸的潤滑劑衛生要求）。

5. 食品汙染造成的影響

　　潤滑劑於加工過程汙染食品致造成消費者不適反應的情形有：(1)美國火腿肉遭受齒輪油汙染，消費者喉嚨疼痛；火雞肉遭受工業級潤滑劑汙染，消費者腸道不適症。(2) 1968年日本米糠油事件中毒症狀，生產中使用多氯聯苯作為脫臭時的熱媒體洩漏，導致汙染米糠油；1979年臺灣生產的米糠油，使用多氯聯苯作為傳熱介質自管路中洩漏發生汙染，導致嬰兒死亡率顯著高於一般人口。(3) 2014年中國山東學生疑似食物中毒，學生發生噁心、嘔吐、頭痛、腹痛等症狀，原因為學校和麵機齒輪箱機油洩漏到麵粉中。

6. 基礎油煉製流程

　　基礎油煉製方法有兩種：(1)傳統技術：溶劑精製、溶劑脫蠟、白土補充精製的分離製程。溶劑法技術成本低，產出的基礎油含有大量不飽和鍵。(2)現代技術：加氫補充精製、加氫處理、加氫降凝（裂化、異構化）的轉換過程。氫化法成本高，在過程中將碳氫化合物（烴）改造結構，以及更高的飽和率。

7. 基礎油的分類

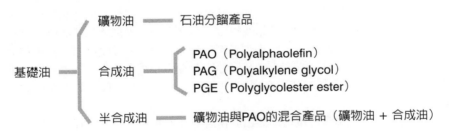

※合成油優勢：某些合成基礎油毒性非常低不會對人體造成傷害，可以做食品級潤滑劑，其特性為摩擦係數低、抗氧化性能好、優異的高低溫適應性能、更高的黏度指數（黏溫性能好）、閃點高。

8. 食品級潤滑劑使用的添加劑

添加劑名稱暨功能	分子式	化學名稱
消泡劑	SiO_2	二氧化矽
極壓抗磨劑	$C_{18}H_{15}O_3PS$	三苯基硫代磷酸酯
防腐劑	$C_7H_5NaO_2$	苯酸鈉
防腐劑	$C_{10}H_{17}O_4-Na$	葵二酸二鈉
黏附添加劑	PIB	聚丁烯
抗氧劑	Alkylated Diphenylamines	烷基二苯胺
抗磨劑	ZnO	氧化鋅

附錄8 新產品開發的問題點與研發成功的關鍵因素

鄭建益

新產品開發的問題點多半造成日後新產品的失敗，造成新產品失敗約有下列的主要問題點：

1. 政治法律環境的問題

指國家或國際間的政治制度、體制、方針政策、法律法規等方面。應該在決定新產品之前先查證政治制度、體制、方針政策、法律法規再決定。

2. 商標不合法

侵犯他人的商標或是商標登記被駁回，應該在決定命名之前先查證商標有沒有觸犯商標法再決定。

3. 產品創新不夠

新產品了無新意，應該篩選比較有創意的產品來開發，並請目標消費群來參與創意新產品的品評改善。

4. 通路進貨意願不高

通路不願進貨；應在新產品測試階段就與各通路商做協商測試調整，以保持良好關係。

5. 同業類似產品的競爭

同業快速的推出相同的類似產品競爭；此時應該建立自己的優勢並快速回應反擊競爭者。

6. 消費者喜好改變

在新產品設計上市之前應該隨時掌握市場與消費者喜好的變化。

7. 新產品非公司的本行

新產品非公司的本行以致生產行銷的能力不夠，所以應尋找適合公司的機會點與競爭優勢來結合較有成功機會。

8. 組織的問題

企業內部溝通不良或是產品的研發管理不善，致新產品上市的失敗；應該組織新產品發展委員會，來幫助各部門間的溝通，來防止新產品的失敗。

新產品想創造藍海商機，除了要有策略性思考之外，技術的應用亦相當的重要；要能符合消費者所有的需要（needs）、需求（wants）及期待（expectation）；同時，也要兼顧公司的需要；研發活動的成本必須是公司負擔得起的，合理的。

好的新產品策略想法往往簡單、清楚、易懂，成功的策略具有三個特性：

1. 合宜的：能配合企業的特點及特殊的環境。
2. 有效的：能超越競爭者的策略。
3. 可行的：必須是能夠執行的。

　　消費者覺得差異化是重要的且值得付出較高價格，產品或服務能吸引消費者並值得較高價格，成功的產品策略可分為五大類：

1. 改名：檸檬紅茶更名為冰鎮紅茶、寶礦力更名為寶礦力水得、中國鵝莓更名為奇異果。
2. 人格化：綠巨人、麥當勞叔叔。
3. 創造一個新的屬名：台灣鯛、玉荷苞、貴妃笑。
4. 品牌認知：貼上Zespri標籤的奇異果、貼上Dole標籤的鳳梨。
5. 重新歸類：豬肉（Pork）和豬（Pig）。

　　以市場的角度結合公司SWOT分析作成新產品方案矩陣：

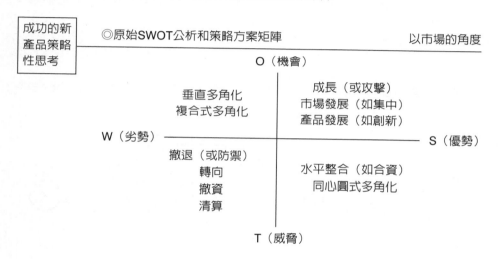

新產品研發的關鍵成功因素：

1. 了解並因應國家或國際間的政治制度、體制、方針政策、法律法規等方面。
2. 開發新產品時採用新產品發展委員會結構、設計適當地配合產品的特性。
3. 公司提供需要的資源以支援新產品發展，高階主管承諾給予實質的資源支持，並信守承諾。
4. 利用企業優勢核心能力和現有企業的事業及強處配合。
5. 設計可全球化產品，發展及目標市場都具有世界級的創新水準。
6. 以市場吸引力優先，採用選擇配合市場計畫及決定優先順序。
7. 新產品上市速度快，同時不犧牲產品的品質。
8. 優越的差異化的產品，可以提供顧客獨特的利潤及更高的顧客價值。

附錄9　研發工具的利用

鄭建益

1. 計畫評核術（Program Evaluation and Review Technique, PERT）

分析工作步驟可以歸納爲5個步驟。

(1)確定完成項目必須進行的每一項有意義的活動，完成每項活動都產生事件或結果。

(2)確定活動完成的先後次序。

(3)繪製活動流程從起點到終點的圖形，明確表示出每項活動及其它活動的關係，用圓圈表示事件，用箭線表示活動，結果得到一幅箭線流程圖，我們稱之爲PERT。

(4)估計和計算每項活動的完成時間。

(5)藉助包含活動時間估計10、6、14、……的網路圖，管理者能夠制定出包括每項活動開始和結束日期的全部項目的日程計畫。

在關鍵路線上沒有鬆弛時間，沿關鍵路線的任何延遲都直接延遲整個項目的完成期限。

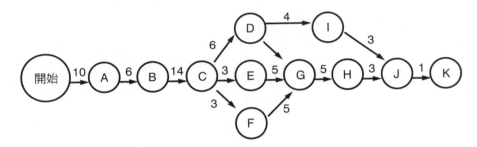

2. 甘特圖的運用

甘特圖（Gantt chart）由亨利・甘特所開發並得名，爲一長條圖（Bar chart）型式。

通常以橫軸表示時間，縱軸表示項目（要達成之分項任務），並以線條來表示在整個執行期間，各項目的計畫時程和實際的完成情況（表）。

可直接表現工作計畫的進行時機及實際進展與計畫的對比狀況。

工作內容	2019.1.	2019.2.	2019.3.	2019.4.	2019.5.	2019.6.	2019.7.	……	2019.12.

3.變異數分析（Analysis Of Variance, ANOVA）

變異數分析的主要功用在於它可檢定各不同的處理方式之影響作用是否有差異，亦即可檢定數個平均數是否相同的假設。

例如，某工廠實驗使用四種原料生產某成品，成品的特性是強力之大小，強力愈高愈好，今以單因子配置作實驗，取得的數據如下，請分析用何種原料最好？

	第一天	第二天	第三天	第四天	和	平均值
A1	57	54	58	56	225	56.25
A2	62	58	56	60	236	59.00
A3	51	52	50	50	203	50.75
A4	48	56	51	54	209	52..25

(1) $SS(T) = \sigma^2 \times N = \sigma^2 \times 16 = 237.94$
(2) $SS(A) = \sigma^2 \times N / L^2 = \sigma^2 \times 16 / 4^2 = 169.69$
(3) $SS(E) = SS(T) - SS(A) = 68.25$
(4) ANOVA

	SS	ϕ (df)	MS	F0
A	169.69	3	56.56	9.94**
E	68.25	12	5.69	
T	237.94	15		

因為9.94 > 5.95所以在冒險率1%下，不同原料對強力之大小有非常顯著差異。
(5)母平均差的檢定

D(0.05)= t(12,0.05) X root(2x5.69/4) =2.179X0.894=3.68
D(0.01)=t(12,0.01) X root(2x5.69/4) =3.055X0.894=5.15

	A1	A2	A3
A4	4.0*	6.75**	1.5
A3	5.5**	8.25**	
A2	2.75		

最佳的原料方式是A2，若A1比A2便宜，則最適的原料是A1。

4. 田口訊號雜音比（Signal-to-Noise，S/N比）

設計用來最佳化一產品或製程的穩健性。

S/N比習慣以η表示。η =10×$\log_{10}$（信號／雜音）

望目特性：η_{NTB} = 10×$\log_{10}$（Y^2／S^2）

望大特性：η_{LTB} = −10×$\log_{10}$（1/n $\sum$ 1／yi^2）

望小特性：η_{STB} = −10×$\log_{10}$（1/n $\sum$ yi^2）

NTB：目標值nominal-the-best，

LTB：larger-the-better

STB：smaller-the-better，

三種品質特性，若S/N比愈大，表示變異愈小。

附錄10　從研發原則找出關鍵參數 —— 實驗計畫法

李明清

　　以實驗的方法來決定設計的參數有下列四個方法：1.試誤法（trial-and-error）、2.一次一因子實驗法（one-factor-at-a-time experiments）、3.全因子實驗法（full-factorial experiments）、4.田口式直交表實驗法（Taguchis orthogonal arrays）。

　　試誤法無需任何資料分析，不是一種有系統性的方法，太過依賴個人經驗，有時候很有效率，但大部分的時候是沒有效率的，所累積的經驗常常是沒有系統的，所累積的經驗很難傳承給他人，就像砲兵射砲的方法一樣。

　　一次一因子實驗法其因子效應是在特定的條件下的計算值，換句話說，因子效應是在某種偏見（bias）下評估出來的，全因子直交表的使用，可以消除這種偏見。但是（七個變數二水準）全部做要128次實驗次數太多了。雖然全因子實驗法考慮了所有可能的因子排列組合，但是沒有效率，需要太多組實驗。

　　所謂直交表（orthogonal arrays）：每一行都是自我平衡（self-balanced），也就是每一行中各水準出現的頻率是相同的。而且每兩行間都是互相平衡的（mutual-balanced），即在某一行中，出現某水準的所有實驗組，在另外一行中，出現各水準的頻率是相同的。有這兩個特性的實驗計畫表稱為直交表。直交表的使用是實驗計畫法的有力工具。

　　要確認預測值的正確性唯一的方法是去做確認實驗，若實驗值和預測值夠接近的話，則我們可以認定假設是合理的。因子效應是可以疊加的，因子之間的交互作用是可忽略的，甚至我們可以認為因子效應的估計大致上是可靠的。

　　舉例說明，L8表（A、B、C等表示因子；做8次實驗；1及2表示因子的水準）

實驗次	A	B	C	D	E	F	G	不良率%
1	1	1	1	1	1	1	1	1.2
2	1	1	1	2	2	2	2	1.8
3	1	2	2	1	1	2	2	2.0
4	1	2	2	2	2	1	1	2.2
5	2	1	2	1	2	1	2	1.5
6	2	1	2	2	1	2	1	1.7
7	2	2	1	1	2	2	1	1.3
8	2	2	1	2	1	1	2	2.1

平均1.725

小博士解說

如果選擇A2、B1、C1、D1、E2、F2、G1做實驗，
則預測值不良率為 = 1.725 + (1.65 − 1.725) + (1.55 − 1.725) + (1.60 − 1.725) + (1.50 − 1.725) + (1.70 − 1.725) + (1.70 − 1.725) + (1.60 − 1.725) = 0.95

| Level 1 | 1.80 | 1.55 | 1.60 | 1.50 | 1.75 | 1.75 | 1.60 |
| Level 2 | 1.65 | 1.90 | 1.85 | 1.95 | 1.70 | 1.70 | 1.85 |

實驗計畫法執行步驟

1. 找一個急待解決的課題。
2. 集合公司內專家腦力激盪。
   (1)找出主要影響因子及兩個水準──A個因子。
   (2)互相影響因子組找出來──B個互相影響因子組。
3. 因子怕少不怕多及水準差距要足夠做第一次2水準實驗。

A + B < 7	選L8表	做第一次實驗
7 < A + B < 15	選L16表	做第一次實驗
15 < A + B	選L32表	做第一次實驗

4. 做ANOVA分析
   在F檢定中找出
   顯著（冒險率5%）及非常顯著（冒險率1%）之影響因子
   依照大小排列
   選取累積占比70%以上的最大4個以內的因子
   做第二次3水準實驗
5. 選擇此因子在第一次2水準實驗時的較佳水準附近，選取三個水準來做第二次實驗。
6. 類似步驟2
   (1)主要影響因子及3個水準──A個因子
   (2)互相影響因子組找出來──B個互相影響因子組
7. 因子少及3水準

   | A + 2B < 4 | 選L9表 | 做第二次實驗 |
   | 4 < A + B | 選L27表 | 做第二次實驗 |

8. 希望沒有顯著因子出現，則所選取的水準都可以使用。
9. 如果出現顯著因子，則做LSD（Least Significant Difference）test，選取小於LSD之水準來使用。
10. 預估最適水準之下的品質特性值。
11. 做再現性確認試驗。
    核對品質特性值是否與預估接近，接近則成功OK。
12. 如果失敗也許是沒有找到關鍵因子或者水準間距太小所致，回到步驟2重新開始（實驗樣本留存）。

＋知識補充站

1. 實驗計畫法是利用統計方法來解決問題，嚴謹又複雜但卻是個可行之方法。
2. 即使只做到步驟3能把主要影響因子找出來，就已經解決80%的問題了。

附錄11　從技術語言找出研發原則 ── 萃思（TRIZ）入門

李明清

　　俄文翻譯為發明家式的解決任務理論，用英語標音可讀為Teoriya Resheniya Izobreatatelskikh Zadatch，縮寫為TRIZ。英文的說法是Theory of Inventive Problem Solving（TIPS），可翻譯為發明式的問題解決理論，也有人縮寫為TIPS。TRIZ，中文翻譯為「萃思」，取其「萃取思考」之義。是由前蘇俄發明家根里奇·阿奇舒勒（Genrich Altshuller）及其研究團隊從1946年開始，分析超過二十萬件專利所歸納出的系統性之創新方法。根據統計，研發人員所面對的大多數問題其實已經於其他地方被解決過；因此，若能熟悉TRIZ創新發明原理，就可以幫助研發人員大幅縮短解決問題的時間，其關鍵是從技術語言中找出欲提升與相對惡化的工程參數。

技術矛盾的39個工程參數

TRIZ 39個工程參數		
1.移動件重量	14.強度	27.可靠度
2.固定件重量	15.移動物件耐久性	28.量測精確度
3.移動件長度	16.固定物件耐久性	29.製造精確度
4.固定件長度	17.溫度	30.物體上有害因素
5.移動件面積	18.亮度	31.有害側效應
6.固定件面積	19.移動件消耗能量	32.製造性
7.移動件體積	20.固定件消耗能量	33.使用方便性
8.固定件體積	21.動力	34.可修理性
9.速度	22.能源浪費	35.適合性
10.力量	23.物質浪費	36.裝置複雜性
11.張力，壓力	24.資訊喪失	37.控制複雜性
12.形狀	25.時間浪費	38.自動化程度
13.物體穩定性	26.物料數量	39.生產性

　　完整的矛盾矩陣表（可以上網查到）以39個參數構成39×39的矩陣表。矩陣表中，上面的欄位是變壞的工程參數，左邊欄位是需要改善的工程參數。中間交叉欄位內的數字則是40個發明原則的編號。發明原則有很多案例可以參考來引導研發人員快速地找出有效的技術問題解決方案，大幅縮短解決問題的時間。

小博士解說

TRIZ是研發之前，當顧客的聲音轉變為技術語言之後，可以把它轉為有關的工程的參數，然後把參數分為有利及不利兩群，帶入矩陣圖中就能找到對應的發明原理。最後確認各個發明原理是否適合本研發來使用。以食品業範例第21項創新法則 ── 快速作用：殺菌溫度高有利於殺菌效果，但是能量及物質損失會加大，以工程參數(17)vs(22及23)得到創新法則(17,21,35,38)、(21,29,31,36)。
經討論之後得到：牛奶的快速高溫殺菌方法。

從技術語言找出研發原則 —— 萃思（TRIZ）入門矛盾矩陣表

欲提升之工程參數 ＼ 惡化之工程參數	1.移動件重量	2.固定件重量	…～…	39.生產性
1.移動件重量	(0)		…	35, 3, 24, 37
2.固定件重量		(0)	…	1, 28, 15, 35
…～…	…	…	(0)	…
39.生產性	35, 26, 24, 37	28, 27, 15, 3	…	(0)

40個發明原則

TRIZ 40個創新法則

1.分割	14.曲度	27.拋棄式
2.分離	15.動態性	28.替換場系統
3.局部品質	16.不足／過多作用	29.氣壓或液壓
4.非對稱性	17.移至新的空間	30.彈性膜／薄膜
5.組合／合併	18.機械振動	31.多孔材料
6.通用／普遍性	19.週期性動作	32.改變顏色
7.套疊	20.連續有用動作	33.同質性
8.平衡力	21.快速作用	34.拋棄再生
9.預先反作用	22.轉有害變有利	35.參數改變
10.預先作作	23.回饋	36.相變化
11.事先預防	24.中介物	37.熱膨脹
12.等位性	25.自助	38.強氧化劑
13.逆轉	26.複製	39.鈍性環境
		40.複合材料

✚ 知識補充站

舉例說明：

1. 以下列的句型將目前的特定問題模式化（假如—則—但是）。假如我們採取m手段，則參數a可以改善，但是參數b會惡化。
2. 例如我們想設計一台載的多又省油的車子，假如擴大空間則體積可增加但是重量也會增加對省油不利。由左邊的7.移動件體積，與上面的1.移動件重量，交叉看到2、26、29、40四個發明原則。經盤點之後發現40.複合材料也許可以滿足所需。則從複合材料來規劃所需。

附錄12　製程、配方與品質最佳化研究1：配方及製程條件設定（案例：奶茶飲料）

邵隆志

產品研究開發，依據「產品概念」之功能及品質的描述，並兼顧運輸、保存及價格等因素來規劃產品。制訂實驗計畫進行實驗，探討配方中的原料及用量，加工條件及品質管制規格等。

初期原料篩選、配方試製及製程設定要探討的因子很多，實驗探討大都使用每次一因子或二因子，適時應用統計及繪圖軟體來協助研判實驗結果。

案例：以奶茶飲料為例，因不是茶口味調味乳，所以乳感不能太重，用奶精表現清爽，搭配少量乳粉提高口感。配方：紅茶抽出液、全脂乳粉、奶精粉及砂糖等原料。關鍵因子有茶葉種類、茶抽出時間及溫度、配方原料、配方比例及加工條件。

1. 一因子探討實驗（茶葉浸泡時間實驗）

先選用一種風味較好的紅茶茶葉為原料，先行實驗測試茶葉浸泡條件：浸漬水為茶葉重量10倍的80℃熱水，探討茶葉5～30分鐘的浸泡時間。

(1)因子：浸泡時間。

(2)水準：實驗點5、10、15、20、25、30分（每單位5分鐘）。

(3)品評方法：風味之官能品評（1～9分評分法，接受性愈高得分愈高），品評員4人。

(4)實驗結果

品評員歷次品評得分記錄於表1，以Excel繪圖繪出一次、二次圖形（圖1）。

① 一次迴歸方程式：$y = 3.1167 + 0.1743x$（$R^2 = 0.478$），圖1.中各組之實驗點與直線距離偏離很大。

② 二次迴歸方程式（曲線圖）：$y = -2.175 + 0.968x - 0.0227x^2$，其$R^2 = 0.91$，圖1中曲線與實驗點差距變小。

③ 結論：浸泡20分為反應曲線最高點，浸泡時間超過會有浸泡過度而風味不佳。

2. 二因子探討實驗（探討紅茶抽出液、奶精粉二種原料最適配方用量）

使用紅茶抽出液（依前面實驗結果以：紅茶茶葉10倍的80℃熱水浸泡20分鐘取出茶抽出液備用）、砂糖、全脂乳粉及奶精粉等為原料。優先探討茶抽出液、奶精粉二原料的配方用量，將砂糖、全脂乳粉等原料及調配製程設為固定因子，調製奶茶飲料樣品，品評測試找出最適配比。

(1)因子：紅茶抽出液用量（x_1）、奶精粉用量（x_2）

(2)水準：紅茶抽出液用量（x_1）：50、55、60、65、70、75、80 g/100g，每單位5 g/100g。

奶精粉用量（x_2）：3.0、3.5、4.0、4.5、5.0、5.5、6.0 g/100g，每單位0.5

g/100g。

(3)實驗樣品調製：依表2實驗配置表進行調製實驗，共調配$7^2 = 49$個實驗樣品數。

(4)品質評鑑：風味接受性品評，5人品評（1～9分評分法，接受性愈高得分愈高）。

(5)結果與討論：

　①由實驗品評得分之平均值記錄於表2。

　②表2中茶抽出液65～70 g/100g與奶精粉5.5～6.0 g/100g範圍得分7以上。

表1　紅茶茶葉以10倍之80°C熱水浸泡試驗時間對風味接受性影響品評得分表

組別	A_1	A_2	A_3	A_4	A_5	A_6
浸泡時間（分）	5分	10分	15分	20分	25分	30分
1	2	5	8	7	7	7
重複次數2	1	5	7	8	8	7
（品評得分）3	2	7	7	8	7	7
4	2	6	8	8	8	6

圖1　紅茶茶葉10倍之80°C熱水浸泡試驗時間對風味接受性影響品評得分曲線圖

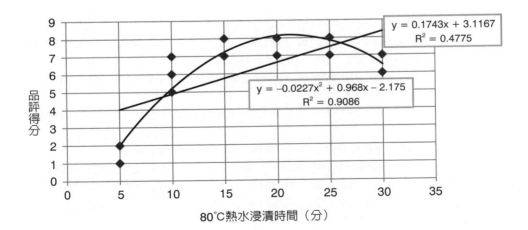

表2　奶茶飲料配方中茶抽出液用量（x_1）、奶精粉用量（x_2）對風味影響品評得分表

x_2＼x_1 品評得分	茶抽出液（g/100g）						
	50	55	60	65	70	75	80
6.0	3.5	5.0	6.8	7.6	7.8	6.2	4.9
5.5	2.5	4.5	6.3	7.1	6.9	6.2	4.8
5.0	2.5	4.6	6.2	6.8	6.6	6.0	4.3
4.5	2.2	4.1	6.0	6.6	6.3	5.8	4.2
4.0	2.0	3.8	5.8	6.5	6.3	5.5	4.0
3.5	2	3.4	5	6.2	6.4	5.2	3
3	2	3.6	4.5	6	6	6.5	3.5

（奶精粉用量 g/100g）

③若實驗結果使用電腦之迴歸軟體運算及軟體繪圖更方便看出實驗範圍內x1、x2相互影響的走勢，同時借此案例描述立體圖及等高線圖用於實驗結果的數據研判。

　　A.統計迴歸軟體運算得到二元二次迴歸方程式

$$y = 6.486 + 0.679x_1 + 0.473x_2 - 1.5038x_1^2 - 0.041x_1x_2 + 0.109x_2^2$$

　　　（$R^2 = 0.958$）。

　　B.以繪圖軟體繪製曲面立體圖（圖2），因子x_1、x_2分別放在立方體圖座標X軸及Y軸，y為品評得分安排在立體座標的縱軸Z。圖2底部曲線為等高線圖（Contour Plot），是曲面圖的投影，投影曲線上標示數值為品評得分。

　　C.等高線圖（圖3），能一目了然看出反應變數y對x_1、x_2變數相互關係，圖形中紅茶液用量（x_1）65～70 g/100g，奶精粉使用量（x_2）5.5～6.0 g/100g為佳。

(6)結論：表3奶茶飲料風味品評得分表、圖3茶飲料奶風味等高線圖，兩者最佳範圍都在：紅茶液用量（x_1）65～70 g/100g，奶精粉使用量（x_2）5.5～6.0 g/100g。

(7)後續實驗：

　　①得到以上初步結果，在這基礎上進行紅茶茶葉種類的篩選：茶抽出用水量、抽出時間、抽出溫度試驗。

　　②試驗茶汁、奶精粉、全脂乳粉、砂糖等配方原料及用量，完成配方試製實驗。

　　③制訂產品製程及品質管制規格。

3.多個因子探討（採用實驗設計法）：

(1)一次探討二以上因子時，實驗組數（水準點數^{因子數}），由於因子數與水準數增

加，實驗組數會大量增加。一次探討多個因子，爲減少實驗組數可採用因子設計（Factorial Design）。更可進一步考慮使用RSM實驗設計法或田口實驗設計法。

(2)RSM實驗設計法（Response Surface Methodology，反應曲面法）實驗設計點使用編碼變數x_1、x_2、…，水準+1、0、−1，方便做因子與水準之實驗設計點組成，再依設計點的水準，轉換成實驗值進行實驗。

(3)設計點之水準轉換成實驗值方法：

奶茶飲料實驗爲例，若欲試驗範圍紅茶抽出茶液65～75 g/100g與奶精粉用量5.0～6.0 g/100g。三水準+1、0、−1，範圍內−1爲最小值，+1最大值。

x_1（茶抽出茶液）：−1爲65 g/100g；+1爲75 g/100g；0爲70 g/100g（每單位10 g/100g）。

x_2（奶精粉）：−1爲5.0 g /100g；+1爲6.0 g /100g；0爲5.5 g/100g（每單位0.5 g/100g）。

下一篇「RSM手法開發高纖水果蒟蒻果凍」的三個因子RSM實驗爲案例，以說明三因子的配置法則。下篇RSM三因子實驗主要在說明RSM實驗設計之因子、水準分布法則及實驗完成後的結果樣貌。

圖2　奶茶飲料配方中茶抽出液用量（x_1）、奶精粉用量（x_2）對風味影響曲面圖

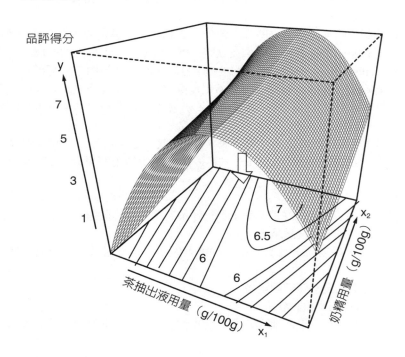

圖3　奶茶飲料配方中茶抽出液用量（x₁）、奶精粉用量（x₂）對風味影響等高線圖

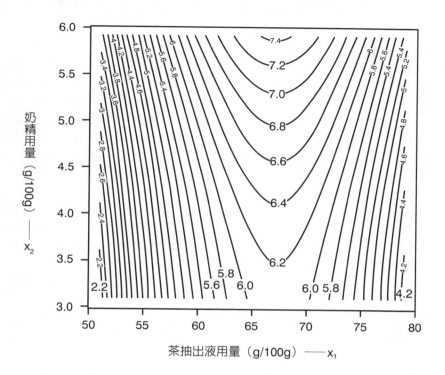

附錄13 製程、配方與品質最佳化研究2： RSM反應曲面技術三因子實驗 邵隆志

1. RSM反應曲面法（Response Surface Methodology）簡介

(1) RSM實驗設計是一種實驗工具，應用最少的實驗數目，探討二個或多個因子，找出實驗範圍內的最適值。RSM實驗設計是用數學、統計來規劃出實驗模組。因子使用編碼變數x_1、x_2、x_3…，水準值以+1、−1、0表示，來做實驗設計點分布。依實驗點，進行實驗求反應值。再用統計及繪圖，判讀找出適當實驗條件組合。RSM有數種設計，較常用CCD（Centeral Composite Design，中央合成實驗設計）及BBD（Box-Behnken Design）二種實驗模式，兩者間實計驗設計點分布略有不同，以下CCD的實驗設計法使用於工業研究為案例做說明。

(2) CCD（中央合成實驗設計）的三因子實驗法：

① CCD一階實驗：角點為2^K因子設計，三因子（±1，±1，±1）2^3共8點，再加上中心點(0，0，0)，組成RSM一階實驗，實驗點分布如圖1，中心點重複4次做純誤差項，成為一階實驗如表1. No1～12共12組實驗。一階實驗經檢定要進入下階段實驗時，接著進行二階實驗。

② CCD二階實驗：RSM二階模式如圖2，由中心點往外延伸±α的距離，共6個軸點，RSM二階實驗組列表於表1. No 13～20，共8個實驗點。

③ 20組實驗結果，以電腦RSM軟體程式運算得三元二次方程式，方程式以繪圖軟體繪製曲面圖及等高線圖，綜合判斷求最適配方及製程條件組合。

2. 案例

以研發「高纖水果蒟蒻果凍」做為案例，來介紹CCD（中央合成實驗設計）。本篇將RSM實驗分成五個步驟，依照步驟操作即可完成RSM實驗。以下案例主要在介紹RSM實驗之樣貌，並附實驗操作過程提供參考。

(1) 開發含纖維概念的高纖維蒟蒻水果果凍，配方適度使用蒟蒻粉賦予蒟蒻咬感，來表現果凍口感具有纖維健康述求的高級感。

(2) 首先使用一次一因子、一次二因子實驗，調製蒟蒻果凍樣品，探討果凍配方中果凍凝膠原料與蒟蒻粉配比及使用量，找出適度賦予蒟蒻口感的膠體配方，經開發會議確認後，以此樣品的蒟蒻口感強度做標準。

(3) 蒟蒻感相關的膠體原料（蒟蒻複合膠）設為固定因子，使用RSM之CCD實驗法探討果凍膠體中三種主要原料：鹿角菜膠、刺槐豆膠、磷酸鉀最適配方比例。

(4) 本案例避免解說過度繁瑣，將CCD一階及二階合併做說明。

Step1. 因子及水準設定

1-1　因子：鹿角菜膠（x_1）、刺槐豆膠（x_2）、磷酸鉀（x_3）。

1-2　水準：x_1 0.2～0.4 g/100g；x_2 0.6～0.8 g/100g；x_3 0.12～0.18 g/100g。

Step2. 實驗安排

2-1　實驗組構成：

① 一階實驗設計：x_1水準-1，鹿角菜膠之實驗值為0.2 g/100g；水準$+1$為0.4 g/100g，中心點（0）為0.3g/100g，將實驗值填於表1相對應的實驗條件欄位，x_2、x_3亦同，完成表1之一階實驗12個實驗組。

圖1　三因子CCD一階實驗之角點、中心點分布圖　　圖2　三因子CCD二階實驗軸點分布圖

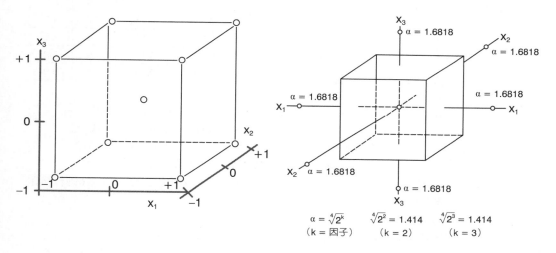

$$\alpha = \sqrt[4]{2^k} \qquad \sqrt[4]{2^2} = 1.414 \qquad \sqrt[4]{2^3} = 1.414$$
（k = 因子）　　（k = 2）　　（k = 3）

表1　CCD實驗設計一階、二階實驗構成及實驗結果表

| 階次 | NO | CCD設計點（編碼變數） | | | 實驗條件 | | | 實驗結果 | |
		x_1	x_2	x_3	鹿角菜膠 (g/100g)	刺槐菜膠 (g/100g)	磷酸鉀 (g/100g)	組織 接受性	蒟蒻感 適性
一階實驗	1	-1	-1	-1	0.20	0.60	0.12	2.5	2.8
	2	1	-1	-1	0.40	0.60	0.12	6.1	4.1
	3	-1	1	-1	0.20	0.80	0.12	5.9	4.5
	4	1	1	-1	0.40	0.80	0.12	4.6	6.6
	5	-1	-1	1	0.20	0.60	0.18	4.3	3.3
	6	1	-1	1	0.40	0.60	0.18	3.5	4.6
	7	-1	1	1	0.20	0.80	0.18	5.3	5.0
	8	1	1	1	0.40	0.80	0.18	2.9	6.7
	9	0	0	0	0.30	0.70	0.15	7.9	5.6
	10	0	0	0	0.30	0.70	0.15	7.8	4.9

階次	NO	CCD設計點（編碼變數）			實驗條件			實驗結果	
		x_1	x_2	x_3	鹿角菜膠 （g/100g）	刺槐菜膠 （g/100g）	磷酸鉀 （g/100g）	組織 接受性	蒟蒻感 適性
一階實驗	11	0	0	0	0.30	0.70	0.15	7.1	5.3
	12	0	0	0	0.30	0.70	0.15	7.7	5.8
	13	0	0	0	0.30	0.70	0.15	7.8	5.4
	14	0	0	0	0.30	0.70	0.15	7.3	5.8
	15	−1.6818	0	0	0.13	0.70	0.15	3.3	4.2
	16	1.6818	0	0	0.47	0.70	0.15	4.6	6.3
	17	0	−1.6818	0	0.30	0.53	0.15	2.7	4.8
	18	0	1.6818	0	0.30	0.87	0.15	4.6	6.2
	19	0	0	−1.6818	0.30	0.70	0.10	4.9	5.2
	20	0	0	1.6818	0.30	0.70	0.20	6.6	5.9

② 二階實驗設計：軸點α = ±1.6818原料用量計算，如表1中x_1鹿角茱膠實驗配方用量−1為0.2 g/100g、+1為0.4 g/100g、0為0.3 g/100g（每一單位0.1 g/100g）。

No.15 x_1 -1.6818實驗值計算式0.3g/100g + (−1.6818)* 0.1 g/100g = 0.1318。

No.16～20之實驗值計算同上，共6個點，加上2中心點，合計8組實驗。

2-2 實驗程序：20組實驗，實驗安排採隨機次序，並將中心點（0）之6個重複組分散在實驗中。

2-3 品質評鑑方法：11人品評。

① 組織接受性：採9分法，做口感官能品評，品評分數愈高接受性愈佳。

② 蒟蒻口感適性：採1～9分品評。依開發會議通過樣品為標準品，標準品之膠本體蒟蒻口感強度設為5分。樣品與標準品品評比較，樣品蒟蒻強度比標準品強得分比5分高，愈弱得分愈低。

Step3. 依計畫進行實驗

樣品調製時20個實驗組，依隨機次序進行實驗。實驗樣品，品評所得分數平均值記錄於表1實驗結果欄。

Step4. 電腦統計及迴歸運算（使用R語言編寫之RSM程式）

4-1 組織接受性

$$y_1 = 7.760 + 0.094x_1 + 0.402x_2 - 0.018x_3 - 1.320x_1^2 - 1.427x_2^2 - 0.685x_3^2 - 0.813x_1x_2 - 0.688x_1x_3 - 0.190x_2x_3$$

4-2 蒟蒻口感適性

$$y_2 = 5.490 + 0.727x_1 + 0.758x_2 + 0.203x_3 - 0.230x_1^2 - 0.143x_2^2 - 0.125x_3^2 + 0.150x_1x_2 - 0.050x_1x_3 - 0.050x_2x_3$$

Step5. 電腦繪圖及判讀

5-1 若三因子RSM反應曲面法在繪圖時，三個因子x_1、x_2、x_3其中的一個因子要設定為0為，將反應值y（品評得分）放在座標Z軸，另二個因子分別方放在X

軸、Y軸。例如組織接受性方程式，將x_3磷酸鉀定為0，方程式化成$y = 7.760 + 0.094x_1 + 0.402x_2 - 1.320x_1^2 - 1.427x_2^2 - 0.813x_1x_2$，繪圖用的方程式為$Z = 7.760 + 0.094X + 0.402Y - 1.320X^2 - 1.427Y^2 - 0.813XY$，依方程式繪等高線圖（圖3），探討$x_1$鹿角菜膠、$x_2$刺槐豆膠間的關係。$x_2 = 0$、$x_1 = 0$等高線圖繪製同上。

5-2 等高線圖形判讀（組織接受性及蒟蒻口感適性等高線疊圖3、4、5）。

① $x_3 = 0$探討鹿角菜膠、刺槐豆膠間相互關係（圖3），兩圖重疊判讀，在中心點附近組織口感接受性得分高，組織接受性圖形中心附近蒟蒻口感適性值5.5分。圖中x_1、x_2左下角往右上角呈45度角移動。

② $x_2 = 0$探討x_1鹿角菜膠、x_3磷酸鉀（圖4）及$x_1 = 0$探討x_2刺槐豆膠、x_3磷酸鉀（圖5），圖4、5組織接受性得分7.5的範圍，兩者都在中心點附近。蒟蒻口感適性x_1、x_2都呈近90度往右移動，表示鉀鹽（x_3）對蒟蒻強度影響小。於重疊處組織接受性7.5分範圍內蒟蒻口感適性5.5分（稍高）。

(5)結論：因子x_1、x_2、x_3中心點組織接受性最高，換算原料用量為，x_1 0.3 g/100g、x_2 0.7 g/100g、x_3 0.15 g/100g。接受性得分7.5分範圍內，蒟蒻口感適性5.5分，但已接近期望值5.0分。後續實驗可將蒟蒻複合膠配方中的蒟蒻粉用量降低，以降低果凍口感的蒟蒻強度。

圖3　高纖蒟蒻水果果凍$x_3 = 0$組織接受性及蒟蒻口感適性等高線疊圖

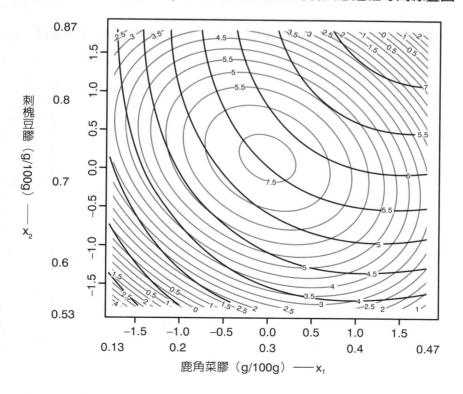

圖4　高纖蒟蒻水果果凍$x_2 = 0$組織接受性及蒟蒻口感適性等高線疊圖

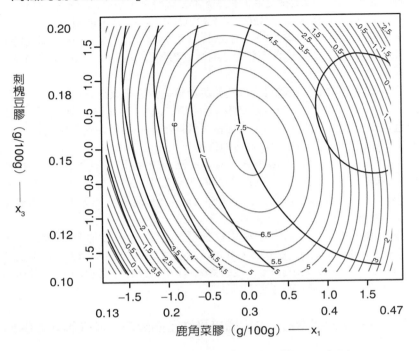

圖5　高纖蒟蒻水果果凍$x_1 = 0$組織接受性及蒟蒻口感適性等高線疊圖

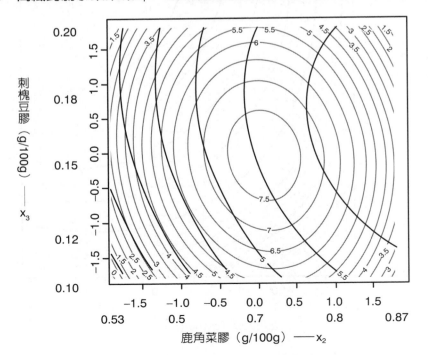

附錄14　製程、配方與品質最佳化研究3：二因子RSM陡升坡實驗

邵隆志

1. RSM二因子（含陡升法）實驗設計簡介

RSM（反應曲面法）是逐次程序（sequential procedure）的實驗工具，中央合成實驗設計（CCD）其通則為先執行RSM一階實驗，經檢驗模型配適性，認為要進入二階，再做二階實驗，實驗結果以RSM軟體運算得到二次方程式。

實驗常為一未知的狀況，開始時實驗範圍可能離目標範圍很遠（圖1、2），經CCD一階實驗，探討模型配適性，若實驗有最佳點離實驗範圍很遠，需進行陡升實驗，以最少實驗次數到達最高點。再以此點為新原點規劃CCD一階實驗，經實驗確認已在最高點附近，接著做二階實驗。若尚未符合，以此點為原點，再行CCD陡升實驗，直到實驗點已在最高點附近。

以下RSM陡升坡實驗法之案例，為方便說明以一模擬的二元二次迴歸方程式來建構曲面及等高線模型圖（圖1、2）成為一已知系統，在系統圖上進行模擬實驗，並將模擬實驗水準值擴大，更可清楚看出最適實驗條件如何選擇。

2. 案例：
假設一原料工廠當時產品生產之製程條件：時間50分鐘、溫度60℃，其產品收率45%（圖1、2），用RSM中的CCD方法做收率提高實驗。

Step 1. 原點之一階實驗

現況為原點，實驗設計點的因子、水準之實驗範圍如圖1系統圖左下四方格。

(1) 因子：x_1加熱時間；x_2加熱溫度。

(2) 水準：原點為中心點0（50分鐘，60℃）（圖1），水準0、-1、$+1$，x_1一單位10分鐘，時間40分、50分、60分；x_2一單位5℃，溫度55℃、60℃、65℃。

(3) 實驗設計點安排

依圖1之左下四方格範圍繪製成圖3之CCD一階實驗點分布圖，表1編碼變數x_1、x_2水準對應圖3的時間、溫度，將其登錄於實驗條件的欄位中。本例題中心點實驗重覆5次做純誤差項，實驗組數共9組。

Step 2. 進行實驗及一階模型分析

(1) RSM一階實驗

實驗數據來源：實驗組數9組，依圖1等高線圖左下角區域，曲線線條標示值做為實驗值，登錄於表1實驗結果。

(2) 原點CCD一階分析：

① 經RSM計算軟體運算，同時得到二元一次迴歸方程式及ANOVA變方分析（ANOVA做模型檢定用，說明略）。

② 迴歸方程式：$y = 44.76 + 4.58x_1 + 4.03x_2$

③ 方程式中一次方程式之係數b_1、b_2相當大，表示起始點離最高點相當遠，圖1中x_1、x_2同時上升1單位，收率提高8.5%。

④ 由圖1、2模型圖同時看出，此實驗區域座落在脊背上，上坡之坡度相當陡。

圖1 RSM陡升法之實驗模擬系統等高線圖

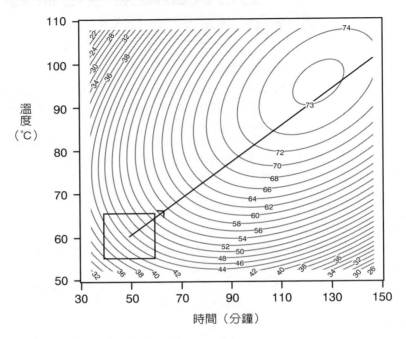

圖2 RSM陡升法之實驗模擬系統曲面圖

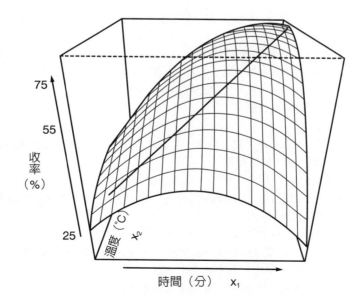

圖3　CCD一階實驗點分布圖

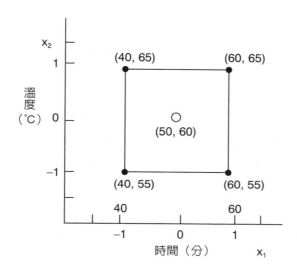

表1　CCD一階設計點實驗組合及實驗結果表

No.	編碼變數		製程變數		反應值
	X_1	X_2	時間（分）	溫度（℃）	y收率（%）
1	−1	−1	40	55	35.8
2	1	−1	60	55	43.9
3	−1	1	40	65	42.8
4	1	1	60	65	53.0
5	0	0	50	60	45.7
6	0	0	50	60	45.7
7	0	0	50	60	45.3
8	0	0	50	60	45.0
9	0	0	50	60	45.6

Step 3. 陡升坡（stepest ascent）路徑實驗

(1) 最陡上升方向預測

以二元一次方程式$y = 44.76 + 4.58x_1 + 4.03x_2$，係數4.58 > 4.03，所以$x_1$設為1單位，$x_1$上升1單位對應$x_2$成0.90單位4.03/4.58 = 0.9（圖4左下）。

(2)陡上升路徑安排（表2 CCD陡上升逐次實驗設計及實驗結果表）

①x_1上升1單位（1△）爲10分鐘，則x_2上升0.9△爲5℃×0.9 = 4.5℃。

②因方程式之b_1、b_2相當大，所以每次實驗以2單位（2△）進行實驗，2△實驗值間距x_1 = 20分鐘，x_2 = 9℃。

③RSM之CCD陡上升設計爲逐次實驗，每次只做一個實驗點，如表2。

(3)陡上升坡實驗及實驗結果：

①逐次移動，在第四次（No.4）有一最高點76%。

②以No.4（時間130分鐘、溫度96℃）爲新原點重新規劃CCD一階實驗，以了解此點是否在系統最高點附近。

Step 4. 新原點重新出發之CCD實驗

(1)新原點CCD一階實驗設計

角點（±1，±1）設計點於表4之No.1～4。中心點0設爲130分、95℃，一單位x_1 10分鐘；x_2仍以5℃爲一單位。實驗範圍x_1 120分～140分；x_2 90～100℃，中心點重複4次，如表4一階實驗共8組。

(2)CCD一階實驗及結果判讀

①進行一階實驗，結果如表4.中No.1～8之收率(y)，以RSM計算軟體運算。

②求得二元一次方程式y = 76.11 – 0.55x_1 + 0.65x_2，係數–0.55、+0.65明顯減小，且新原點爲表3陡升最高收率（No.4）76%，進入二階實驗以探討二階曲面樣貌。

(3)CCD二階實驗操作及RSM實驗結果：

①二階軸點（中心點往外延伸1.414個單位）如圖5，x_1軸點計算：時間–1.414實驗值爲130分 + (–1.414)*10分 = 116分，其他各點亦同。圖5.軸點實驗值依對應放於表3.No.10～13，加1個中心點No.9，組成CCD二階設計點。

②二階No.9～13實驗結果，再加上一階No.1～8實驗結果共得到13個反應值。

Step 5. 實驗結果繪圖及判讀

(1)迴歸運算得二元二次方程式y = 75.99 – 0.664x_1 + 0.714x_2 – 0.422x_1^2 – 0.266x_2^2 + 0.200x_1x_2。

(2)方程式繪圖如圖6，圖左上角(–0.5，+1.2)的座標位置收率76.6%，對應等高線圖上操作條件約爲125分鐘、101℃。

3. 結論：

RSM實驗以最經濟實驗組數得到最佳值，在工業研究上是一種很好的實驗工具，可探討因子和因子間的相關性及最佳實驗條件組合，應用繪圖圖形以方便找到最適當做爲工業生產用的生產條件（實驗最高點不一定是最適點），如案例，加熱時間116～125分鐘溫度於98～103℃可得較高收率（76.5%以上），但圖6在同一操作時間範圍（116～125分鐘）內，加熱溫度於88℃時對應收率75%，溫度增加10℃換得收率不到2%，成本效用是否值得，且設備等相關是否有困難也要考慮，所以可以再用一次以85℃爲中心點做RSM實驗，以選出最適當之操作條件。

表2　CCD陡上升逐次實驗設計及實驗結果表

No.	陡升路徑	編碼變數		製程變數		反應值
		X_1	X_2	時間（分）	溫度（℃）	y收率（%）
	單位（1Δ）	1	0.9	10	4.5	–
	起始點（原點）	0	0	50	60	45%
1	原點 + 2Δ	2	1.8	70	69	58%
2	原點 + 4Δ	4	3.6	90	78	68%
3	原點 + 6Δ	6	5.4	110	87	74%
4	原點 + 8Δ	8	7.2	130	96	76%
5	原點 + 10Δ	10	9.0	150	105	74%

表3　新原點CCD一階、二階實驗設計及實驗結果表

階次	No.	編碼變數		製程變數		反應值
		X_1	X_2	時間（分）	溫度（℃）	y收率（%）
一階實驗	1	−1	−1	120	90	76.0
	2	1	−1	140	90	74.5
	3	−1	1	120	100	76.9
	4	1	1	140	100	76.2
	5	0	0	130	95	76.1
	6	0	0	130	95	76.2
	7	0	0	130	95	76.6
	8	0	0	130	95	76.4
二階實驗	9	0	0	130	95	76.8
	10	−1.414	0	116	95	76.5
	11	1.414	0	144	95	74.3
	12	0	−1.414	130	88	74.6
	13	0	1.414	130	102	76.8

圖4　陡升設計之逐次實驗等高線圖

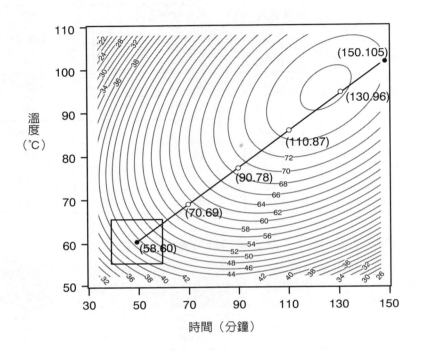

圖5　陡升法新原點CCD二階實驗點分布圖

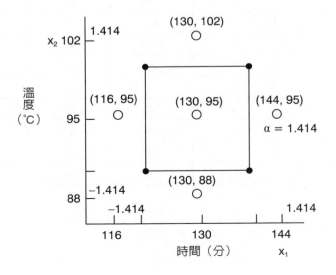

圖6　使用陡升法提高製程收率新原點實驗結果之等高線二階圖形

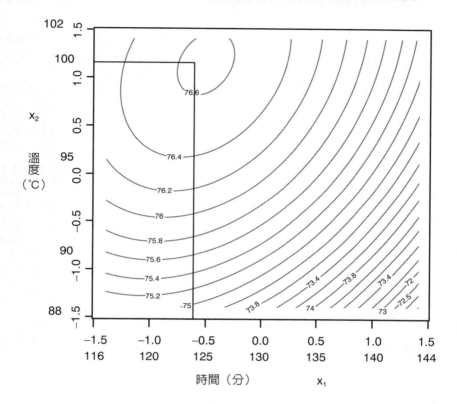

附錄15　新產品開發流程

鄭建益

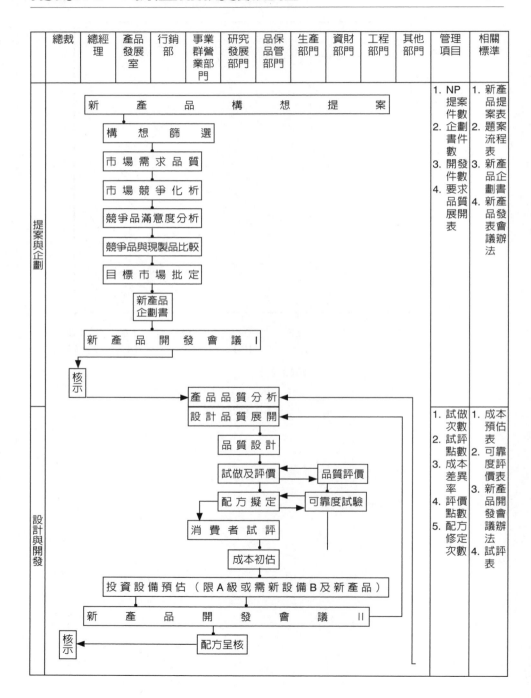

	總裁	總經理	產品發展室	行銷部	事業群營業部門	研究發展部門	品保品管部門	生產部門	資財部門	工程部門	其他部門	管理項目	相關標準

提案與企劃

新　產　品　構　想　提　案

構　想　篩　選

市　場　需　求　品　質

市　場　競　爭　化　析

競爭品滿意度分析

競爭品與現製品比較

目　標　市　場　批　定

新產品企劃書

新　產　品　開　發　會　議 I

核示

管理項目:
1. NP提案件數
2. 企劃書件數
3. 開發件數
4. 要求品質展開表

相關標準:
1. 新產品提案表
2. 題案流程表
3. 新產品企劃書
4. 新產品發會議辦法

設計與開發

產　品　品　質　分　析

設　計　品　質　展　開

品　質　設　計

試做及評價　品質評價

配　方　擬　定　可靠度試驗

消　費　者　試　評

成本初估

投資設備預估（限A級或需新設備B及新產品）

新　產　品　開　發　會　議　II

核示　配方呈核

管理項目:
1. 試做次數
2. 試評點數
3. 成本差異率
4. 評價點數
5. 配方修定次數

相關標準:
1. 成本預估表
2. 可靠度評價表
3. 新產品開發會議辦法
4. 試評表

　　新產品的開發會遵循一系統化的開發程序：創意的產生、創意篩選、概念的發展和試驗、產品的開發、市場的測試、商業化。

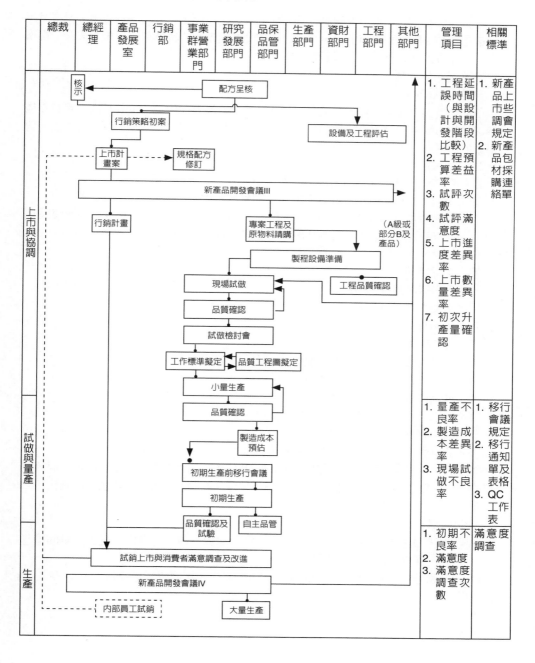

附錄16　創意篩選與研發題目的立案　鄭建益

　　企業對於新產品、新事業規劃以及如何掌握策略手段，在具體的新產品、新事業規劃策略行動。應該要如何進行，才可以正確又有開創性的新產品、新事業機會，實務上的操作方式應該有下列二項觀點。

1. 新產品市場的機會。
2. 新事業探索的契機。

　　如何探索出新產品、新事業機會，是絕大多數企業會面臨到的重要課題，畢竟在趨於成熟的市場中，發掘出新產品、新事業的機會將會愈來愈不容易。探索新產品、新事業的契機有以下三項思考方式。

1. 回歸基本價值：傳統食品的現代化。
2. 翻轉的概念：翻轉才會有新商機、新事業。
3. 整合矛盾：有得必有失，兩害取其輕，兩利取其重。

　　企業價值鏈的主要活動有：研發、製造、銷售、服務等，而新產品、新事業開發，是企業創造附加價值重要的功能之一。開發新產品、新事業之主要目的有：

1. 貢獻社會。
2. 擴大企業獲利。
3. 因應現有產品的生命週期。
4. 回應消費者需求及市場變化。
5. 企業永續經營。

　　開發新產品之方式如下：

1. 重新設計：改變成分或形態，使成本及品質更精進。
2. 替代：以新技術產品取代現有的產品。
3. 改良產品：改進產品的效用。
4. 產品線延伸：在產品線上增加相同特性的產品。
5. 新用途：新的區隔市場。
6. 多角化經營（diversification）：新技術產品到新的區隔市場。

　　新產品、新事業的開發會遵循系統化的開發程序：創意的產生、創意篩選、研發題目的立案、概念的發展和試驗、商業的分析、產品的開發、市場的測試、商業化。

　　創意的產生來源如下：

1. 公司內部
   (1)腦力激盪法：此法強調集體思考，鼓勵參加者於指定時間內，提出大量的構想意念，從中引發新穎的構思。
   (2)逆向思考法：努力朝著與目的相反的方向思考，反而會茅塞頓開。
2. 顧客
3. 競爭者
4. 經銷商

5. 供應商

6. 研討會

7. 政府

8. 廣告商

9. 學術界等

　創意篩選的目的在去蕪存菁，淘汰不好的創意，找出可能有利新產品、新事業。藉由產品說明、可能的目標市場、競爭者、市場規模、產品的價格、開發時間、製造成本、利潤等作創意篩選。

　創意篩選（screening）的評估技術有：

1. 檢核表：由產品發展部、研究發展部、行銷部依目標市場、競爭者、市場規模、產品的價格、開發時間、製造成本、利潤等依權值作創意篩選。

2. 自由討論法：由研究發展部、行銷部、營業部、財務部、生產部、採購部、工程部討論目標市場、競爭者、市場規模、產品的價格、開發時間、製造成本、利潤等作篩選。

3. 商業分析：在未試作產品原型之前，用集體討論法和概念測試技術來探討新構想的實質意義，作創意篩選。

　由新事業發展部、產品發展部、研究發展部、行銷部、營業部、財務部、生產部、採購部、工程部各部門共同討論決議後的新產品、新事業草案，轉呈總經理、總裁核示。

　這個時候有三種的情況發生：

1. 暫緩實施：等待時機成熟再來進行。

2. 修正通過：總經理、總裁請新事業發展部主管或者產品發展部主管來做補充說明再修正通過。

3. 總經理、總裁直接核示通過。

　經總經理、總裁修正通過或者是直接核示通過的研發題目，即成立案的新產品、新事業專案。接下來新事業發展部、產品發展部、研究發展部、行銷部、營業部、財務部、生產部、採購部、工程部各部門即按新產品或者是新事業的開發體系來進行後續的專案工程作業。

附錄17 研發活動與測試評估

鄭建益

1. SWOT分析

是一項有用的工具，可幫助公司更明確地知道自己的優點弱點機會及威脅，而此一名稱則由優點（Strength）、弱點（Weakness）、機會（Opportunity）和威脅（Threat）四個字簡稱而來。

SWOT研討原則：

(1)不分職位階級皆暢所欲言。

(2)儘量於圓桌運用BS腦力激盪手法。

(3)不批評別人所主張。

(4)圈選（以舉手或票選）重要之前三項。

2. 研發活動方法

四個選擇：觀察法、焦點群體法、調查研究法、實驗法。

(1)觀察法：最簡單但是最花成本蒐集資料的方法是觀察而且記錄消費者的行為。

(2)焦點群體法：在一位具有技巧的監督者的引導下，可能找6到10人的群體，深入討論一個議題而且敘述他們的意見。

(3)調查研究法：調查研究一系列詳細的問題，使用問卷來結構化回答。

(4)實驗法：最科學有效的方法就是實驗法，也是最昂貴的方法，配對的目標群體施以不同的實驗控制外界變數分這些群體的差異。

3. 研發活動流程

(1)定義問題。

(2)發展研究計畫。

(3)蒐集資訊。

(4)分析資訊。

(5)報告發現。

4. 市場調查

(1)就調查之內容

①需求調查：包括消費調查、市場潛力調查、品牌定位分析、銷售分析等。

②供給調查：包括價格調查、配銷通路分析。

(2)就調查偏重量或質

①量的市場調查：分爲計數的調查與計量的調查。

②質的市場調查：質的市場調查無法量化，無法採用統計分析。

5. 測試評估

(1)新產品之品評評估：由目標消費者作喜好度品評評比，消費者喜好平均評比要7以上（10分法）才通過。

(2)與同業類似產品的測試評估比較

6. 檢定兩組母數是否不同

(1)有關兩組母變異之檢定

從A、B二組母集，各隨機抽取n_A及n_B的樣本

$H_0 : {}^2A = B^2$

$H_1 : {}^2A \neq B^2$

計算統計量$F_0 = \dfrac{V_A}{V_B}$，$V_A > V_B$

$F_0 \geqq F（A，B，Pr/2）$，否定H_0承認H_1

$F_0 < F（A，B，Pr/2）$，不能否定H_0

(2)有關兩組母平均差的檢定：計算統計量

$$t_o = \frac{\overline{X}_A - \overline{X}_B}{\sigma_e \sqrt{\dfrac{1}{n_A} + \dfrac{1}{n_B}}} \quad \sigma_e = \sqrt{\dfrac{S_A + S_B}{n_A + n_B - 2}}$$

$|t_0| \geq t$　否定H_0承認H_1，有顯著差異

$|t_0| < t$　不能否定H_0，無顯著差異，不能說兩者有差異

(3)變異數分析

①單因子變異數分析：ANOVA，S/N

②二因子變異數分析：ANOVA，S/N

③多因子變異數分析：ANOVA，S/N

附錄18 產品的測試品評：實例一、Triangle （三角品評法）

吳伯穗

一、使用時機

1. 判斷2種外觀（色澤、形狀）相似樣品的差異顯著性與品評員的喜愛顯著性。
2. 樣品的外觀有明顯不同時，不適用本法。

二、作法

1. 樣品準備：
   (1)兩種樣品，其中一種準備2份，另一種準備1份，合計3份。
   (2)由隨機數字表中，盲目、隨機選取3個三位數字，分別編號於3份樣品。
2. 進行品評
   請品評員參照Triangle用參考品評表之內容，進行品評與加以填寫。
3. 結果分析與判定
   (1)統計品評表之總張數、正確選出單一不同樣品之張數、以及較多喜愛（綜合接受性）某樣品之張數，進行以下之分析。
   (2)差異顯著性：
   ① 依品評表之總張數（重複數），查Triangle品評法差異顯著性檢定表，分別找出5%及1%的取捨點數值。
   ② 當正確選出單一不同樣品之張數大於或等於1%的取捨點數值，則判定：經品評結果，兩種樣品間，具有極顯著（P＜0.01）差異性存在。
   ③ 當正確選出單一不同樣品之張數大於或等於5%的取捨點數值，則判定：經品評結果，兩種樣品間，具有顯著（P＜0.05）差異性存在。
   ④ 當正確選出單一不同樣品之張數小於5%的取捨點數值，則判定：經品評結果，兩種樣品間，並無顯著或無法判定（P＞0.05）差異性存在。
   (3)喜愛顯著性：
   ① 依品評表之總張數（重複數），查Triangle品評法喜愛顯著性檢定表，分別找出5%及1%的取捨點數值。
   ② 當較多喜愛（綜合接受性）某樣品之張數大於或等於1%的取捨點數值，則判定：經品評結果，品評員極顯著（P＜0.01）喜愛該樣品。
   ③ 當較多喜愛（綜合接受性）某樣品之張數大於或等於5%的取捨點數值，則判定：經品評結果，品評員顯著（P＜0.05）喜愛該樣品。
   ④ 當較多喜愛（綜合接受性）某樣品之張數小於5%的取捨點數值，則判定：經品評結果，兩種樣品間，品評員並無顯著或無法判定（P＞0.05）喜愛哪一樣品。

三、實例

1. 樣品：兩種不同糖含量（5%、8%）之三合一咖啡。
2. 樣品準備：
   (1)兩種咖啡，其中5%糖含量準備2份，8%糖含量準備1份，合計3份。
   (2)由隨機數字表中，盲目、隨機選取3個三位數字，分別為628、591、473，628、591編於5%糖含量咖啡樣品，473編於8%糖含量咖啡樣品。
3. 進行品評：
   總共邀請50位品評員參照Triangle用參考品評表之內容，進行品評與加以填寫。
4. 結果分析與判定：
   (1)統計品評表之總張數計50張。其中，正確選出單一樣品，編號473之8%糖含量咖啡樣品者計27張；而正確選出之27張中，較多喜愛（綜合接受性）相同樣品，編號628、591之5%糖含量咖啡樣品者計16張。
   (2)差異顯著性：
   ① 依品評表之總張數（重複數）計50張，查Triangle品評法差異顯著性檢定表，找出5%及1%的取捨點數值，分別為23與26。
   ② 正確選出單一不同樣品之張數計27張，大於1%的取捨點數值26，則判定：經品評結果，兩種樣品間，具有極顯著（P＜0.01）差異性存在。
   (3)喜愛顯著性：
   ① 依品評表之總張數（重複數）計50張，查Triangle品評法喜愛顯著性檢定表，找出5%及1%的取捨點數值，分別為15與17。
   ② 較多喜愛（綜合接受性）相同樣品，編號628、591之5%糖含量咖啡樣品者計16張，大於5%的取捨點數值15，則判定：經品評結果，品評員顯著（P＜0.05）喜愛5%糖含量咖啡樣品。

小博士解說

1. 誠如雞蛋裡挑骨頭。2種樣品之色澤外觀無論如何相似，有些品評員總會想方設法地要直接找出不同之樣品，而研發人員實際上亦不值得為此而傷透腦筋。若真有此困擾，我們可藉由品評室採用有色照明可以加以解決。
2. 由隨機數字表選取三位數編號，係防範對某些符號的偏愛而影響品評的客觀。
3. 品評表的設計並無一定的標準，我們主要的目的是要品評出樣品間之差異性與喜愛性。品評表的內容可依研發人員的需求而有所變化，可參見Triangle Judge's Score Sheet用參考品評表，為另一種之品評表設計。

附件、Triangle 用參考品評表：

樣品名稱：＿＿＿＿＿＿＿＿　　　姓　　名：＿＿＿＿＿＿

說明：敬請盡情地品評此三個樣品，其中有兩個樣品是相同的：

　　　1.請您找出單一的不同樣品，分別寫下它們的編號。

　　　2.對於此兩種樣品的品質，選出您比較喜愛的樣品（請打「✓」）。

　　　3.寫下您的評語。

項　　目	單 一 樣 品	相 同 樣 品	短　　評
編　　號			
喜愛性（✓） 香　氣			
味　道			
組　織			
綜合接受性			

～ 謝 謝 您 的 合 作 ～

附件、Triangle Judge's Score Sheet 用參考品評表：

樣品名稱：＿＿＿＿＿＿＿＿＿　　日　　期：＿＿＿＿＿

品評性狀：＿＿＿＿＿＿＿＿＿　　品評編號：＿＿＿＿＿

請於下列表格之適當位置，打「✓」：

樣品編號	挑出不同者	不同的程度		是否用猜
		無	稍微	是
		顯著	強烈	否

您認為兩種樣品的性狀，您比較喜歡哪一種樣品？

單一樣品		相同樣品	

除了品評的性狀外，您是否有感覺，有明顯差異之其他性狀？

有		沒有	

若有的話，請說明是甚麼其他性狀？是否喜歡？

＿＿＿＿＿＿＿＿＿＿＿＿＿＿＿＿＿＿＿＿＿＿＿＿＿＿

＿＿＿＿＿＿＿＿＿＿＿＿＿＿＿＿＿＿＿＿＿＿＿＿＿＿

＿＿＿＿＿＿＿＿＿＿＿＿＿＿＿＿＿＿＿＿＿＿＿＿＿＿

～　謝　謝　您　的　合　作　～

附錄19 產品的測試品評：實例二、Ranking（順位品評法）

吳伯穗

一、使用時機

1. 判斷2～7種樣品間的差異顯著性，以及品評員對於各樣品的喜愛顯著性。

2. 適用於當樣品間有極微的品質差異。

3. 本法無法看出樣品間品質差異之程度大小。

二、作法

1. 樣品準備：

參照實例一、Triangle（三角品評法）的隨機數字表，盲目、隨機選取2～7個三位數字，分別編號於2～7種樣品。

2. 進行品評：

請品評員參照Ranking用參考品評表之內容，進行品評與加以填寫。

3. 結果分析與判定：

統計所有品評表之喜愛名次總和，進行以下之喜愛顯著性分析：

(1) 依樣品數及品評員之總人數（重複數），查Ranking品評法喜愛顯著性（P = 0.05）檢定表，及Ranking品評法喜愛顯著性（P = 0.01）檢定表，分別找出5%及1%的取捨點數值。

請注意：同業目標食品之篩選，或研製品間之比較，取捨點取上方之數據；研製品與目標食品之比較，取捨點取下方之數據。

(2) 當某樣品之喜愛名次總和：

① 小於或等於1%的小取捨點數值，則判定：經品評結果，品評員極顯著（P < 0.01）喜愛該樣品；

② 大於或等於1%的大取捨點數值，則判定：經品評結果，品評員極顯著（P < 0.01）不喜愛該樣品；

(3) 當某樣品之喜愛名次總和：

① 小於或等於5%的小取捨點數值，則判定：經品評結果，品評員顯著（P < 0.05）喜愛該樣品。

② 大於或等於5%的大取捨點數值，則判定：經品評結果，品評員顯著（P < 0.05）不喜愛該樣品。

(4) 當某些樣品之喜愛名次總和，介於5%的取捨點數值之間，則判定：經品評結果，該些樣品間，品評員並無顯著或無法判定（P > 0.05）喜愛哪一樣品。

三、實例

1. 樣品：四種不同含糖量（1.0%、2.0%、4.0%、8.0%）之麵筋試製樣品。

2. 樣品準備：

參照實例一、Triangle（三角品評法）的隨機數字表，盲目、隨機選取4個三位數字，分別爲968、165、953、797，各編於上述之四種不同含糖量麵筋試製樣品。

3. 進行品評：

總共邀請20位品評員，參照Ranking用參考品評表之內容，進行品評與加以填寫。

4. 結果分析與判定：

統計所有品評表之喜愛名次總和，如右表，進行以下之喜愛顯著性分析：

(1) 依樣品數計4種，及品評員總人數（重複數）計20人，查Ranking品評法喜愛顯著性（P = 0.05）檢定表，及Ranking品評法喜愛顯著性（P = 0.01）檢定表，分別找出5%及1%的取捨點數值。結果爲：取捨點（P = 0.05）= 39～61；取捨點（P = 0.01）= 36～64。

請注意：因係試製品間之比較，取捨點取上方之數據。

(2) 四種不同含糖量麵筋試製樣品中：

① 編號165（含糖量2.0%）的喜愛名次總和爲27，不但小於取捨點（P = 0.05）的39，更小於（P = 0.01）的36，因此我們判定：經品評結果，品評員極顯著（P < 0.01）喜愛含糖量2.0%之麵筋試製樣品。

② 編號797（含糖量8.0%）的喜愛名次總和爲64，不但大於取捨點（P = 0.05）的61，更等於（P = 0.01）的64，因此我們判定：經品評結果，品評員極顯著（P = 0.01）不喜愛含糖量8.0%之麵筋試製樣品。

③ 編號968（含糖量1.0%）、953（含糖量4.0%）的喜愛名次總和分別爲54、55，均介於取捨點（P = 0.05）39～61之間，因此我們判定：經品評結果，該2種樣品間，品評員並無顯著或無法判定（P > 0.05）喜愛哪一樣品。

重複數	試製樣品編號			
（品評員）	968	165	953	797
1	3	1	2	4
2	3	1	4	2
3	4	1	3	2
4	3	1	4	2
5	2	3	1	4
6	2	1	3	4
7	3	2	1	4
8	3	1	4	2
9	3	1	2	4
10	2	1	4	3
11	4	1	2	3
12	2	1	4	3
13	3	2	1	4
14	2	1	3	4
15	3	1	2	4
16	3	2	1	4
17	1	2	4	3
18	2	1	3	4
19	4	1	2	3
20	3	2	4	1
總和	54	27	55	64

附件、Ranking用參考品評表：

樣品名稱：＿＿＿＿＿＿＿＿＿＿＿＿＿＿＿＿　性別：＿＿＿＿＿

品評性狀：綜合接受性＿＿＿＿＿＿＿＿＿　年齡：＿＿＿＿＿

說明：請您仔細地、慢慢地品嚐面前的＿＿＿＿＿個樣品，然後依照您對

　　　每一樣品的品評性狀，寫出您感覺的喜愛名次。最喜愛的寫第一

　　　名，依此類推。注意、喜愛名次不可以重複，亦不可以跳次。

　　　最後，請對每一樣品的喜愛感覺，寫下您簡單的短評。

樣品編號	喜愛名次	短　　　評

〜　謝謝您的合作　〜

附錄20　產品的測試品評：實例三、Hedonic Rating Scale（喜愛品評法）

吳伯穗

一、使用時機

1. 判斷1～7種樣品間的差異顯著性與品評員的喜愛顯著性。
2. 由於品評員對於各樣品之喜愛程度可能相同，因此當樣品間之品質差異很小時，將無法判斷出何者較優。

二、作法

1. 樣品準備：

   參照實例一、Triangle（三角品評法）的隨機數字表，隨機選取1～7個三位數字，分別編號於1～7種樣品。

2. 進行品評：

   請品評員參照Hedonic Rating Scale用參考品評表（多種樣品單一品評性狀之比較）之內容，進行品評與加以填寫。

   （註：Hedonic Rating Scale用品評表之內容，依研發人員的需求而設計。提供如附件二～四等品評表，酌情參照。）

3. 結果分析與判定：

   (1)統計所有品評表之品評結果賦予分數。其評分標準為：非常喜歡（9分），喜歡（7分），普通（5分），不喜歡（3分），非常不喜歡（1分），以生物統計之變方分析法（Analysis of Variance，簡稱ANOVA或AOV），進行以下之分析。

   (2)差異顯著性－變方分析法：

   ①將品評員（重複數）的品評分數整理成變方分析表，計算說明如下：

變方分析表（CRD）：						
變因	自由度	平方和	均方	F值	取捨點（F_0）	
	（df）	（SS）	（MS）		0.05	0.01
處理（t）	df_t	SS_t	MS_t	F_t	$F_{0.05}$	$F_{0.01}$
機差（E）	df_E	SS_E	MS_E		查表	
總和（T）	df_T	SS_T				

A. 自由度：
  總和自由度（dfT）=（樣品數m * 重複數n）– 1；
  處理自由度（dft）= 樣品數（m）– 1；
  機差自由度（dfE）= 總和自由度 – 處理自由度。
B. 平方和：
  總和平方和（SST）= $\Sigma\Sigma Xij^2 - (\Sigma\Sigma Xij)^2/mn$
  處理平方和（SSt）= $1/n * \Sigma(\Sigma Xij)^2 - (\Sigma\Sigma Xij)^2/mn$
  機差平方和（SSE）= 總和平方和（SST）– 處理平方和（SSt）
C. 均方：
  處理均方（MSt）= 處理平方和（SSt）÷處理自由度（dft）
  機差均方（MSE）= 機差平方和（SSE）÷機差自由度（dfE）
D. Ft值：= 處理均方（MSt）÷機差均方（MSE）
E. 取捨點（F0）：查表附件五之F及t表。以df1（處理自由度，dft）及df2（機差自由度，dfE），分別找出P = 0.05及P = 0.01的取捨點數值。
請注意：
(A)F及t表之上方數據為P = 0.05之取捨點；下方數據為P = 0.01之取捨點。
(B)當dfE之數值介於上下之間時，請以內插法求出取捨點。
②當Ft值大於或等於P = 0.01的取捨點數值，則判定：經品評結果，供評的樣品之間具有極顯著（P < 0.01）之差異性存在。
③當Ft值大於或等於P = 0.05的取捨點數值，則判定：經品評結果，供評的樣品之間具有顯著（P < 0.05）之差異性存在。
④當Ft值小於P = 0.05的取捨點數值，則判定：經品評結果，供評的樣品之間並無顯著或無法判定（P > 0.05）差異性存在。
(3)喜愛顯著性―最小顯著差異法：
當供評的樣品之間，具有顯著以上之差異性存在，則必須繼續分析最小顯著差異法（Least Significant Difference, LSD法），即樣品平均多種比較（兩兩個別比較），以判定品評員顯著或極顯著之喜愛哪種樣品。
①樣品平均多種比較：將各種樣品評分數之平均值，由大到小，兩兩相減，排列成如下之差值梯形比較表：

樣品編號	平均值	各種樣品評分數		
		平均之差值		
	樣品一平均值（A）			
	樣品二平均值（B）	A－B	註、依此類推	
	樣品三平均值（C）	A－C	B－C	
	樣品四平均值（D）	A－D	B－D	C－D

②最小顯著差異法：

A. 取捨點數值之計算公式：取捨點（Da）＝ t值*（2*MSE/n）^1/2

　　註、t值：查表附件五F及t表之最右行。以df2（機差自由度，dfE），分別找出P＝0.05及P＝0.01的取捨點數值；MSE：機差均方；n：重複數，即品評員數。

B. 經上述公式，計算出P＝0.05及P＝0.01的取捨點數值，分別與差值梯形比較表之兩兩樣品品評分數平均之差值比較：

　　(A)當樣品平均差值大於或等於0.01的取捨點數值時，我們判定：經品評結果，品評員極顯著（P＜0.01）喜愛平均值較高之樣品。

　　(B)當樣品平均差值大於或等於0.05的取捨點數值時，我們判定：經品評結果，品評員顯著（P＜0.05）喜愛平均值較高之樣品。

　　(C)當樣品平均差值小於0.05的取捨點數值時，我們判定：經品評結果，該兩樣品間，品評員並無顯著或無法判定（P＞0.05）喜愛哪一樣品。

三、實例

1. 樣品：四種市售檸檬紅茶樣品。

2. 樣品準備：

　　參照實例一、Triangle（三角品評法）的隨機數字表，盲目、隨機選取4個三位數字，分別為456、918、436、521，各編於上述之四種市售檸檬紅茶樣品。

3. 進行品評：

　　總共邀請9位品評員，參照Hedonic Rating Scale用參考品評表（多種樣品單一品評性狀之比較）之內容，進行品評與加以填寫。

4. 結果分析與判定：

　　(1)統計所有品評表之品評結果賦予分數。其評分標準為：非常喜歡（9分），喜歡（7分），普通（5分），不喜歡（3分），非常不喜歡（1分），結果如下：

樣品編號	重複數（品評員數）									總和	平均
	1	2	3	4	5	6	7	8	9		
456	7	7	7	5	9	7	7	9	7	65	7.22
918	5	5	5	7	7	7	5	5	5	51	5.67
436	5	3	5	5	5	5	3	1	1	33	3.67
521	3	5	1	1	1	1	1	1	1	15	1.67
總和	20	20	18	18	22	20	16	16	14	164	4.56

以生物統計之變方分析法，進行以下之分析：

(2)差異顯著性——變方分析法：

①將品評員（重複數）的品評分數整理成變方分析表，計算說明如下：

變因	自由度	平方和	均方	F值	取捨點（F_0）	
	(df)	(SS)	(MS)		0.05	0.01
處理（t）	3	157.33	52.44	28.18	2.90	4.47
機差（E）	32	59.56	1.86	查表		
總和（T）	35	216.89				

變方分析表（CRD）：

A. 自由度：

總和自由度（dfT）＝（樣品數4*重複數9）－1＝35；

處理自由度（dft）＝樣品數（4）－1＝3；

機差自由度（dfE）＝總和自由度（35）－處理自由度（3）＝32。

B. 平方和：

總和平方和（SST）＝$\Sigma\Sigma X_{ij}^2 - (\Sigma\Sigma X_{ij})^2/mn$

$= (7^2 + 7^2 + \cdots + 1^2 + 1^2) - 164^2/4*9$

$= 964 - 26,896/36 = 964 - 747.11 = 216.89$

處理平方和（SSt）＝$1/n*\Sigma(\Sigma X_{ij})^2 - (\Sigma\Sigma X_{ij})^2/mn$

$= 1/9*(65^2 + 51^2 + 33^2 + 15^2) - 164^2/4*9$

$= (1/9)*8,140 - 26,896/36 = 904.44 - 747.11 = 157.33$

機差平方和（SSE）＝總和平方和（SST）－處理平方和（SSt）

$= 216.89 - 157.33 = 59.56$

C. 均方：

處理均方（MSt）＝處理平方和（SSt）÷處理自由度（dft）

$= 157.33 \div 3 = 54.22$

機差均方（MSE）＝機差平方和（SSE）÷機差自由度（dfE）

$= 59.56 \div 32 = 1.86$

D. Ft值：＝處理均方（MSt）÷機差均方（MSE）

$= 54.22 \div 1.86 = 28.18$

E. 取捨點（F0）：查表附件五之F及t表。以df1＝3及df2＝32，經內插法分別找出P＝0.05及P＝0.01的取捨點數值，為2.90、4.47。

②當Ft值為28.18，大於P＝0.01的取捨點數值4.47，因此我們判定：經品評結果，供評的四種市售檸檬紅茶樣品之間，具有極顯著（P < 0.01）之差異性存在。

(3)喜愛顯著性——最小顯著差異法：

由於供評的四種市售檸檬紅茶樣品之間，具有極顯著（P < 0.01）之差異性存在，因此必須繼續分析最小顯著差異法，以判定品評員顯著或極顯著之喜愛哪種樣品。

①樣品平均多種比較：將各種樣品評分數之平均值，由大到小，兩兩相減，排列成如下之差值梯形比較表：

樣品編號	平均值	各種樣品評分數		
		平均之差值		
456	7.22			
918	5.67	1.56	註：依此類推	
436	3.67	3.56	2.00	
521	1.67	5.56	4.00	2.00

②最小顯著差異法：

A. 取捨點數值之計算公式：取捨點（Da）= t值 * （2 * MSE / n）^1/2

〔註：t值：查表F及t表之最右行。以df2 = 32，經內插法分別找出P = 0.05及P = 0.01的取捨點數值，為2.04、2.74；MSE（機差均方）= 1.86；n（重複數，即品評員數）= 9。〕

B. 經上述公式，計算出P = 0.05及P = 0.01的取捨點數值為1.31、1.76，分別與差值梯形比較表之兩兩樣品品評分數平均之差值比較，結果如下：

(A)樣品456顯著（P < 0.05）優於樣品918；極顯著（P < 0.01）優於樣品436、521。

(B)樣品918極顯著（P < 0.01）優於樣品436、521。

(C)樣品436極顯著（P < 0.01）優於樣品521。

附件一、Hedonic Rating Scale 用參考品評表（多種樣品單一品評性狀之比較）：

樣品名稱：＿＿＿＿＿＿＿＿＿＿＿＿＿＿＿＿　　性別：＿＿＿＿＿

品評性狀：綜合接受性＿＿＿＿＿＿＿＿＿＿＿　　年齡：

樣 品 品 評 結 果 （ 請 打 「✓」 ）

（編　號）		（編　號）		（編　號）		（編　號）	
非常喜歡		非常喜歡		非常喜歡		非常喜歡	
喜　歡		喜　歡		喜　歡		喜　歡	
普　通		普　通		普　通		普　通	
不喜歡		不喜歡		不喜歡		不喜歡	
非常不喜歡		非常不喜歡		非常不喜歡		非常不喜歡	

短評：請您盡可能地寫下每一個編號樣品的品評性狀之優點和缺點，

　　　以及您的寶貴建議：

（編　號）	（編　號）	（編　號）	（編　號）

～　謝謝您的合作　～

附件二、Hedonic Rating Scale 用參考品評表（多種樣品多個品評性狀之比較）：

樣品名稱：＿＿＿＿＿＿＿＿＿　　　　　　　性別：＿＿＿＿＿＿

（樣品品評結果，請打「✓」）

品評性狀 ＼ 樣品編號		（編　號）	（編　號）	（編　號）	（編　號）
外觀	非常喜歡				
	喜　歡				
	普　通				
	不 喜 歡				
	非常不喜歡				
香氣	非常喜歡				
	喜　歡				
	普　通				
	不 喜 歡				
	非常不喜歡				
味道	非常喜歡				
	喜　歡				
	普　通				
	不 喜 歡				
	非常不喜歡				
組織	非常喜歡				
	喜　歡				
	普　通				
	不 喜 歡				
	非常不喜歡				
接受性	非常喜歡				
	喜　歡				
	普　通				
	不 喜 歡				
	非常不喜歡				
短　評					

附件三、Hedonic Rating Scale 用參考品評表（多種樣品多個品評性狀之比較）：

樣品名稱：＿＿＿＿＿＿＿＿＿＿＿＿　　　　　性別：＿＿＿＿＿

日　期：　年　月　日　　　　　　　　　年齡：＿＿＿＿＿

評分標準：　非常喜歡　　喜　歡　　普　通　　不喜歡　　非常不喜歡

分　　數：　　　　9　　　　7　　　　5　　　　3　　　　1

品評性狀＼樣品編號	（編　號）	（編　號）	（編　號）	（編　號）
外　觀				
香　氣				
味　道				
組　織				
接受性				
短　評				

～　謝謝您的合作　～

附件四、Hedonic Rating Scale 用參考品評表（單一樣品）：

樣品名稱：＿＿＿＿＿＿＿＿＿＿＿＿＿＿＿　　　性別：＿＿＿＿＿

日　　期：　　年　　月　　日　　　　　　　　年齡：＿＿＿＿＿

樣 品 品 評 結 果 （ 請 打 「✓」 ）

外　　觀 （外型、色澤）		香　　氣 （芳　　香）		味　　道 （酸、甜、苦、鹹）		組　　織 （口　　感）		接　受　性 （綜合評鑑）	
非常喜歡		非常喜歡		非常喜歡		非常喜歡		非常喜歡	
喜　歡		喜　歡		喜　歡		喜　歡		喜　歡	
普　通		普　通		普　通		普　通		普　通	
不喜歡		不喜歡		不喜歡		不喜歡		不喜歡	
非常不 喜歡		非常不 喜歡		非常不 喜歡		非常不 喜歡		非常不 喜歡	

短評：請您盡可能地寫下每一個品評項目的優點和缺點，以及您的寶貴建議：

外　　觀	香　　氣	味　　道	組　　織	接　受　性

～ 謝謝您的合作 ～

附錄21 產品的測試品評：實例四、Food Action Rating Scale（喜愛情境品評法）與實例五、Profile Analysis（輪廓品評法）

吳伯穗

實例四、Food Action Rating Scale（喜愛情境品評法）

一、使用時機

1. 主要用於普遍消費者食用情境的調查。兼顧消費者的環境背景，測試食用後的內心感覺與期望。

2. 與Hedonic Rating Scale相似，惟品評表的內容較為單純。

二、作法

1. 樣品準備：
   參照實例一、Triangle（三角品評法）的隨機數字表，隨機選取三位數字，分別編號於測試樣品。

2. 進行品評：
   請品評員參照附件之Food Action Rating Scale用參考品評表之內容，進行品評與加以填寫。

3. 結果分析與判定：
   品評結果的資料統計與判定，比照實例三、Hedonic Rating Scale（喜愛品評法）之方法，賦予分數，依變方分析法評估樣品之喜愛顯著性。

實例五、Profile Analysis（輪廓品評法）

一、使用時機

1. 判斷1～5種樣品間的差異顯著性與品評員的喜愛顯著性。

2. 品評員必須對樣品之官能品質，有高度的敏感性。

二、作法

1. 樣品準備：
   參照實例一、Triangle（三角品評法）的隨機數字表，盲目、隨機選取三位數字，分別編號於測試樣品。

2. 進行品評：
   藉由公開品評的方式，品評員充分品評各種樣品，記錄自己對各樣品間的官能品質，差異比較及喜愛與否的感覺。

3. 結果分析與判定：
　(1)由主持人召開討論會。
　(2)品評員各抒己見，共同討論、比較樣品間官能品質之優劣。
　(3)可依需要一再重複品評確認，以建立共識，決定最適研發品質與生產條件之發
　　　展方向。
　品評須知：
1. 品評試驗的重要性：
　食品官能品質的測試，到目前為止，品評試驗仍是唯一暨經濟又可靠的主要方
　法，其對於食品的研發影響甚鉅。因此，參與品評試驗的每一分子，務必非常嚴
　肅、謹慎，以客觀、負責的態度，來作好試驗工作。
2. 品評試驗的目的，最主要有下列三種：
　(1)評鑑何種樣品的官能品質最好。
　(2)於食品之研發或調整生產條件時，是否有目標食品、與現產品相同或更佳的品
　　　質。
　(3)確認消費大眾的喜愛傾向。
3. 品評試驗的主持人，應注意之事項：
　(1)樣品必須具有代表性，符合隨機抽樣的原則。
　(2)樣品的供應必須充足，以滿足品評員盡情地品評。
　(3)一次品評的樣品種類不宜過多，以7種以下為宜。
　(4)樣品的來源必須具有保密性。因此樣品的廠牌均需使用隨機數字表，隨機選取
　　　三位數字編號於測試樣品。
　(5)須適切地向品評員說明品評的目的與方法，切勿產生主觀意識的導入。
4. 品評員應注意之事項：
　(1)必須樂意接受品評測試。
　(2)品評前，應注意主持人的解說及品評表之內容與填寫的說明。
　(3)品評時，應保持輕鬆、愉快的心情，心無旁貸，盡情地品評，公正地記錄自己
　　　的品評結果。切勿發言、交談或作表情，以免影響他人的情緒。
　(4)應儘量避免遭受他人的干擾。

附件一、Food Action Rating Scale 用參考品評表（一）：

樣品名稱：＿＿＿＿＿＿＿＿＿＿＿＿＿　　　性別：＿＿＿＿＿

日　　期：　　年　　月　　日　　　　　　年齡：＿＿＿＿＿

請您盡情地品評每一種樣品，就您的感覺，挑選出您對每一種樣品的
食用情形結果（請打「✓」）：

食用情形 ＼ 樣品編號	（編　號）	（編　號）	（編　號）	（編　號）
1. 任何機會下，均會食用				
2. 常常食用				
3. 偶爾食用				
4. 還算喜歡，隔段時間會食用				
5. 有現成的話，會食用，但不會想去購買				
6. 不喜歡，但偶爾會食用				
7. 不喜歡				
8. 沒有其他食物時，會食用				
9. 被強迫時，會食用				

～　謝謝您的合作　～

附件二、Food Action Rating Scale 用參考品評表（二）：

樣品名稱：＿＿＿＿＿＿＿＿＿＿＿＿＿＿＿　　　性別：＿＿＿＿＿

日　　期：　年　　月　　日　　　　　　年齡：＿＿＿＿＿

請您盡情地品評每一種樣品，就您的感覺，挑選出您對每一種樣品的
食用情形結果（請打「✓」）：

食用情形 ＼ 樣品編號	（編　號）	（編　號）	（編　號）	（編　號）
1. 最喜愛的食品				
2. 總是想吃				
3. 若有機會，就想吃				
4. 時常想吃，				
5. 偶爾拿到手時，就吃吃看				
6. 沒有其他食物時，就吃				
7. 強迫時，就吃				
8. 沒有吃的慾望				

～　謝謝您的合作　～

附錄22　原料供應商考察及殺青標準作業制定

施柱甫

1. 目的

　　評估牛肉原料新供應商確認屠宰場作業管理、確定殺青條件，確保後續肉源供應。

2. 公司評鑑

　　建物：行政樓／化驗室／待宰圈／隔離圈／無害化處理室／屠宰間／分割間／倉庫；產能：年設計屠宰10萬頭，2011年實際屠宰6萬頭，平均出肉率45%。

3. 品質管制

　　(1)線上人員：負責宰前／頭／蹄／內臟檢疫；屠體／分割／包裝檢測；化驗室負責分析／微生物／樣品處理／歸檔整理。

　　(2)檢測頻率：宰前：100%血檢瘦肉精；半成品：每月1次100%肉檢瘦肉精，100%檢測頭蹄／體表／內臟是否有寄生蟲，屠體是否有淤血／碎骨／機械傷等；成品：A.自檢：感官／水分／揮發性鹽基氮／菌落總數／大腸菌群及金檢，B.外檢：依規定送檢。

　　(3)產品追溯：宰前有耳標號，宰後有編號，產品溯源可追蹤。

4. 屠宰管理

　　(1)屠宰場：地板／著裝——每天清洗消毒1次，刀具／手——每殺1頭牛清洗消毒1次；(2)宰前：停食12～24小時，飲水至宰前3小時；(3)屠宰：常溫，屠宰時間30～40min；(4)分割：溫度8℃，時間30min；(5)宰後沖淋（殺菌）：自來水清洗→82℃熱水→2‰乳酸；(6)排酸：0～4℃，24～48小時；8個庫，共容480頭牛；(7)急凍：-35℃至中心溫度-18℃，6個庫，共容120噸牛肉；(8)凍冷藏：–18℃，6個庫，共容1800噸牛肉；(9)貯存管理：標識清楚，無交叉汙染。

5. 精修、分割及殺青作業

　　(1)腿肉經去膜後，可滿足克重規格，無需分割；剩餘部分分割成1～2kg，大部分在1.5kg左右；(2)大塊腿肉，質地厚實（厚約15cm），雖可滿足克重規格，但較難煮透，可將其切半後殺青。(3)殺青時間90min，冷卻時間50min，殺青得率58.73%。

6. 總結及建議

　　(1)廠區乾淨整齊空氣清新，無汙染；(2)牛源10%自養+90%來自合作農戶，由公司和畜牧局共同監管；(3)配置合理，設備先進，倉庫標識清楚，擺放整齊；(4)品質管控嚴格，具溯源能力；(5)屠宰廠熟肉加工間，可滿足大批量原料供應需求，判定為合格供應商；(6)牛肉殺青標準作業制定，供應商據以生產殺青牛肉。

牛肉殺青標準作業

年月日	作業流程	版本：
機密等級	牛肉殺青	頁次：
流程	流程圖 （設備）（動作）（條件）	管制條件
1. 宰殺	宰殺後即取肉 （生肉案台）	1. 牛經宰殺、取肉、精修（去除筋膜），分割（含運輸）至開始加熱殺青之總用時不得超過4h。
2. 精修	去除殘留肥油、筋膜、軟骨、血管、碎骨等異物；分割 （生肉處理台）　分割重量：1～1.5kg	2. 去除筋膜但不分割；其餘部分沿纖維方向分割至標準克重。
3. 殺青	水沸後（水溫 > 95℃）始可將鮮肉投入殺青鍋中 （殺青鍋）　（時間≥90min）	3-1.殺青鍋使用前皆需徹底清洗，同鍋熱水僅可連續殺青兩批。水面需持續高於肉面，無需蓋鍋蓋，水位略低時需適度補水。水面浮沫隨時用細網笊籬撈出。 3-2.水始終保持微沸，每10min翻動肉塊一次。殺青60分鐘後，抽測樣品中心溫度低於85℃，或內部有粉色等未熟化之肉塊，至所有抽檢肉塊中心溫度和顏色達標為止。 3-3.殺青完成判斷標準：每塊中心溫度 > 85℃；取較大肉塊從中間切開，內部無粉色、血水等未熟化現象。
4. 冷卻	將殺青肉移至冷卻槽中 （水溫 < 20℃） （冷卻槽）	4. 冷卻：冷卻水需符合水質微檢要求冷卻水溫度≤20℃冷卻至品溫≤25℃，冷卻時間≤60min。
5. 瀝水	殺青肉移至瀝水台處瀝乾 （瀝水台）　（5～10min）	5. 瀝水時間：5～10min，瀝水至無水滴滴下。
6. 包裝	入食品級包裝袋內 （包裝間）　每袋15kg	6. 包裝：紙箱包裝，以內襯食品級包裝袋包裝。 包裝間溫度≤20℃，瀝乾後1h內包裝完畢。
7. 儲存	儲存 （冷藏庫、冷凍庫）	7. 儲存：如24h內使用完畢，可存放於0～5℃冷藏庫，如需較長期存放使用，則在低於–30℃冷庫存放；於48h內冷凍至–18℃以下，存放時間不得超過2周。
8. 運輸	運輸 （冷凍車／冷凍車）	8. 運輸：冷藏肉運輸以0～5℃冷藏車運送，到廠肉溫0～5℃；冷凍肉運輸以冷凍車運送，到廠肉溫≤–12℃。

附錄23 新產品外在美的研發 —— 包裝設計與包材選用

吳伯穗

俗話說秀色可餐，食品的外在美 —— 包裝設計，往往吸引消費者青睞的第一目光，決定購買的意願。因此，佛要金裝，人要衣裝，食品也要包裝。

包裝食品之包裝設計係專門為該產品量身訂作，於研發初期即需依照產品概念及行銷規劃，設計最適切合宜的食品包裝型式。研發過程中協同包材配合廠商持續地評估、試作、測試、調整。包材選用時應掌握以下四原則：安全、美觀、便利、經濟。

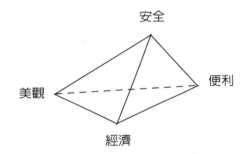

1. 食品包材的種類

食品包材依照是否接觸內容物，概可分為內包裝包材與外包裝包材兩類。由於內包裝包材係與食品直接接觸，其材質必須符合衛生福利部所公布：「食品衛生標準，八、食品器具、容器、包裝衛生標準」之規定。其中溶出試驗之蒸發殘渣檢驗，所使用之溶媒因食品內容物之種類而異，彙整如下：

溶　媒	包　裝　食　品　之　種　類
水	pH 5以上之食品用容器、包裝
4%醋酸	一般器具，pH 5以下（含pH 5）之食品用容器、包裝
20%酒精	酒類用容器、包裝
正庚烷	油脂及脂肪性食品用容器、包裝

若依照包材之材質來分類，概可分為：(1)紙類、(2)塑膠類、(3)玻璃瓶類、(4)罐頭類、(5)其他等五類。

各種包材的材質，基本上經濟部標準檢驗局均有制定中華民國國家標準（CNS）規格，可資遵循。可先於該局查詢各項標準之目錄，依據標準總號或標準名稱，逕行上網經濟部標準檢驗局的國家標準網路服務系統：http://www.cnsonline.com.

tw/?node=search&locale=zh_TW 查詢與購買。惟國家標準係屬「自願採行」，並非強制規定。

　　包裝不足將危及食品安全及衛生，包裝過度則徒致成本浪費，因此仍需依食品的特性制定合宜、適當之包材規格。

2. 塑膠材質標誌

　　我們所使用塑膠瓶的底部，常可發現印有一個由三個順時針方向循環箭頭組成的三角形，中間標有1～7的數字號碼，稱之為塑膠材質標誌（如下左圖）。

　　該標誌係由美國塑膠工業協會於1988年發展出來的塑膠分類編碼方式。三角形表示資源利用的循環不息，中間的1～7數字則表示不同的塑膠材質。

3. 塑膠材料回收標誌

　　另一常見四個循環、反時針方向的箭頭所組成的四方形圖案（如上右圖），則稱為塑膠材料回收標誌。

4. 結語

(1)由於包裝設計與包材材質的專業性，食品包材的創新研發宜借重配合廠商的資源，以消費者為導向，共同合作為您的食品研發出滿足消費者需求，最適當的包材。

(2)包材的使用是以數量計，一份產品就需一份包材，數量之鉅猶如人海戰術，因此包材成本合理化相對更形重要，省微收鉅。例如，輕秤如速食麵之包裝紙箱是不需使用如罐頭紙箱之材質。

(3)包材的產製係屬專業的領域，每項包材供應就是一家足具規模的生產廠商，其材質品管亦各具獨特的檢驗方法與設備，因此在資金的投入及相對營業貿易相當龐大。食品生產廠家為有效落實包材入庫品管，不可能投資包材的各項檢驗設備。惟有與包材配合廠商訂定合理的採購合約。於誠信原則下自主品管，按雙方制定之包材規格，每批次包材之交貨，隨貨須附有合格之廠商檢驗報告書。買方現場品管隨機抽驗，合格入庫後，仍須經現場上機試車確認。廠商且須每年定期提供官方檢驗報告。

(4)食品包材研發完成後，與配合廠商宜共同制定包材規格標準書，以資遵循。內容概可包括：①適用範圍、②材質（結構）、③成形（製造）方法、④印刷方式、⑤規格及檢驗方法、⑥衛生要求、⑦包裝方式、⑧標示、⑨儲存條件、⑩供應商、⑪備註、⑫附件（如設計圖）等，依需要適當調整上述之內容品項。

包裝材質的分類

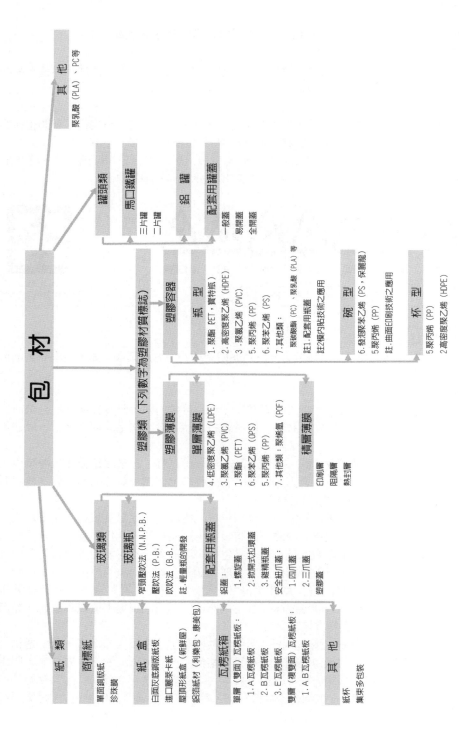

附錄24 研發新產品的命名遊戲

李明清

命名概念及方向：「概念數」與「賣點數以及消費對象數的乘積」成正比，如果有三個賣點及有兩群消費者則會產生六種命名概念。

所謂十八銅人陣就是說：命名時有18個規範必須遵守，好像少林武功練到某個境界就要通過18個關卡來驗收一樣：(1)一秒內讓人知道你在賣什麼、(2)名稱與行業要登對、(3)很好唸出口、(4)很有節奏感、(5)唸起來很順、(6)很好記得、(7)很美的想像空間、(8)標準字容易設計、(9)有獨特的個性、(10)字形優美、(11)用英文表達順暢、(12)看板上品牌可以從遠處辨認清楚、(13)諧音轉字應用、(14)不可與其他產品酷似、(15)可以反映出公司或店鋪文化涵養、(16)沒有不當聯想、(17)新舊之間的連續性、(18)跨國行銷不會與異鄉文化抵觸。

透過十八銅人陣的命名接著做喜好度調查，一般先以公司內高級幹部30人及基層員工30人先調查，接著公司外消費者300人。就商品概念進行調查下列幾項為主：十八銅人陣的語感、聯想感、字體漂不漂亮、好不好記等，評選出三個品牌。然後針對評選出的三個品牌進行商標檢索及決定品名。

案例：水果酒的命名。先列出下面8個方向討論：(1)商品說明、(2)色彩、(3)外觀、(4)訴求對象、(5)價格決定、(6)商品特性、(7)語感、(8)問卷格式做企劃。

1. 商品說明：液體狀，為玫瑰花果實萃取再釀造的酒。
2. 色彩：有淡紫／淺藍／銀灰／朱紅四種。
3. 外觀：瓶身苗條，透明液體中略帶淡紫，顯得高貴無比。
4. 訴求對象：20～30歲年輕女性。
5. 價格決定：每瓶720cc，零售450元，注意市場其他品牌的價格。
6. 商品特性
   (1)採用玫瑰花香味，加上少許酒精，飲來口感十分甘醇暢快。
   (2)酒精濃度約6%，適合愛好淺酌的女性，更適合聚會聊天時飲用。
   (3)順口，適合第一次飲用人員。
7. 語感：以女性喜歡的語感為主，生活化一些。
8. 問卷格式
   (1)受訪者資料研究：年齡–15/20/26/30/35/40/45/50。性別—男／女。婚姻—單身／已婚。職業及職稱—上班族／學生。年收入（萬）–20/40/60/80/100。生活形態—對美好事物感覺敏銳。愛出國觀光，喜歡地方小吃。
   (2)命名機能：只重視注意度（引人注目為單一條件）。重視商品概念的理解。以提升形象為主。須對機能加以說明。欲與其他品牌樹立差異化
   (3)命名語感評分

高級感	1 2 3 4 5	平易近人
機械化	1 2 3 4 5	人性化味道
柔調	1 2 3 4 5	硬調子
都會性	1 2 3 4 5	回歸自然

研發新產品的命名遊戲

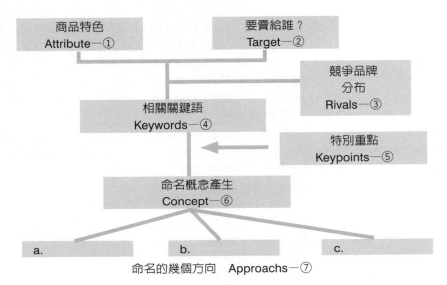

命名遊戲
Name Suggestion Concept Work
概念流程

商品特色
Attribute—①

要賣給誰？
Target—②

競爭品牌
分布
Rivals—③

相關關鍵語
Keywords—④

特別重點
Keypoints—⑤

命名概念產生
Concept—⑥

a.　　　　　b.　　　　　c.

命名的幾個方向　Approachs—⑦

遊戲程序

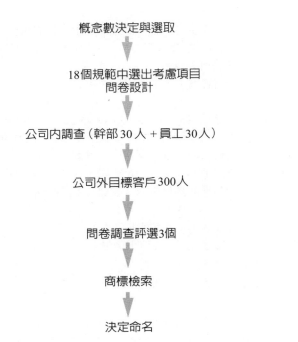

概念數決定與選取

18個規範中選出考慮項目
問卷設計

公司內調查（幹部30人＋員工30人）

公司外目標客戶300人

問卷調查評選3個

商標檢索

決定命名

附錄25　產品上市與上市後追蹤

鄭建益

1. 市場測試

是指產品和其行銷方案，在控制的情況下，作有限度的市場推出，測試可能的銷售量和利潤。

市場測試的另一目的，可以測試產品不同成分的變化，如不同的名稱價格或文案等，根據結果全面推出或撤回或送回產品開發部門修改。

產品上市後產品品質要與實驗室的品質再現性的測試：

A、B兩種產品分別代表實驗室與現場製造的保健食品，其有效成分量之如下表mg，試檢定A、B兩種產品的變異是否不同？母平均差是否有差異？

	1	2	3	4	5	6	7	8	9	10
A	0.79	0.82	0.76	0.80	0.79	0.82	0.75	0.80	0.84	0.76
B	0.82	0.81	0.78	0.85	0.81	0.83	0.80	0.79	0.86	0.80

1. $H_0 : \sigma^2_A = \sigma_B{}^2$

   $H_1 : \sigma^2_A \neq \sigma_B{}^2$
2. 設定冒險率$\alpha = 0.05$
3. $S_A = 0.00781$　$V_A = 0.000868$　$S_B = 0.00585$　$V_B = 0.00065$
4. $F_0 = \dfrac{V_A}{V_B} = 1.34 < F(9, 9, 0.05/2) = 4.03$

5. 有意水準5%下，不能說兩者有顯著差異。

   也就是在可靠度95%下，不能說上市前後兩產品的變異有顯著差異。

   檢定A、B兩種產品的母平均差是否有差異？

	1	2	3	4	5	6	7	8	9	10
A	0.79	0.82	0.76	0.80	0.79	0.82	0.75	0.80	0.84	0.76
B	0.82	0.81	0.78	0.85	0.81	0.83	0.80	0.79	0.86	0.80

1. $H_0 : \mu = \mu_0$

   $H_1 : \mu \neq \mu_0$
2. 設定冒險率$\alpha = 0.05$　$\overline{XA} = 0.793$　$\overline{XB} = 0.815$

3. $S_A = 0.00781$　$S_B = 0.00585$　$\sigma_e = \sqrt{\dfrac{S_A + S_B}{n_A + n_B - 2}} = 0.00065$

4. $t_o = \dfrac{X_A - X_B}{\sigma_e \sqrt{\dfrac{1}{n_A} + \dfrac{1}{n_B}}} = -1.786 < t(18, 0.05) = 2.101$

5. 有意水準5%下，不能說兩者有顯著差異。

　　也就是在可靠度95%下，不能說上市前後兩者母平均差有顯著差異。

2. 商業化

　　透過市場測試，滿意後全面上市，稱爲商業化。上市後投入很高的廣告和促銷費用。

　　現今產品應隨時密切注意企業外在行銷環境之變化，並加以靈活運用於行銷規劃中，以掌握下列優勢：

(1)能即時研發創新產品服務，以滿足消費者之需求。

(2)能事前掌握資源或原料，不僅得以降低成本且能維持一定品質的服務。

(3)能提升企業產品在市場上的競爭力與占有率。

(4)能提升企業產品在市場上的知名度與形象。

　　上市後追蹤市場行銷環境包括品質再現性、微觀環境和宏觀環境。這些環境因素涉及很多方面及多層次。各個影響因素相互依存、相互作用和相互制約，既蘊含機會，也潛伏威脅。

　　上市後企業要密切關注市場行銷環境的變化趨勢，以便即時發現市場機會和監視可能存在的威脅。企業的行銷活動必須適應行銷環境的變化，不斷調整和修正公司的行銷策略。

3. 行銷環境分析：SWOT分析法

　　SWOT分析法是指對企業外部環境和內部條件進行分析，找尋兩者最佳可行戰略組合的一種分析工具。

(1)外部環境分析：找出環境機會與環境威脅。

(2)內部環境分析：確認企業的優勢與劣勢。

　　①環境威脅分析

　　　　環境威脅是指對企業行銷活動不利或限制企業行銷活動發展的因素。這種環境威脅，主要來自兩個方面：

　　　　A.環境因素直接威脅著企業的行銷活動。

　　　　B.企業的目標任務及資源與環境機會相矛盾。

　　②市場機會分析

　　　　市場機會就是市場上存在尚未滿足或尚未完全滿足的顯性或隱性需求，也是公司在該領域擁有的競爭優勢。

　　　　企對市場機會的分析、評價主要有兩個方面：

　　　　A.考慮機會爲企業帶來的潛在利益的大小。

　　　　B.考慮成功可能性的大小。

　　　　在實際面臨的客觀環境中，單純的機會或單純的威脅是出現的，一般情況下都是機會和威脅並存、利益和風險結合在一起的綜合環境，所以企業要綜合

　分析機會環境和威脅環境。

③行銷環境分析

　A.理想環境：此環境中機會機率高、威脅機率低，利益大於風險。

　B.冒險環境：此環境中機會和威脅同在，利益與風險並存。

　C.成熟環境：此環境中機會和威脅機率都比較低。面對這樣的環境，企業一方面要按常規經營，取得平均利潤。

　D.困難環境：此環境中風險大於機會，企業處境已十分困難。

附錄26 研發新產品之後的存活保證：銷售計畫

李明清

銷售計畫，若只是標明銷售商品的數量，或者銷售金額，是不夠充分的。銷售計畫，一定要能夠實現公司的經營方針、經營目標、發展計畫、利益計畫、損益計畫，以及資產負債表計畫才行。

銷售計畫的內容就是：1.要賣什麼（商品計畫），2.賣到何處（路徑計畫），3.以多少錢（售價計畫），4.由誰（組織計畫），5.花多久（進度計畫）來賣出去的計畫。在整個計畫中，內容應考慮周詳，否則稍微不注意，就會變成只是將多少賣出去的計畫（銷售額計畫）而已，這個銷售額計畫，只是銷售計畫的一部分而已。

年度銷售額計畫，可以用損益平衡點基準、總資本回轉數、銷貨純益率、附加價值率等來計畫，在參考事業發展計畫基準之後，就可以來做決定計畫，在有歷史資料的情況下，年度銷售額計畫比較不會太離譜，當新事業創立的第一年，銷售額的計畫，如果距離事實太遠，往往是新事業提早結束的最主要原因，如何避免或者減少發生的機率，最有效的方法是，找一個最接近的時間點的標竿企業，分析它的實際做法，並且做自己的SWOT分析之後，就可以找到自己的比較符合實際的銷售額。

年度銷售額應該細分為月別銷售額，可以先用平均月別，再參考歷史資料，或者季節淡旺資料作修正，而得到符合實際的月別銷售額，每一個月的銷售額，應再按照商品別，以及單位、客戶別細分，商品以暢銷商品／高利益率商品／其他商品來分，也可以使用BCG矩陣來細分，並且與去年同期來比較，各項商品的構成比率，也可以用來分析比較。

在每一個單位的客戶，可以用ABC來分類，並與去年同期來比較其銷售金額及構成比率。與銷售金額最息息相關的，莫過於銷售促進計畫了，促進計畫應該按月對於商品／銷售方法／從業員／經銷商／廣告宣傳手法等分別寫明計畫，也要同時列出預算費用，以及期待增加的銷售額，如果有固定資產的發生應該在備註列出來。

應收款回收計畫是銷售人員最重要的工作，有道是賣東西是徒弟，收到款才是師傅，回收計畫應按月，分為回收現金／90日以內票據／90日以上票據／餘額／回收率／回收不良率等，不良的期間，可以依照各個公司實際情形來決定。

小博士解說

紀律的原始精神是教育訓練，年度教育訓練要依照項目列出舉辦日期，據以執行。推銷員行動計畫，是銷售計畫執行的中心，應按月擬定月別重點行動目標表考核，主要項目為重點銷售商品／重點拜訪客戶／新開發客戶三項，並且擬定週別行動計畫表，細分到每日的行動計畫，月別及週別行動計畫最好寫成一張A4的表，以免太複雜。

銷售計畫的內容

1.要賣什麼（商品計畫）

2.賣到何處（路徑計畫）

3.以多少錢（售價計畫）

4.由誰（組織計畫）

5.花多久（進度計畫）來賣出去

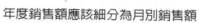

新事業創立第一年的銷售額的計畫

年度銷售額應該細分為月別銷售額

按月對於商品／銷售方法／從業員／
經銷商／廣告宣傳手法等分別寫明計畫

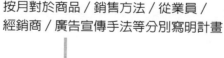

應收款回收計畫：貨款收的回來才是師傅

附錄27　研發新產品的前置作業：行銷計畫

李明清

　　公司的經營，如果像一支交響樂隊，總經理如果是指揮，那麼行銷計畫書就是樂曲，而行銷計畫就是編曲。如果沒有好的行銷計畫，就好像樂曲編的不動聽，再好的演奏也是枉然。行銷計畫是在一個確定的市場上，進行滲透抓住機會，保持市場地位，它包含行銷組合的溝通工具，指出誰要做什麼、什麼時候、什麼地點、以及怎麼來做，以達到目的，整個公司的行銷計畫，可以由一系列的：單個產品或地區的小市場行銷計畫來組合而成。

　　銷售主要是爲了說服消費者來購買產品，它注重的是今天的銷貨。而行銷是提供商品或服務，以滿足顧客的需求，它追求的是明天的訂貨。行銷必須隨時準備改變產品，引進新產品，或者進入新市場。行銷牽涉到公司的能力，消費者的需求，以及行銷的環境。行銷可以控制公司的四個主要因素：產品及價格是爲了滿足消費者的要求，促銷和徑路是爲了第一時間把產品送給潛在消費者。

　　行銷計畫是用來確認市場地位及預測市場規模，在每一個細分的市場上，確定可行的市場占有率，整個過程包括：(1)在公司內外進行市場研究；(2)了解公司的優勢及弱點；(3)做出假設；(4)預測；(5)確定行銷目標；(6)制定行銷策略；(7)確定進度；(8)編制預算；(9)觀測結果並且修正目標策略及進度。環境分析包含紙上研究／市場資訊／產品資訊／競爭者資訊／SWOT分析等。而分析的產出有：(1)假設；(2)銷售量（歷史／預算）；(3)主要產品；(4)主要銷售地區。

　　目標應該可以定義及可以量化，市場區隔（segment markets）可以使用下列因素來考慮：地理區域／人口／年齡／徑路／產品等，而目標市場及市場定位（market position）要在選擇的目標上去考慮。目標範例有未來三年平均在臺灣市場增加銷售淨額5%或者在五年內增加全球市場銷售額20%。

　　市場行銷戰略與4P有關。例如，產品策略：森永番茄醬的瓶口改大；定價策略：休布雷的伏特加酒有三種價格。產品組合要考慮產品生命週期，市場的相對增長率與市場占有率（BCG矩陣），市場發展策略（Ansoff矩陣）、市場及產品，而行動計畫要包含項目、預算及進度表等。促銷及預算要依徑路別來分類／組織人員計畫／廣告計畫（平面／電視）／促銷計畫（展售會／試吃）／預算及損益。

小博士解說

編寫計畫是將詳細的內容傳達給執行計畫者的文件。提出計畫，是為了溝通以及修正之用，為了把我的計畫變成我們的計畫，而有利於組織的執行。目標是計畫的方向，而戰略是如何取得目標的方法。主時間表是行動計畫的程序。

行銷計畫的過程

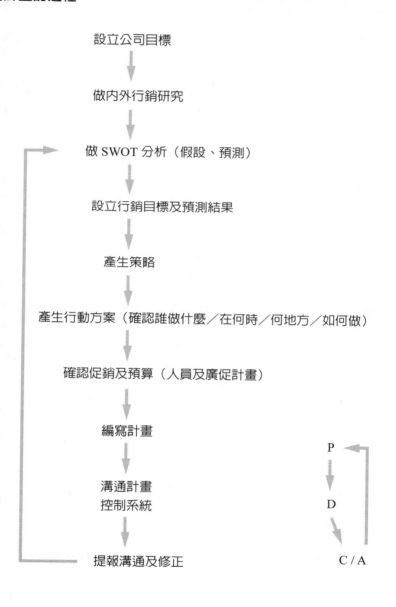

附錄28　產學合作經驗談

陳勁初

　我國主要的研究能量都集中在學術界，食品產業的研究發常被譏爲只在調口味。事實上，事在人爲，只要有心，不足的地方僅可尋求產學合作來解決。但一些基本的認知需先具備。

1. 教授不是神，他沒有辦法幫你解決所有問題，所以要先了解該教授專長，這點可以透過查詢他過去發表的論文內容、多寡、指導研究生題目或產學合作經驗、技轉成果等來判斷。另，教授有其人脈資源，透過其人脈可能就有全系或全校的資源，也是合作的利基。

2. 教授有他自己的工作及任務，除了教書、服務外，研究發表論文是很重要的事，故產學內容若能發表成論文，申請專利，對教授會比較有吸引力，尤其對需要升等的副教授或助理教授更是如此。研究過程若公司人員能參與，不僅達到學習與提升，在論文發表時亦可掛名，提升公司知名度及形象（無形資產）。專利之申請費用由公司負擔，公司可擁有所有權，但發明人可以是教授及公司參與員工，此亦是促成融洽合作的做法。教授既然重視論文發表，那麼廠商最好要能提供特殊或有創意的產品，否則只會淪爲驗證或委託分析，不利於教授的合作意願。

3. 產學合作可以藉助政府資源：政府部門各司其職，其中經濟部、科技部、農委會皆是站在輔導產業的立場，因此有各種輔導案可供申請，隨著政策調整，輔導輔助方案也會與時俱進，故需隨時上網查詢。但基本不外兩種模式，一種爲廠商主導提案申請，案內當然可以有轉委託給學界、研究法人等尋求支援，但企業必須自己有人才，否則不易通過，此主要爲經濟部科學園區廠商計畫及農業部計畫爲主。另一類是由學界或法人提出，廠商通常只需付配合款即可，此以科技部、教育部的產學合作計畫爲主，因由學界提出學界需尋求配合廠商，廠商可成爲關鍵角色，重點在於廠商配合款是做有用的規劃產出或只是公關費。畢竟在政府美意下，企業僅需少許的配合款，但配合款雖不多卻讓廠商可有主導權去選擇配合的學者。但若廠商把配合款淪爲配合學者之公關費，研究產出就不見得是廠商的產業化需求所在，也就失去政策的美意，造成國家資源的浪費。

4. 產學合作的結果應會有產出，產出在學界大概就是繳出結案報告，若業界只將其存參，也是暴殄天物，所以可力促學者將其成果發表到國際期刊或至少中文期刊，這有助於提升廠商知名度與形象或產品之推廣。

5. 學者多會選擇有SCI點數的期刊發表，但發表後，其實可再藉助外籍生，以提供獎學金的方式，請其閱讀後以新知報導方式，用其母語簡要投稿於其母國的科普性刊物中，一步步推廣出去。

　以上方式適合於素材（而非成品）的發表模式，國內產業因絕大部分依賴國外開發的素材，總是淪爲紅海市場的微利爭奪，若不多思索如何引入學界能量，自然也無力產業升級。所幸幾個臺灣特有素材（如樟芝、紅麴、紅藜等）吸引學界注入能量，帶領業界慢慢學習摸索外銷之路，相信以國人材智應快有成功之果實。

附錄29　創業的輔導案例

李明清

一、緣起

筆者於8個月完成企管顧問協會的第九期高級顧問訓練班的課程之後，適逢H家族創辦人希望引導家族成員重新出發，要到中國大陸建立食品事業，H家族在臺灣由食品業起家，目前在臺灣最大的事業是汽車事業，對於食品事業的再創造，家族創辦人一直無法釋懷。

家族成員當中，有人已經在成都設有醬油工廠，爲了結合家族的力量，集中再出發，經由創辦人的指示以及家族會議的討論之後，選定成都作爲灘頭堡，並且選定乳品事業重新開始。

筆者早年在家族的食品公司服務，與家族成員互有信賴，在家族重新起步之時，藉由顧問班訓練成果的展示，獲得擔任領頭的輔導工作。

二、輔導手法

1. ISO程序書法

創業期間，千頭萬緒，各項工作如果能利用程序書作爲主軸，則可以事半功倍，本次由筆者參照ISO的4階文件爲主，設計如下的程序：

(1)組織。

(2)職掌。

(3)程序書。

(4)標準書。

(5)表單。

使用結果，發現非常有效，尤其是程序書的妙用，起到畫龍點睛之效，不但文字統一，格式統一，說法也一致，對於在陌生的環境尤其有效用。

2. IPO方法

做任何事情，詳細分析，不會超出IPO的範圍，但是，平常人們作事情卻很少有人認眞去遵守，process是大家做事一定會遵守的部分，也往往特別強調。

但是，對於output的規格，尤其是它的檢驗方法，會特別把它寫下來的人就很少了，不是他不知道，而是他沒有這個習慣，你問他知道output的規格嗎？他一定告訴你：知道，但就是不寫下來，也不會特別去求證，甚至一知半解，那麼他將碰到的最大困擾是什麼？他的老闆或他的客戶，對他的產出將予取予求，怪誰呢？只好怪自己了。

Input的規格以及檢驗方法，特別注意的人更不多，你一定不同意，不是很多人都知道原材料要有規格的嗎？知道是知道，但是有寫下來嗎？不好寫！就是不好寫才要你寫下來，不是嗎？寫下了，但是爲什麼沒有檢驗方法呢？不好寫啊！以上是你如果追問時，將碰到的實際情形。

有效的方法是：先規定寫作的格式及項目，不能省略，最好有一個例子給他看，照表操課。

3. 善用既有的IT技術

不要一講到IT，就一定要請軟體廠商來寫程式，市面上有很多免費的軟體，等著你去使用，微軟公司也有很多套裝軟體，等你來使用，例如Excel中有樞紐分析，有自動篩選，你用過了嗎？善用電腦科技，將會使你的效率增加好幾倍。

三、結論

H家族，早期在臺灣由食品業起家，逐漸踏入汽車業，家族創辦人對臺灣酪農事業的發展，可以說是一個啟蒙者，乳業，對於一個國家來說，是一個很重要的產業，不但對於國民的健康有益處，更重要的是一個國家由傳統農業進入現代農業的主要關鍵。

在臺灣有了經驗之後，家族創辦人，極思能把這個寶貴經驗移植到中國大陸，一方面，可以幫助大陸廣大的農民致富，另一方面，可以幫助家族成員去開創一個潛力無窮的事業。

家族中年輕一輩的成員，認為乳業是一個應由國家來主導的產業，發展不容易，乳業也是屬於傳統產業的一環，短期要發展起來，不太容易，因此觀望成分濃厚。

從2001年9月聘用總經理之後，先投入開辦費，作為實地的市場調查，以及產品的品評，終於在2002年9月達成共識，提出一個折中的方案來執行，而後續的公司籌設，以及設廠作業由2002年11月啟動，還算順利。

考慮乳品為夏季產品，其冬天夏天淡旺季，有明顯的差異，因此選擇2003年夏季來臨之前，正式上市，整體的籌備輔導過程，均按照既定的架構執行，而於2003年4月1日正式上市銷售。

四、結語

公司成立之後，也就是經營的開始，籌設公司：分為可行性分析階段、籌備階段以及經營階段。本案例是屬於籌備階段。

籌備階段的重點是：透過實際的市場調查，以及商品的定位，來加深投資者的信心，在整個過程當中，仍然以人為主要中心，尤其是總經理的經營理念與投資者的契合度。

＋知識補充站

總經理是將來的經營中心，是否選對了總經理，往往是事業成功與否的最重要關鍵。

附錄30　鳳梨罐頭添加鳳梨果汁試驗　　黃種華

一、前言

　　臺灣自1950年以來，鳳梨罐頭外銷占農產品加工外銷很重要地位。罐頭原料鳳梨（Ananas comosus）品種是開英種（Smooth cayene）主要產區是臺灣中南部之丘陵地，後也在臺東、花蓮推廣，每年外銷量約有350萬標準箱。

　　製品罐型約分大型罐業務用和小型罐零售用二項。片型有整片、半片、四分片、扇形片、碎肉、碎片等。其中以三號整片和新一號扇形片數量最多。

二、因應美國客戶要求，提供鳳梨罐頭不添加糖液，僅添加澄清純鳳梨果汁（clarified pineapple juice），罐型要求有三號罐整片（whole slices）和新一號罐沖切1/16之扇形（tidbit）二種，銷售美國地區。

三、製程設計

1. 原料選擇5～6月生產鳳梨，糖度較高，酸度稍低，風味、色澤較佳，且原料每日進場數量亦較多。

2. 鳳梨果汁生產流程，選擇二級和三級原料鳳梨，直徑各為120公釐、110公釐以上。經去皮、去芯後之鳳梨外皮、皮內層殘留之果肉，經刮肉機刮取殘存之果肉，經由絞汁機（Extracter）取得混濁之鳳梨果肉與鳳梨汁，再經由篩濾機（Pulper-Finisher）擠壓，並排除大量細碎泥狀物，蒐集貯存備用。

3. 取鳳梨果芯經洗滌打碎。再以絞汁機取得粗汁，再經篩濾機擠掉鳳梨渣而得稍混濁汁鳳梨汁。

4. 混合上述二種果汁，前者約70%，後者約30%，經由管式加熱機，迅速加溫至75℃，再經離心機分離液汁中凝固汁蛋白質，排除沉澱物，即可得澄清鳳梨汁。

5. 鳳梨原料經去皮、去芯、切片後加以檢查挑選，取品質符合規格汁鳳梨片，每罐裝進10片，是為三號罐原料。另條工作線則取合格之鳳梨片，經由沖切機沖成1/16小片（Tidbit）裝進新一號罐內。

6. 各種片罐型裝罐後要儘速沖填已準備好之澄清鳳梨汁，三號罐經由真空封蓋機（Angelus model 29 V）封蓋。新一號罐經由脫氣箱加熱脫氣，使罐中心溫度78±4℃，脫氣時間約需12～15分鐘，即行封蓋。

7. 殺菌溫度與時間，三號罐使用自動殺菌冷卻機，溫度98～100℃，時間18分鐘。新一號罐用臥式殺菌斧，溫度105℃，時間25分鐘。殺菌完成後隨刻冷卻、擦乾，即為成品。

四、檢討事項

1. 鳳梨汁來自括肉機括取殘留之鳳梨果肉和鳳梨果芯，較之使用整塊鳳梨皮打碎再榨汁，可減雜質之滲入和汙染，因鳳梨外皮含糖量較低，且含有葉綠素，榨汁過分，易造成液汁略帶淡綠色，且稍有苦味（單寧），會影響風味、色澤。

2. 鳳梨果汁經加熱到75℃，可使汁中之蛋白質凝固沉澱，容易分離。若溫度保持60～70℃，則見液汁稍有白霧，但風味無影響。

3. 最適合生產季節，應在5、6、7月生產之鳳梨原料加工製罐。風味、品質最佳。

三號罐新一號鳳梨罐頭添加鳳梨果汁澄清業生產流程

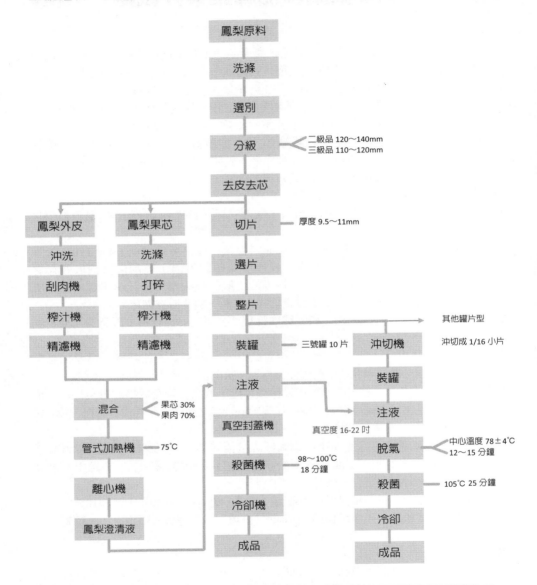

附錄31　什錦水果罐頭試驗

黃種華

一、前言

臺灣位於亞熱帶地區，一年四季皆有不同種類水果，風味特殊、品質良好。加工外銷項目除鳳梨罐頭較為大宗有規模外，其他水果未見有大量加工外銷。

臺灣可供製罐銷售水果有香蕉、蜜柑、西瓜、龍眼、荔枝、枇杷、番石榴、楊桃、百香果、柚子、蓮霧及葡萄等。如可製成罐頭外銷，當為市場開拓一新項目。

二、原料和製程

1. 鳳梨

原料：開英種，外徑110公釐以上，成熟度良好，無病蟲害，果肉橙黃色，具鳳梨香味。

製程：鳳梨→選別→水洗→分級→切頭尾→去果芯、果皮→切片→沖切→挑選→備用。

2. 芒果

原料：愛文種，成熟度約8～9分熟，無病蟲害、每顆250公克以上。果肉堅實、色澤金黃、纖維少。

製程：芒果→驗收→水洗→削皮→切塊→備用（置於0.2%檸檬酸液）。

3. 西瓜

原料：紅色品種，成熟度約7分熟，色澤鮮紅一致，外表光滑清潔。

製程：西瓜→水洗→剖開→挖肉（用1.5～2公分直徑之冰淇淋圓型挖取機）→去除外表種子→備用。

4. 香蕉

原料：成熟度約8分熟，果肉飽滿肥圓，外表光滑清潔。

製程：香蕉→水洗→去皮筋線→切片（車輪型，厚度6～7公釐）→投入0.5%檸檬酸液→備用。

三、裝罐

1. 開罐水果比率：鳳梨40±5%，芒果、西瓜、香蕉各20±5%。
2. 順序：為防止擠壓、破裂、先放進鳳梨再芒果、西瓜、香蕉，依序裝罐。
3. 收縮率：各種水果收縮率會隨季節變化，鳳梨約17%、芒果12%、西瓜40%、香蕉1.5%，產製前應先測試水果收縮率，換算生果片重量裝入。
4. 糖度：開罐成品保持18～20° Bx，原料生果糖度約鳳梨12°Bx，西瓜8°Bx，芒果12°Bx，香蕉12°Bx。

四、脫氣

罐中心溫度78±4℃，封蓋。殺菌95～100℃，時間16～18分鐘。冷卻，成品。

五、檢討

1. 什錦水果要選擇在水果盛產期製造，因原料多、品質風味色澤量好、價格低廉。但實際上難全數配合，因此事先將用量較少、產期較短水果，先製成大型罐，改裝再使用。
2. 熱帶水果特色是色彩鮮豔、風味獨特，各種水果併合成美麗圖案。所以水果成熟度、品質要嚴加控制。
3. 生產流程儘量配合良好，速度快、時間短、備料儲存時間不可過長。

什錦水果罐頭生產流程

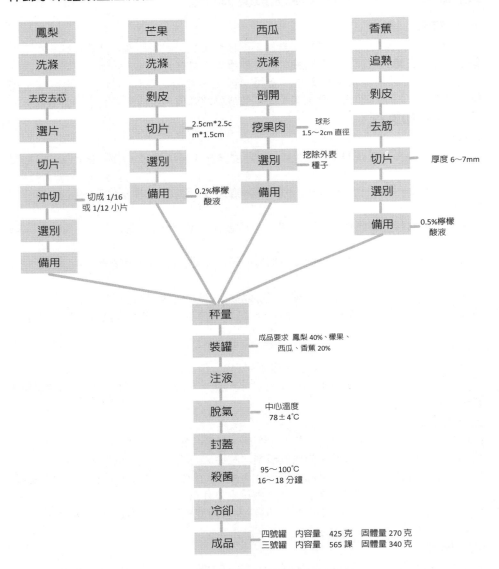

＋ 知識補充站

1. 選擇適當時間產製什錦水果，可以確保品質和風味。臺灣在5、6月間鳳梨、西瓜、香蕉、芒果盛產期，產製最適當。
2. 原料水果要控制適當成熟度，不可過熟，避免成品形體不良。
3. 汁液必要時可添加約2%百香果汁，更有熱帶水果風味。

附錄32　水產罐頭原料之保鮮

施柱甫

1. 水產罐頭的品質

整體來說罐頭食品風味、口感不是最好的，但爲最安全的包裝食品且能久放儲存，因此新鮮的原料絕對是品質的最佳保證。近十多年來河／海鮮類水產罐頭逐年上升，消費者常把水產罐頭當休閒食品、佐餐、菜餚來食用；T公司爲發展水產罐頭從漁獲捕撈、進港新鮮度確保、原料庫存保鮮及使用過程的解凍，防範水產魚的變質造成的劣變影響水產罐頭品質，並以鮮度指標來進行原料控管。

2. 捕撈新鮮度確保

FAO統計，2014年全球漁業總產量達16.72千萬公噸，其中捕撈漁業56%，產量爲9.34千萬公噸，如何在遠洋或近海捕撈過程確保水產原料新鮮度是一大課題。腐敗與時間、溫度有關，據估算大西洋鱈從$0 \to 5^{\circ}C$，其腐敗速率增加近1倍。捕獲過程伴隨生化變化，會去除內臟放血減少消化道酶和線蟲對肌肉的侵害，防止魚體損壞和微生物侵害。而每種魚類會因加工不同處理方式互異，如鮪魚必須立即分切、加熱處理後分包冷凍，鯖魚於碎冰中冷凍儲存加工前再引入一定量海水解凍分切，鰻魚則排放整齊分箱冷凍加工前解凍分切。

3. 水產原料的保鮮

低溫可抑制或延緩微生物和酶的作用，一般包括冷卻保鮮、微凍保鮮和冷凍保鮮。

(1)冷卻保鮮是延長僵硬期、抑制自溶作用防止腐敗變質。(2)微凍保鮮是將溫度降到細胞液的凍結點又稱部分冷凍。(3)冷凍保鮮溫度低於$-30^{\circ}C$時，90%的水結爲冰後可抑制微生物引致魚的腐敗。

4. 解凍

解凍時，冰晶帶$-5 \sim 0^{\circ}C$區域是生化反應及酶的反應溫層，應防止變色及品質下降。解凍在$10 \sim 15^{\circ}C$低溫下可保證水產品的品質。

5. 魚的變質機理

魚的變質機理主要爲微生物引起的腐敗和非微生物引起的腐敗。

(1)微生物引起的腐敗是a.微生物繁殖及產生的酶代謝產生非蛋白質氮，產生腐爛的氨味。①細菌作用下氧化三甲胺（TMAO）還原爲三甲胺（TMA）使呈腐魚味；②冷藏中氧化反應產生的苦味和代謝風味物質腐爛味。

(2)非微生物引起的腐敗是魚組織的自溶，魚死後肌肉收縮進入僵硬期，因酶的作用使ATP依次分解成ADP、AMP、Inosine和XHypoxanthine，XHypoxanthine（次黃嘌呤）是魚腐敗的苦味物質，一般在未凍藏溫度存放10天以上，魚體汁液流失將達$5 \sim 10\%$。

5. 水產原料新鮮度指標

水產原料的新鮮度指標有：(1)總揮發性鹽基態氮（T-VBN, Total Volatile Base Nitrogen）是動物性食品在貯藏過程中，蛋白質分解產生氨及胺類等鹼性含氮物質。(2)組胺是組氨酸脫去羧基後形成的一種胺類物質，人體攝入會引起組胺中毒。(3)K值是魚體死後酶的作用使ATP分解成六種ATP關聯化合物，K值比T-VBN值更能有效反應魚的新鮮程度。

6. 水產罐頭發展概念

產品概念	使用時機	口味特色	罐型／克重	固形物	尺寸／容積 mm/ml	罐體材質	產品	效率評價	產值評價
休閒	·點心 ·零食 ·下酒菜	咸甜適合	兩片方型罐 100克	80%	106×73×24mm/186mL 實測176mL	罐蓋材質：馬口鐵 塗層：鋁粉有機 拉環材質：馬口鐵 塗層：無塗層 罐體材質：鍍鉻鐵 塗層：鋁粉有機	以「炸、烤」工藝為主（蒲燒／照燒／燒烤／煙燻）水產類： ·紅燒鰻魚·紅燒小卷 ·紅燒銀魚·紅燒鯖魚 畜產類： ·紅燒蹄筋·紅燒毛肚	3	1
佐餐	·蓋飯 ·拌面 ·塗麵包 ·做湯	咸度較高	兩片圓型罐 鮪二C/150克（帶扣蓋）	95%（肉醬） 73%（鮪魚）	83.3×34mm/185mL 實測174mL（肉醬164mL）		·水產（鮪魚／鯖魚）＋菜（香菇／洋菇／金針菇／栗子／玉米／洋蔥／紅椒／竹筍） ·畜產（牛肉／豬肉）＋菜（胡蘿卜／土豆／白蘿卜／香菇／洋菇／金針菇／栗子／玉米／洋蔥／紅椒）	1	2
菜肴	·正餐一道菜	咸度適中	兩片圓型罐 平二號／225克	49%	83.3×48mm/262mL 實測值：253mL		·紅燒牛肉 ·老壇酸菜牛肉 ·酸菜魚 ·水煮魚	2	3
			兩片圓型罐 平一號 B/225克（克重275克較合適）（需評估：開啓力）	49%	99×41mm/316mL 實測值：292mL				

7. 保鮮方法

冷卻保鮮（−1～0℃）
- 空氣冷卻法
- 冰冷卻法
- 冷海水或者冷鹽水冷卻法

微凍保鮮（−2～−1℃）
- 冰鹽混合物微凍
- 吹風冷卻微凍
- 低溫鹽水微凍

冷凍保鮮（−18℃）

日本為了保持金槍魚的鮮紅色，採用−40℃的超低溫凍藏

解凍方法

外部加熱
- 空氣中解凍（溫度<20℃）
- 水中解凍（風味和外觀質量損失）
- 真空解凍（釋放的氣體易使鮮魚破裂）

內部加熱
- 微波解凍（局部過熱造成表面煮熟）
- 介電解凍（解凍最貴時間最短）
- 電阻解凍（可得到品質良好解凍品）

附錄33　做好醬油的關鍵技術
施柱甫

1. 好醬油製造要點
一麴、二擺、三火入（即：一製麴、二攪拌、三調煮）。

2. 原料處理
(1)黃豆片
蒸煮黃豆片主要使蛋白質變性也讓麴菌生育進行蛋白質分解以提高TN利用率，蒸煮灑水量愈高，汙染風險大，但可提高麴菌酵素（Protease）生成，日本蒸煮黃豆片的灑水量多提高至145%；蒸煮壓力係照設備能力，若蒸煮壓力為2.0～2.1 kg/cm^{2}時，蒸煮溫度為130±2℃。

(2)小麥
小麥是提供麴菌、乳酸菌、酵母菌發育所需氮素及糖的來源，同時兼具促進醬油色、香、甘味及酸味的生成。小麥焙炒可使小麥的澱粉α化及殺菌，小麥焙炒後應適當粉碎這樣可使麥粉包裹住黃豆片使種麴附著在黃豆片上，同時兼具調整水分降低微生物汙染，而粗顆粒的麥粉產生空隙會讓麴料通風良好。

3. 製麴
(1)蒸煮黃豆片與粉碎小麥混合乃為了確保顆粒細小化，並擴大混合面積以利麴菌生長產生酵素，仕入麴室麴料厚度要一致使通風均勻，並控制麴床下溫度及相對溼度（95±5%），以風速、冰水、風板控制不同製麴階段的溫度。

(2)翻麴時機
翻麴區分為以下三個階段。麴料在送入麴室後18～20小時是麴菌生育階段，此時剝開麴料觀察菌絲發育，若麴料已見變白現象則表示發育完全即可進行第一次翻麴；麴菌發育後是酵素產生階段此時麴料若呈現裂痕有結塊現象即可進行第二次翻麴（約在第一次翻麴後5～7小時）；此後控制品溫25～28℃使酵素持續生成，培麴44hr後出麴即所謂的三日麴。

4. 醬醪醱酵及攪拌
成麴與鹽水溶液充分混合後仕入醱酵槽，初期醬醪品溫控制在15℃，並依醱酵過程產生乳酸、酒精階段調整醬醪的溫度和攪拌。入槽後品溫的控制係將非耐鹽性細菌（Micrococcus等）死滅及抑制耐鹽性乳酸菌活動，以抑制醬醪pH快速下降。下槽後先以最大通氣量進行攪拌、混合均勻無結塊，空氣攪拌次數多時，乳酸菌增殖快酵母增殖遲緩，因此只要適度攪拌使醬醪維持多孔性的海綿狀利於酒精生成。接著緩慢回溫至25～28℃，升溫太快乳酸醱酵加速致pH下降造成偏酸使得風味不好。酵母菌（主醱酵酵母：S. rouxii酵母菌）最適添加條件為pH 5.0～5.1，其目的在減少酒精產生以提高醬油風味，添加酵母菌後控制品溫約25℃。爾後每週通氣攪拌一次並定時取樣分析。

5. 過濾及醬油調煮
醬醪放入濾布後使自然垂流後再進行壓榨，生醬油放置熟成室使熟成、澄清。生醬

油以< 80℃殺菌使酵素失活、除去懸浮物、增加色澤和調和風味作用，殺菌溫度過高會產生焦糊味而影響風味。加熱後經過3～7天沉澱取澄清液充填即爲市售醬油。

原料成分變化

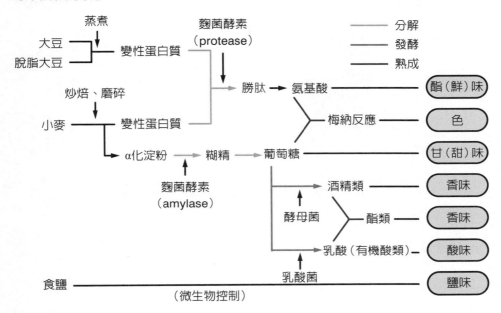

摘自：Yamasa醬油株式會社

6. 麴菌發育及酵素產生曲線

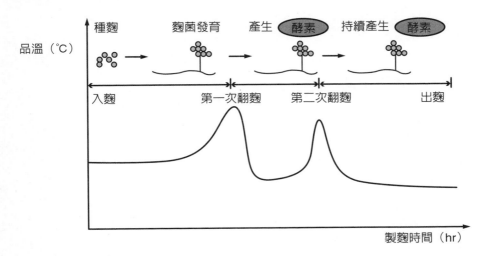

7.醫醪釀造pH變化與乳酸、酒精生成曲線

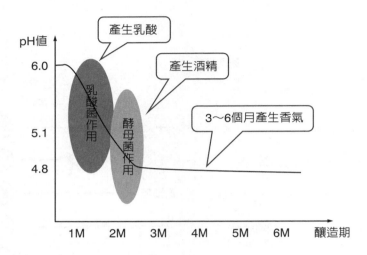

附錄34 以大米進行麩酸醱酵提升「麩酸蓄積量」

施柱甫

一、前言

W公司與WH公司1995年成立合資公司後，W公司對於WH公司「以大米進行麩酸醱酵」所做設備及生產診斷，針對醱酵汙染降低、主醱酵槽培養法改善、糖液品質確保、現場作業標準化，提出三項改善重點分別為：

1. 醱酵罐：(1)種子罐改造（增加30% seed volume）、醱酵罐內死角及配管改善、空滅菌排氣系統改善、空氣過濾系統改善（含除溼和滅菌）；(2)菌種培養標準化，(3)主醱酵培養採低糖、多次追加培養法。
2. 糖液品質：(1)大米品質確保；(3)大米液化、糖化製程改善以提升糖液品質及收率。
3. 教育訓練：作業方法修改及說明。於標準作業及相關設備改善後，導入生產仍無法達到預期目標，96年3月研究所與工程部前往WH公司進行麩酸生產現狀及設備考察後，與WH公司確認改善方向以提升「麩酸蓄積量」。

二、研究所及工程部技術改善實施

1. 第一階段
   (1)麩酸蓄積低：菌體生長旺盛產酸率低，核算培養基用量係C.S.L偏高所致。
   (2)改善措施：主醱酵罐及種子罐C.S.L培養基等含量修正。
   (3)改善成果：培養基biotin濃度修正後，持續7批醱酵產酸率90.1mg/mL，罐產量14.47 T/B，轉化率52.30%。
2. 第二階段
   (1)生產異常
   ① 雜菌汙染嚴重，種子罐失敗率15%，醱酵罐培養基重殺菌25%。
   ② 醱酵罐結垢嚴重及多處設備洩漏部位造成汙染。
   ③ 糖化罐排汙不良，糖化液酸敗乳酸含量偏高，影響麩酸菌生長致麩酸蓄積量低下。
   (2)改善措施
   ① 雜菌汙染防治：A.培養基滅菌溫度確保；B.種子罐及接種管定期酸鹼液煮罐、洗滌；C.建立醱酵製程定期巡查（Patrol）表；D.醱酵罐周遭定期消毒。
   ② 醱酵設備改善：A.種子罐於金屬過濾器後加裝PALL過濾器並定期滅菌；B.醱酵罐及配管改善；C.醱酵管排液系統改善，減少汙染擴散；D.儀表meter清洗消毒。
   ③ 製糖條件改善：糖化罐配套設備改善，A.大米磨米機米漿導流盤改善；B.壓榨過濾設備洗滌水導流管增設；C.澱粉液化終點判定及糖液DE值測定法修正（編制：醱酵設備工程技改資料／製糖技改資料）。

(3)改善成果：設備改善後雜菌汙染得以控制下及糖液品質改善後，持續30批醱酵產酸率88.7mg/mL，罐產量14.24 T/B，轉化率52.20%。

3. 第三階段

(1)生產不穩定

①糖液發渾透光率差，過濾速度慢。

②產酸率不穩定在65～90mg/mL之間波動，留樣比對後判定與不同批糖液有正相關。

(2)改善措施

①進行不同糖化脢之糖化試驗，以複合酶（Dextrozyme）對糖化液品質及過濾速度皆有改善效果，確定糖化生產以複合酶與一般酶各50%混合使用。

②數據顯示大米糖液品質與麩酸蓄積之相關性，乃增列大米品種、產地、精度並制定大米採購規格作為大米品質判定指標，同時建立大米倉儲管理之儲存及使用原則（編制：醱酵工程作業指導書制定）。

(3)改善成果：在糖化液使用糖化酶改善、適當大米源之管理、選用及作業指導書實施，持續40批醱酵產酸率90.6mg/mL，罐產量14.42 T/B，轉化率52.90%。

三、麩酸醱酵生產現狀及改善成果（1996.11）

	現狀	改善目標	改善成果
產酸率（mg/mL）	73.1	90.0	90.6
罐產量（T/B）	11.11	14.0	14.42
轉化率（%）	48.48	51.5	52.90

說明：達標定義：

1. 穩定達標：連續20批平均值達標。

2. 持續達標：穩定達標後再持續10批達標。

四、麩酸醱酵經時變化

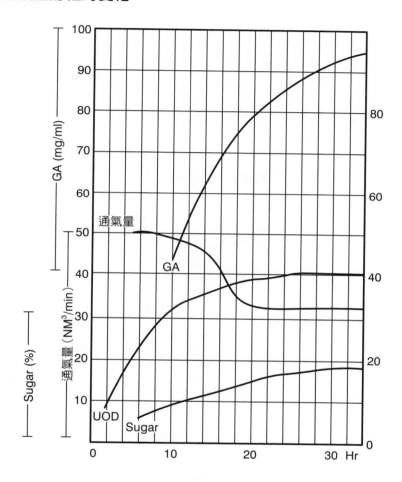

五、Troubleshooting流程

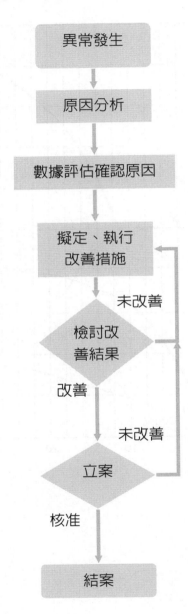

附錄35　水解植物蛋白發展及應用

施柱甫

1. 水解植物蛋白（Hydrolyzed Vegetable Protein, HVP）發展

　　水解植物蛋白1886年由瑞士Julice Maggi發明，1908年日本東京大學池田以鹽酸水解大豆生產穀氨酸並取得專利，1914年味之素開始生產水解植物蛋白即所謂的「化學醬油」。水解植物蛋白是以食用植物的脫脂大豆、花生粕、小麥蛋白或玉米蛋白等為原料，經鹽酸水解、鹼中和製成的液體鮮味調味品。HVP調配後經噴霧乾燥製成為HVP粉末狀鮮味調味品。

2. 水解植物蛋白水解的化學變化

　　水解植物蛋白有酸水解法、鹼水解法、酶水解法等三種，酸水解法則是目前最主要的工業化生產方式。其化學變化為：

(1)蛋白質水解反應：大豆等植物蛋白質酸水解後的氨基酸中，含鮮味的麩氨酸、天門多氨酸；含甜味的甘氨酸、丙氨酸、絲氨酸等，它們給予酸水解蛋白強烈的鮮甜味。

(2)碳水化合物水解反應：①澱粉水解為葡萄糖；②半纖維素水解為木糖、阿拉伯糖、甘露糖等，水解產生的還原糖則賦予酸水解植物蛋白濃厚圓潤的味感。

(3)Maillard反應：還原糖與氨基酸的Maillard反應，產生的化合物能獲得各種不同的風味。

3. 水解植物蛋白的安全性

　　1988年，歐洲在水解植物蛋白發現低濃度的3-氯丙醇（3-MCPD）懷疑它們是致癌物和生育抑制劑。英國致癌性委員會（Committee on Carcinogenicity）認為，3-MCPD在動物實驗中致癌的報告引致消費者恐慌。

(1)氯丙醇產生的原因

　　原料蛋白殘存油脂在強酸的條件下被水解為脂肪酸和甘油，而鹽酸和甘油在高溫、高濃度和長時間作用下，產生了3-氯-1，2-丙二醇及1，3-二氯-丙醇及1，2-二氯丙醇。

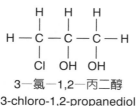

3—氯—1,2—丙二醇
3-chloro-1,2-propanediol

(2)氯丙醇去除方法

　　水解植物蛋白3-MCPD去除方法有減壓蒸餾法、凝膠色譜法、鹼處理法等，鹼處理法是調整水解蛋白液的pH值8～10，再加熱到90～100℃保持2小時，即可將

　　　　3-MCPD去除掉。

4. 水解植物蛋白產品特性及應用

　　水解植物蛋白可替代味精和I+G，它的特性有：(1)調味，添加到食品中有鮮味相乘的效果，使產品綜合口味更柔和、豐富，是基礎調味的鮮味調味品；(2)增香，提升主體香氣，具Maillard反應產生的肉香；(3)除異味：遮蓋產品中的不良氣味。

　　水解植物蛋白廣泛應用在：(1)反應型香精：作為基底物，提供風味物質的來源；(2)休閒食品：作為增味劑，強化產品的口感；(3)方便食品：重要的配料，提供口感和風味；(4)罐頭食品：烘托主味、豐富口感；醬料和湯料：增強產品鮮味和口感，提高檔次；(5)肉製品：增強肉感，改善質構，掩蓋不良氣味。下表為試作的牛肉丸參考配料表。

原料	用量g/100g
牛肉	70.0
水	18.0
木薯澱粉	5.4
HVP	2.0
糖	2.0
食用鹽	1.0
磷酸鹽	0.5
MSG	0.3
醬油粉	0.3
牛肉精粉	0.3
白胡椒粉	0.2

5. 水解植物蛋白（Hydrolyzed Vegetable Protein, HVP）製造流程圖

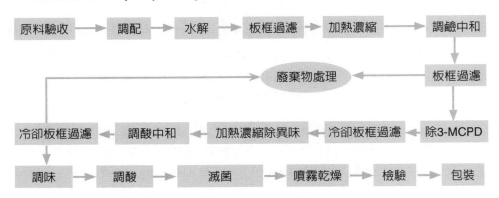

6. 不同原料水解植物蛋白的氨基酸組成分

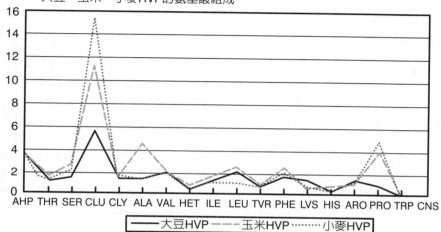

大豆、玉米、小麥HVP的氨基酸組成

AHP THR SER CLU CLY ALA VAL HET ILE LEU TVR PHE LVS HIS ARO PRO TRP CNS

―― 大豆HVP　―――― 玉米HVP　········ 小麥HVP

7. 各國對氯丙醇的管理

國家		3-MCPD	1, 3-DCP	2, 3-DCP
中國	SB10338-2000標準	≤1mg/kg	未提及	未提及
美國	FCC法規（以干物質計）	≤1mg/kg	≤0.05mg/kg	≤0.05mg/kg
英國／歐盟	FAC規定	≤0.01mg/kg	未提及	未提及
日本	HP企業	≤1mg/kg	未提及	未提及
澳大利亞，新西蘭	FSANZ	≤0.3mg/kg	≤0.005mg/kg	未提及

附錄36　沖泡速食湯開發之研究

施柱甫

1.食品乾燥方法

(1)為延長食品的儲存時間,自古以來人類即借助陽光、風等自然條件使水分從食材內部脫離出來,因此人類創造多種脫水技術如熱風乾燥、冷風乾燥、噴霧乾燥、真空冷凍乾燥等方法,而針對食品保鮮與品質而言,真空冷凍乾燥技術具有保持天然、原味的特色,因而真空冷凍乾燥方法被視為20世紀食品工業技術進步的指標。(2)真空冷凍乾燥原理乃是:①將含水物料冷凍成固體,在低溫低壓條件下利用水的昇華性能,使物料在低溫脫水達到乾燥目的;②此外,凍乾製品能保持天然色澤、氣味、外觀形狀、蛋白質與維生素等各種營養成分不變、固有物質不損失。(3)真空冷凍乾燥技術的優點在於:①乾燥在高真空度下進行,氧氣極少使易氧化物質得到保護,並且因缺氧而滅菌或抑制某些細菌的活力;②乾燥在低溫下進行,物料中對熱敏感易發揮的成分不致變性或逸失;③凍結時物料形成「骨架」乾燥後保持原形,不會出現收縮現象,且內部呈現疏鬆多孔的海綿結構;④脫水徹底,乾燥時能排除90~95%的水分,乾燥後可在常溫下長期保存;⑤能迅速復水還原保持色澤、品質與新鮮品基本相同。

2.競品分析和產品開發訴求

針對日本、臺灣、中國的產品品項,日本產品有清湯、濃湯、菜餚、甜品顯得多樣;臺灣味全有菠菜蛋花湯三品,而中國也只有紫菜蛋花湯、酸辣湯等就極為單調;透過市場研究,研發人員從消費人群、行為和態度了解有媽媽味道的中式煲湯為消費者首選,因此乃以中式煲湯來開發沖泡速食湯,並以「味美、料豐、湯濃」的訴求點來開發滿足消費者的新產品。

臺灣／日本／中國主要競品分析

Kirin（日本）
- 蛋花湯
- 洋蔥湯
- 蔬菜味噌湯

Amano（日本）
- 柚子茶
- 親子井
- 紅鮭粥
- 鯛魚湯
- 牛肉咖哩

味全（臺灣）
- 菠菜蛋花湯
- 青菜蛋花湯
- 紫菜蛋花湯

蘇伯（中國）
- 紫菜蛋花湯
- 日式醬湯
- 酸辣湯
- 豬肉辣白菜湯

3. 眞空冷凍乾燥流程

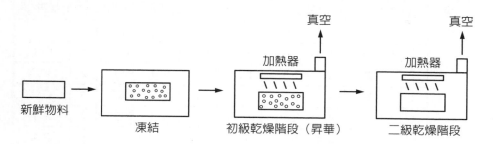

新鮮物料 → 凍結 → 初級乾燥階段（昇華） → 二級乾燥階段

(1)素材定量充塡後在-40℃下急速冷凍，若凍結速度慢，容易使物體表面收縮；(2)共晶點下降，會出現不易凍結的部分（產生易溶解現象）；(3)初級乾燥（昇華）凍結物料的冰昇華爲水蒸汽除去大約90%水分；(4)二級乾燥（加熱乾燥）將未凍結液體水分氣化。

4. 創新湯品特色〔味美、料豐、湯濃〕

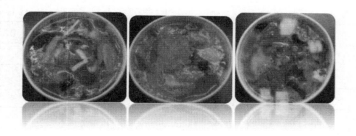

5. 水的狀態平衡圖及凍結物料形成的骨架

三曲線交點O爲固體、液體、氣體三相共存的狀態。

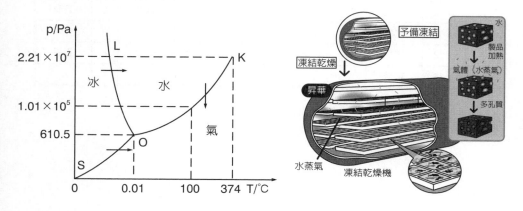

6. 篩選適當食材測試復水效果及食材復水後咀嚼感配菜開發例

分類	雞湯		豬湯		牛湯		海鮮／魚湯		蔬菜湯	
肉類	1	雞肉	1	豬肉	1	牛肉	1	魚肉		
蔬菜類	1	薑	1	薑	1	薑	1	薑	1	白菜
	2	青蔥	2	青蔥	2	青蔥	2	青蔥	2	卷心菜
	3	牛蒡	3	蓮藕	3	番茄	3	大蒜	3	豆芽
	4	山藥	4	苦瓜	4	香菜	4	南瓜	4	紫菜
	5	蓮子	5	青豆	5	胡蘿蔔	5	洋蔥	5	菠菜
	6	娃娃菜	6	竹筍	6	馬鈴薯	6	冬瓜	6	蕪菁
			7	黃豆	7	油菜	7	豆苗	7	茄子
			8	萵筍	8	油蔥		紅椒	8	紅椒
			9	黃花菜					9	胡蘿蔔
									10	裙帶菜
食用菌類	1	竹笙	1	滑菇	1	金針菇			1	黑木耳
	2	香菇				香菇			2	銀耳
海鮮類	1	干貝					1	蝦米		
							2	鮮貝		
							3	蛤蜊		
							4	魷魚		
							5	魚板		
							6	蟹棒		
其他類	1	火腿	1	粉絲	1	雪菜	1	豆腐	1	辣白菜
	2	玉米	2	海帶			2	酸菜	2	芝麻
	3	紅棗	3	榨菜			3	白果	3	豆腐
	4	枸杞	4	紅棗			4	檸檬	4	香干
	5	雞蛋								

附錄37　沖泡速食湯原料菜滅菌條件探討

施柱甫

一、前言

　　沖泡速食湯試製後微生物檢測超標，乃於量產前進行檢測原料菜處理後的微生物狀況，以確認原料菜最適滅菌方法。研發擬定原料菜處理流程及條件，現場依處理流程檢測各階段微生物大腸桿菌、菌落總數，並以三重複檢測數據之平均值，確認原料菜處理條件的滅菌效果。

二、作業及檢討

1.檢測品項

　　依各原料菜最佳漂燙時間、漂燙溫度且復水效果（<10秒）良好之蔥、香菜、芹菜、薑、胡蘿蔔、白蘿蔔、娃娃菜、乾枸杞、乾紅棗、乾金針、乾香菇共11種做檢測。

漂燙時間（s）	60	60	120	60	150	120	120	20	60	45	120
溫度（℃）	≥95										

說明：以上述漂燙時間及漂燙溫度，原料菜的口感及復水效果優，因此微生物檢測依此條件進行，並以大腸桿菌、菌落總數作為原料菜前處理適當與否之判定。

2.檢測結果

　　依檢測結果，將檢驗原料菜分為以下三類：

(1)娃娃菜、香菜、生薑、香蔥
　　① 未經NaClO浸泡，漂燙後滅菌合格。
　　② 經NaClO浸泡，滅菌效果與漂燙相同。

(2)芹菜
　　① 未經NaClO浸泡，漂燙後滅菌不合格。
　　② 經NaClO浸泡，滅菌合格，再漂燙使滅菌合格。

(3)白蘿蔔、胡蘿蔔、乾金針、乾香菇、乾枸杞、乾紅棗
　　① 未經NaClO浸泡，漂燙後滅菌合格。
　　② 經NaClO浸泡，滅菌效果與漂燙相同。

3.總結

(1)確認試製品微生物超標係芹菜造成，漂燙是影響滅菌效果之主要因素，除芹菜外，其餘原料菜均不需經NaClO浸泡，直接漂燙滅菌即可。

(2)NaClO對芹菜滅菌效果極為顯著，仍需經漂燙滅菌。

(3)NaClO對根莖類及乾貨類無顯著滅菌效果，僅需以漂燙滅菌。

三、人員、器具消毒及現場作業

器具清洗

器具消毒

人員除塵

環境消毒

手部清洗

消毒水浸泡

自來水沖洗

無菌水

切段

漂燙

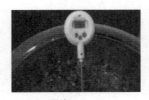

NaClO浸泡

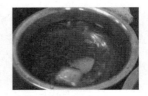

冰水冷卻

四、原料菜處理條件之微生物檢測流程

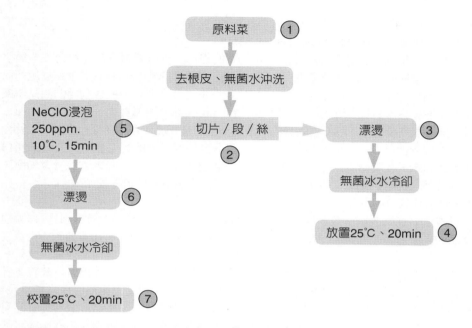

漂燙時間：娃娃菜120s　胡蘿蔔150s　白蘿蔔120s　香菜60s
漂燙方式：電磁爐水溫 ≥ 95℃　菜：水 ＝ 1：6
浸泡方式：菜：浸泡用NaClO ＝ 1：6
自來水檢測不合格，冰塊、無菌水檢測合格。

附錄38　家庭取代餐產品開發策略及作法

施柱甫

1. 家庭取代餐（Home Meal Replacement, HMR）

由於生活形態、飲食習慣改變及婦女就業的提高，消費者對食品除符合安全衛生外，更希望取得便利性與多樣化的食品，因應消費習慣改變家庭取代餐就這樣應運而生。美國1995年「Boston Market」以燒烤雞為主的外食連鎖至經營餐館的商品所產生的新興事業，其基本概念以顧客帶出外食（Take Out）與即食食品（Ready to Eat）其口味等同高級餐廳。而日本所謂的「中食」指的是介於內食（在家裡烹調）與外食（在外面餐館飲食）之間的用餐型態，是將餐食外帶或宅配到家食用。內政部2015年數據顯示，我國65歲以上人口達285萬，已占總人口12.19%，目前強調營養均衡、容易咀嚼的銀髮族餐飲（Medicare Foods）也涵蓋在這個新興事業裡頭。

2. 家庭取代餐市場現況

日本家庭支出金額指數，以1987年當100做基準，1996年整體消費支出為113調理食品的支出則高達近140，而調理食品支出金額由1987年至1996年10年間的支出成長大約2倍。在日本車站附近商場的調理食品，讓下班女性帶回家簡單調理即可食用，同樣的臺灣自助餐店林立提供多樣菜餚讓下班女性選購攜回家裡食用；行政院主計處資料指出，以家庭為消費單位的外食伙食費占總食品費用支出比率由1996年24.6%增加至2003年31.0%。食品工業發展研究所2002年調查表示，常吃冷藏調理食品有26.0%而常吃冷凍調理食品有24.3%，消費者對冷藏、冷凍等調理食品消費中占了將近50.3%。資訊管理學報第15卷專刊顯示，美國的消費趨勢1995年統計RTE、RTH及RTC的比例為25%、35%及40%，但至2000年時比例已變成59%、3%及38%，可見消費者對於RTE的需求愈來愈高，亦即消費者花在處理餐食的時間愈來愈短。2004年樞紐公司對於調理食品購買的調查中，消費者對於調理食品滿意的主要原因為提供便利、可滿足解決餐食需求、口味尚可、價格合理等四項，可見家庭取代餐調理食品的需求勢必為未來的發展趨勢，如何使家庭取代餐工業化則是業界努力的方向。

3. 工業化家庭取代餐產品開發策略及作法

(1) 開發策略

在家裡簡單調理即可食用的產品：①罐頭產品：方便、美味的一道菜；②殺菌軟袋：加熱後即可以飯、麵拌食；③輕加工冷藏、冷凍產品：新穎和具地方特色傳統菜餚；④FD產品：沖泡即可享用之湯品、菜餚；⑤組合菜餚：食材備齊經簡單烹調即可食用的溫馨風味料理；⑥銀髮族系列產品：強調營養均衡、美味、易咀嚼吞嚥的餐食。

(2) 開發做法

①品質及技術提升（簡單配方、天然食材使用、新技術、包材便利性）；②不同溫層食品保存之開發（常溫、冷藏、冷凍）；③傳統食品、異國風味產品快速及多樣化之開發。

4. 家庭取代餐產品線

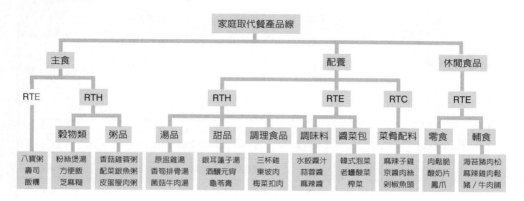

5. 台灣晚餐外食種類

表5 「買即食食物、在家吃」之晚餐外食種類

即食食物種類	合計	重度使用者	中度使用者	輕度使用者	偶爾使用者
樣本數	804	169	114	227	294
便當或餐盒	45.4%	32.0%	51.8%	48.9%	48.0%
麵食類	30.8%	33.1%	37.7%	31.7%	26.2%
米飯類	21.9%	38.5%	29.8%	18.5%	11.9%
滷味	18.5%	20.7%	15.8%	14.1%	21.8%
開胃小菜	12.8%	17.8%	8.8%	14.1%	10.5%
燒烤燻肉	9.5%	9.5%	7.0%	12.8%	7.8%
西式速食	8.7%	5.5%	9.6%	9.7%	8.8%
油炸品	6.3%	5.9%	6.1%	5.7%	7.1%
生魚片	3.9%	5.3%	0.9%	5.1%	4.8%
生菜沙拉	1.6%	3.0%	0.9%	0.9%	1.7%
其他	1.2%	0.6%	0.0%	1.3%	2.0%

資料來源：2007年台灣食品消費與通路調查，財團法人食品工業發展研究所。

6. HMR菜餚食品分類

分類	商品比率	食用方式	主要菜餚
RTE Ready to eat	25%	已調理，即可食用	(1)炸雞（fried chicken）、肋骨（rib）等 (2)火腿（ham）、起司（cheese） (3)烤牛肉（roast beef）、火雞（turkey）、蝦（shrimp） (4)熟食（delicatessen） (5)三明治（sandwich）、湯（soup）等
RTH Ready to heat	35%	已調理，加熱處理即可食用	(1)盒裝雞肉、肉類 (2)肉餅（meat loaf） (3)新鮮比薩（fresh pizza） (4)新鮮義大利麵（fresh pasta）
RTC Ready to cook	40%	簡單調理即可食用	(1)已加味之肉或魚 (2)盒裝菜肴材料
SP Specialty-Perishables	trace	生鮮即食	水果、截切蔬菜（盒裝）

〔註：日本因飲食環境及飲食生活的不同所稱之家常菜餚（daily dishes），占HMR比率約有75%；而美國daily dishes 所占的商品比率約僅有20～25%左右。〕

附錄39　掬水軒生物科技研發經驗分享

顏文俊

　　記得1979年初掬水軒新糖果廠和麥芽飴工廠新建完成，我被公司升為糖果課長，負責新廠生產麥芽飴供應生產糖果。當年秋天被派到西德中央糖果學院讀書，英國籍教授稱讚臺灣和日本麥芽飴是Tomorrow process高級酵素麥芽飴，因為當時歐美都是酸水解法麥芽飴，浪費能源也難控制轉化程度。掬水軒用酵素法生產麥芽飴，這麼先進的生物科技應用，麥芽飴製程幾乎是大學時代糖廠實習所學的單元操作項目工程，所以那段糖果課長日子真甜蜜！

一、1982年食品所陳賢哲合作研發高麥芽飴：取代當時價格昂貴的砂糖

　　砂糖價格是麥芽飴三倍，如果能夠生產含麥芽雙醣85%以上麥芽飴就可取代降低成本，當時食品所陳賢哲博士指導Isoamylase1,6枝切酵素可以生產，成功開發大量使用在糖果製造，降低成本。這個計畫中，掬水軒利用王西華教授指導生產乳美素乳酸菌的人員與設備，增加震盪培養箱、100L發酵槽、1噸發酵槽、10噸發酵槽、高轉速連續固液分離機、HPLC糖類成分分析儀等。菌種是Pseudomonas好氣菌，攪拌速率、無菌通氣量、溶氧量、酸鹼值都要自動控制，陳博士做幾次實驗帶入RSM計算，立刻找到10噸發酵最佳條件。

二、1989年臺大蘇遠志教授指導生產果寡糖：寡糖當道，非常有用的食材

　　當時我正從臺大碩士班畢業，認識應用微生物專家蘇教授，請他到工廠指導生產當時最火熱的果寡糖，利用我們既有的發酵設備，開發提取生產果寡糖的移轉酵素，用膜過濾濃縮酵素液添加使用。

三、1990年食品所許文輝合作開發冷凍乾燥粉狀雙叉乳酸菌：沒有披覆失效

　　新竹食品研究所每年都有新研究案發表會，我都會參加，了解想要的研發案要多少錢？許文輝博士說掬水軒有一套這麼好的發酵設備，應該來做雙叉乳酸菌生產冷凍乾燥，就簽訂合作購買大型冷凍乾燥機。這支Bifidus雙叉乳酸菌是厭氣兼氣菌，和以前的好氣菌不同，研究成果品質不錯，每克有10億菌，但是鋁箔包裝冷藏放三個月，菌體失活，第二年菌體披覆計畫，我們婉謝了！

四、1991年茶葉改良場研發茶葉抽出物兒茶黃酮生產與利用：應用在口香糖

　　茶葉改良場在掬水軒附近，和阮逸明場長很熟，就給改良場一個合作計畫：研發茶葉抽出物兒茶黃酮生產與利用，利用二級茶萃取添加糊精發泡冷凍乾燥研磨粉末，正好添加當時生產的刷牙口香糖。

五、1992年臺大蘇遠志教授指導利用Bioreator生產巴拉金糖和果寡糖：成功

　　為了生產刷牙口香糖不蛀牙的糖醇，請臺大蘇遠志教授指導生產巴拉金糖，我們

也製作一台造粒機，將酵素和膠質混合擠出造粒放入直經約0.8米，高五米的管柱，將砂糖糖漿打入，從管柱頂端流出，已被酵素反應作用，產出巴拉金糖漿或果寡糖糖漿。再到頭份觸媒中心合作，將巴拉金糖低壓連續氫化反應生產巴拉金糖醇，這個觸媒中心都是專家博士，技術真厲害！

六、1998年食品所林錫杰合作開發生產赤藻糖醇：全世界第三國家開發成功

食品所林錫杰博士說這個醣是唯一無熱量的四碳糖，甜度是砂糖七成，口中有涼爽感，全世界只有日本和德國有這個技術，合作一年我就退休了。後來全世界澱粉醣生產技術突飛猛進，很多機能性醣質已琳瑯滿目！

掬水軒公司拓展生物科技領域食品之努力

外在環境			公司工作
・1980美日公布基基重組規範後	1976 1977 1978 1979 1980	65 66 67 68 69	・掬水軒首創生產鋁殺菌軟袋（Retorted Pouch）洋菇、中式料理包外銷 ・掬水軒糖果工廠遷廠完成 ・掬水軒參芽飴廠建立完成，生產參芽飴
生物科技突飛猛進 ・1982我政府將生物科技與食品科技列為八大科技 ・日本文部省提出機能性食品	1981 1982 1983 1984 1985	70 71 72 73 74	・與新竹食品研究所陳賢哲博士合作研發生產「高麥芽飴」
・日本厚生省將機能性食品導入市場 ・中華民國生物產業協會成立	1986 1987 1988 1989 1990	75 76 77 78 79	・以機能性觀念開發高級蘇打餅乾生產上市 ・臺大蘇遠志教授指導生產「果寡糖」，添加於系列產品餅乾糖果蛋捲 ・79/11～80/2與新竹食研所許文輝博士合作開發「雙叉乳酸菌」
・日本修法將機能性食品定名為特定保健用食品納入管理 ・1995/5日本首先核準35項	1991 1992 1993 1994 1995	80 81 82 83 84	・80/4-80/12與茶案改良場研發「茶葉抽出物─兒茶黃酮生產與利用」 ・臺大蘇遠志教授指導以Bioreactor酵素塔連續生產「巴拉金糖」 ・無糖刷牙口香糖（添加茶多酚與lysozyme）、遠沛β胡蘿蔔飲料上市 ・83/3-84/2委託觸媒中心研發「巴拉金糖醇」產製
・1986/11日本共巴核準78項 ・1996/3中國發布保健食品標準，該年批准863件保健1023項功能 ・1999/8我國健康食品管理法實施	1996 1997 1998 1999	85 86 87 88	・增設玻璃瓶碳酸飲料場，生產許多機能性飲料 ・與食品所合作研究「耐氯型雙叉乳酸菌」與「丁四群糖之開發利用」 ・A/B乳酸菌葡萄乾巧克力、優酪多A/B乳酸菌錠片、軟滑巧克力

小博士解說

1982年孫運璿院長將生物科技與食品科技列為八大科技，臺灣的生物科技研發和法規面進度都和日本、美國、中國差不多，食品研究所專家和中華民國生物產業協會蘇遠志理事長帶領，功不可沒，感謝他們。

附錄40　掬水軒休閒米食研發經驗分享

顏文俊

就讀中興大學食品化工系時，兩位恩師都是在農委會服務，李秀老師協助掬水軒罐頭工廠技術，林子清老師推展利用米食政策，都對掬水軒造成影響。

掬水軒推廣米食，和日本米果最大公司龜田米果合作，龜田公司選派優秀資深幹部來駐場，技術指導生產龜田品牌米果銷售，這段期間我受益良多，也被派到日本龜田新瀉總廠見學數週。臺大食科所圖書館有兩本最喜歡的書，書名(1) Potato，(2) Corn，對我幫忙真大！掬水軒是國內第一家大量生產天然洋芋片，我從書上了解洋芋片原料和市售馬鈴薯不同，就和虎尾農會契種專用品種，工廠場設備除了切片機外都是我們廠內工務課自製。也從Corn這本書學到從原料玉米生產金喇叭（Corn Chip）、墨西哥三角玉米脆片（Tortilla Chip）、早餐玉米穀片（Corn cerel Flake）、玉米穀片與巧克力結合。配合農委會推廣米食與李國鼎資政傳統食品科技化生產政策，我們也生產呷便飯、呷便粥、擠壓式一口米、麵茶、殺菌盒甜年糕等，利用廠內日本進口擠壓機生產二代膨發食品零嘴。

一、嬰兒米果牙牙米果：
米做成麻糬再做成米果，看似簡單其實學問很多

1980年代，日本代理商推薦米果設備、羊羹、電腦秤量包裝機等，我們都趕上潮流採購。老闆對日本食品界很熟，找到龜田公司來合作生產，新技術付費向外面直接引進較快。很快我們就代工生產龜田品牌部分米果外銷，也生產自己的品牌的米果，學到半溼式磨米技術，蒸練糊化乾燥膨發調味，軟式米果仙貝與硬式米果阿樂利等技術資料，這些在書本上是找不到的。

二、金喇叭：
玉米粉蒸練成糰，研發製成三角立體喇叭狀甚至雞腿狀。

當時日本這種喇叭狀玉米片蠻風行，國內某公司向美國進口玉米片胚體，油炸調味包裝販售。我看了Corn那本書詳細介紹如何製作Corn Chip，就向公司報告可以自己來研發設計機器，終於我們也生產金喇叭，而且和日本產品一樣用六角型紙盒，蠻轟動。延伸這種技術，我們還做雞腿狀，圓球狀與海鮮牛肉開發各種立體休閒點心，也生產墨西哥三角玉米脆片附送一小盒沙沙沾醬。

三、早餐玉米穀片：
外國早餐穀片配奶，國人包子三明治，習慣改變真困難

去德國讀書學糖果，回臺後向老闆報告，外國飯店早餐都是玉米穀片泡牛奶，可能臺灣未來也會改變，市場會很大。當時南僑進口家樂氏早餐穀片銷售了，將糖果課多餘的一座日本製五滾輪巧克力研磨機分解，取用四輪來壓玉米片，薄得像紙片，然後用300度熱風炒爆膨發，配方調整，放入牛奶30秒還保持脆度。改變國人早餐習慣真難！玉米脆片和巧克力結合的巧克力塊生意不錯！

四、天然洋芋片：
全新產品，從農會契種馬鈴薯到生產遇到很多問題。

　　天然洋芋片製法與品管項目都是Potato那本書的資料，馬鈴薯要睡眠百日，百日後沒使用完發芽就要丟掉，這是最困擾，也請教很多專家，照射抑芽、煙燻抑芽，好麻煩，後來就不生產。

五、呷便飯呷便粥：米很貴加工作成方便飯和粥，成本高又不好吃

　　利用米穀做殺菌軟袋米飯包上市，食用說明書請消費者放在熱水浸泡十分鐘，拆開加上我們的麻婆豆腐或紅燒牛肉料理包變成燴飯，但是經常熱水不夠熱，還有冬天米飯硬化老化嚴重，真的浸泡軟化有困難。後來把飯乾燥壓扁再膨發乾燥，配合冷凍乾燥調味料在紙杯做成呷便粥，銷售還不錯，如果放扁盒加入沸水封蓋兩分鐘，從蓋孔倒出多餘水再悶兩分鐘，倒入紅燒牛肉料理包，就是呷便飯燴飯，說實話還是家裡白飯好吃。

　　休閒米食簡單製程：

1. 米果：浸米→磨粉→蒸練→揉捏→壓片→成型→乾燥→烤焙→調味→包裝

小博士解說

卡迪那品種馬鈴薯的還原糖含量較低，切片油炸不容易焦化，切片機可以切出薄片波浪狀網狀等，切片後洗去澱粉熱風吹乾，再油炸調味包裝。

附錄41　掬水軒擠壓膨發食品研發經驗分享

顏文俊

　　1970年代起，擠壓膨爆點心休閒零嘴蓬勃發展，直接膨爆的設備便宜，掬水軒也恭逢其盛，購置數台直接膨發型擠壓膨爆機，這種第一代直接膨發的小零嘴生產技術不難，使用玉米細粒（corn grits）和碎米粒為原料，產出的膨爆半成品體積非常龐大，必須儘速調味包裝入庫銷售。直接膨發的小零嘴調味方法有糖粉式與糖漿式兩類，糖粉式通常要先噴少許油脂，緊接著灑糖粉果汁粉乳酪粉等，糖漿式要先把肉醬、魷魚醬、油脂等加入糖漿調味乳化，均勻噴灑在半成品表面，再烤乾成脆皮的零嘴。第二代擠壓食品是沒有直接膨發，工廠購置兩台日本NP製長螺軸擠壓機，使用原料大多是馬鈴薯粉片（potato flake）、米粉、馬鈴薯澱粉等，擠出模孔很多套，有蝦蟹烏賊小魚、飛機汽車輪船、貝殼螺旋空心面、單純圓粒等，生的粿剛剛擠出模孔時非常熱也非常柔軟，必須透過特殊設備硬化乾燥，再經熟成一天後，二次乾燥控制要求的含水量，才能油炸或熱風炒爆噴油包裝出售。第三代擠壓食品通常是有連接造形成型機，產出立體產品，成型機可以做三角喇叭型、可以做雞腿造型、網狀粽子型、薯條長條型、長圓柱夾心型等。有擠壓工作經驗，1987年就讀碩士時原本想藉此在擠壓工程上做碩士研究，指導教授認為我很忙，做無定型糖果塊吸溼研究探討比較好，硬糖吸溼原因了解對我的工作助益大。現在分享在擠壓食品研發經驗！

一、別逗了：第一代擠壓膨發點心

　　第一代膨發點心製作，因為使用原料不同、膨脹程度不同、成型形狀不同、調味方式與口味不同產製出各式各樣的產品。掬水軒有項產品「別逗了」，採用溼式糖漿調味，蠻不錯，有四種口味，焦糖奶油味、紅豆牛奶味、蒜茸蝦味、烤肉味，糖漿添加奶油、紅豆沙、奶粉、蒜泥、肉泥等加以乳化，然後定量噴灑半成品表面，再以150℃五層輸送帶烤箱烤脆並冷卻，這項產品銷售不錯，消費群偏向青年群。

二、小酋長迷你甜圈：
　　膨爆玉米點心圈，每粒中央都灌滿牛奶糖、燕麥、芝麻等

　　使用玉米細粒原料經擠壓機產出環戒指狀的半成品，每粒外徑約2.5公分，內徑約1.5公分，寬厚度約1.0公分，我們要把這些戒指狀半成品的內孔填滿，將燕麥片、熟芝麻、杏仁碎角與牛奶糖結合塞入內孔，再用約120℃熱風烤乾，變成有營養又香又脆的膨爆早餐穀物，放在牛奶中食用最速配！

三、一口福粩：傳統食品科技化生產

　　臺灣民間習俗很喜歡吃麻米或花生米，米的粿乾條經過三種溫度油炸，60℃低溫油脂浸漬，再分批移到120℃中溫油油炸，約膨脹一半，最後用180℃高溫油炸膨脹到最佳狀態，立刻進入熱糖漿洗禮，濾去過多糖漿，加入花生仁、熟芝麻、脆米等沾裹外表防止互相再沾黏，油炸過程非常繁複費時，很大塊無法一口吃完又會掉屑，缺點很多。我們就使用碎米擠壓成型圓球狀半成品，用連續式滾筒噴糖漿與灑花生熟芝麻，再用80℃烤爐烘乾，冷卻包裝。

四、水底城：第二代擠壓產品細緻口味好，與直接膨發不同

第二代擠壓產品通常是熟化和成型，原料以馬鈴薯粉片為主，沒有膨發產品可以很小形狀很逼真，經過適當乾燥後油炸或高溫炒爆，產品細緻漂亮，水底城包括蝦蟹烏賊小魚外形，口感香味質地都不錯！

五、金喇叭與迷你雞腿：研究試驗團隊不斷努力試驗的貢獻

擠壓出玉米或麵糰片條狀再組合各種造型，就是第三代擠壓食品，公司生產的金喇叭和迷你雞腿產品，這些產品成型技術是有挑戰性！

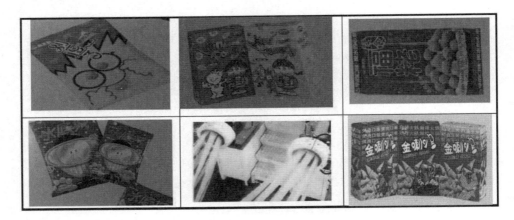

擠壓膨發食品簡單製程：
1. 別逗了：玉米細粒→擠壓→煮糖漿→噴灑調味→烘烤→冷卻→包裝。
2. 一口福耗：碎米→擠壓→膨發小球→噴糖漿→黏掛花生仁→烘乾→包裝。

小博士解說
擠壓技術具有食物蒸煮及成型功能，擠壓食品可能達到200℃停滯時間約10秒，因此被稱為典型的高溫短時間製程（H.T.S.T. Food Process），優點是增進食品消化性，迅速降溫可降低褐變、維生素營養破壞、香味損失等。

附錄42　掬水軒擠壓應用餅乾糖果經驗分享

顏文俊

擠壓機具有推擠、混合、壓縮、粉碎、絞煉、剪斷、加熱、殺菌、膨化、成型、乾燥等單元操作工程能力，並能在及短時間內完成上述工程處理與控制，達到預期品質組織與食感。基本構造如下圖：

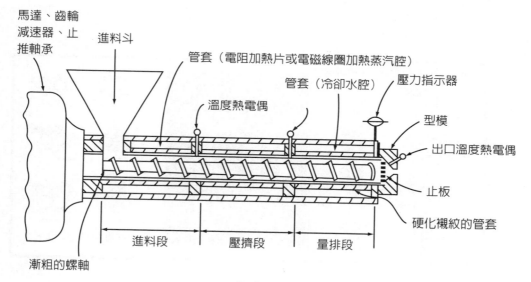

典型擠壓機之剖面圖（Hpaer, 1981）

擠壓機大致分成五種：(1)麵糊麵糰擠出機（餅乾西點、米粉絲、空心麵）、(2)低剪力擠壓機（米果）、(3)膨發型擠壓機（第一代直接膨發小食品）、(4)高壓成型擠壓機（第二代間接膨發小食品）、(5)高剪力蒸練擠壓機（人造肉）。擠壓技術的好處：(1)多變化、(2)高產能、(3)成本低、(4)形狀多、(5)高品質、(6)能源效率高、(7)新產品開發變化快、(8)無廢棄物。廣泛應用在糕餅糖果的擠出成型機如圖示：

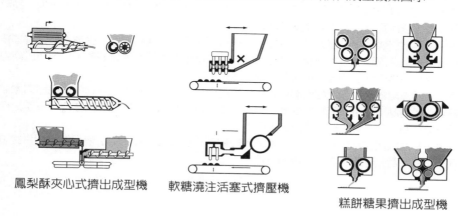

鳳梨酥夾心式擠出成型機　　軟糖澆注活塞式擠壓機

糕餅糖果擠出成型機

　　蒸煮擠壓機加熱來源很多方式，來自本身的擠壓產生摩擦熱，或是來自外來的蒸汽、電熱環片、電磁線圈環。其中以電磁線圈最省能源，單面加熱擠壓食品充分加熱，這是最新加熱方式。

　　糕餅糖果方面的擠壓，通常只是擠出成型，不需要加熱，擠出滾輪具有溝齒，可以把糕餅定量擠出，幾乎一半以上糕餅設備都是應用擠出成型。糕餅擠壓機大約有三類：(1)螺軸型擠壓機（Screw Type Extruder）、(2)滾輪型擠壓機（Roller Type Extruder）、(3)活塞型擠壓機（Piston Type Extruder），定婚禮餅內容餅乾大多使用擠出成型機自動化生產。例如：各種小西餅、果醬裝飾、棉花糖蛋糕夾心、牛軋糖條、穀物糖棒、口香糖、QQ軟糖、賓司軟糖豆等。

小博士解說

1. 糕餅擠壓機的滾軸溝齒可以定量麵糊出料，利用程式控制，可以連續出料或間斷擠注，擠出模孔花嘴可以更換花樣，花嘴成型動作可以旋轉、擠拉、S形、線切等變化，甚至可以雙頭雙色雙層或擠注果醬蛋白霜裝飾等。

2. 使用家用電磁爐，如果容器是鋁合金、不鏽鋼等都不產生加熱作用，必須是墊鐵片才會使電磁線圈造成容器內水分產生電磁渦流加熱。擠壓機套管用鐵管做的，正好可以向內加熱食物，外表保溫部分不會加熱，因此省能！

3. 待擠注西點麵糊不斷在滾軸攪動會有部分出筋現象，擠出出料會不平均，因此出口處設有旋鈕可控制出料量。軟糖的活塞式擠注機要有擠注後稍微拉回動作，造成小真空把糖漿拉斷拉回，才不會拉絲造成產品不良。

4. 雙色棋格冷凍西點麵糊擠出後，外表沾裹細砂糖立即放置冰箱冷凍，隔日取出切片必須立即烘烤，產品才會有漂亮的稜角稜線。

附錄43　掬水軒餅乾研發經驗分享

顏文俊

　　我對油脂有一分親密的感情，工作生涯大量使用過的油脂有四大類：(1)奇福餅乾表面的噴油，由AOM200小時的椰子油改成棕櫚油；(2)餅乾西點麵糰麵糊的奶油、人造奶油、酥油、白油、雪白油等固體油脂；(3)油炸金喇叭、米果、洋芋片的棕櫚油；(4)製造巧克力的各種進口可可脂代用油CBR、CBS等。這些油脂都有其特色，使用經驗加上看書，再和統一、南僑、食品所專家討論的心得。

　　1976年我到掬水軒工作第二天就是負責餅乾噴油，從倉庫推滾進口的50加侖桶的椰子油到蒸汽室把固體油脂融成液體，再滾到噴油機餅乾噴油，非常辛苦！1980年工廠買兩座10噸保溫油桶，買統一大量椰子油，就可自動供油。餅乾麵糰的白油用量很大，經常抱怨南僑或統一品質不好，我們工廠攪拌區沒有空調，春秋季氣溫變化大，常常發生問題，有時緊急叫貨，廠商的油脂沒有時間熟成等，其實現在想想蠻好笑！餅乾營業額愈來愈大，有幾項研發開發新產品經驗值得分享！

一、高纖蘇打五片包盒的暢銷：健康取向創新包裝利潤特好

　　歷來公司產品定價都是成本加上幾成就市售價。高纖蘇打是請麵粉工廠生產小麥麩皮特別包裝，到廠後烘焙破壞其酵素，很多人建議我買磨粉的，我卻認為麵粉廠麩皮放在餅乾裡，眼睛看得見纖維，口感舌感有纖維，生產線設計自動五片包，5小包裝入一盒，在當時這種包裝創舉，報導討論是OL小資女的最愛，手提包放幾包非常方便。這項產品定價由業務來決定，結果比我想像高兩倍以上，有點暴利，這就是健康取向創新包裝主導定價的範例。

二、ㄋㄟ餅：
產品名稱借用國語注音符號，用鮮奶新鮮屋包裝餅乾很醒目

　　營養專家強調長高要多喝牛奶，我就開發一種含奶量高奶味特濃的餅乾，借用國語注音符號ㄋㄟ（嬰兒稱呼奶）命名ㄋㄟ餅，非常特別，而且用鮮奶新鮮屋包裝盒包裝ㄋㄟ餅乾，當時非常轟動又暢銷！

三、芝麻薄片餅乾進化紅麴薄餅：
行銷法手法太重要，飢餓行銷法造成大暢銷

　　芝麻薄片餅乾是模仿日本Tohato Harvest芝麻餅乾，薄薄脆脆芝麻香不錯吃，每年的營業額只有五百萬。某公司來委託代工紅麴薄餅，添加紅麴原料，加上該公司強力行銷網與限量行銷手法，造成紅麴薄片餅乾大暢銷，連我都要排隊等配送，這樣一年營業額數億元，行銷為王，行銷力量真大！

四、典藏蛋糕：顧客抱怨事件，虛心接受誠懇探討可以改善製程

典藏蛋糕水活性控制在0.6左右，很柔軟好吃，工廠包裝空間衛生控制嚴格，產品有放脫氧包，保存試驗半年沒問題，上市後發生幾件長霉的顧客抱怨，研究原因，發生在封口頂端中央，四層鋁箔太厚有切斷的現象，雖然沒漏氣，但是鋁箔受損，脫氧包失去作用。現場製程更改，鋁箔包好放置一晚觀察，大都包裝收縮，就是良品，可以入紙盒密封，一兩包經隔夜仍然膨膨，表示封口有受傷，就挑除，從此沒有顧客抱怨，要感謝顧客愛之深責之切！

五、訂婚喜餅潮流的見證：
傳統喜餅進化到西式，再到港式手工，現在復古

掬水軒餅乾生產線約有八條生產線，從丹麥進口一套生產線，可以線上生產六種奶油西餅裝成丹麥酥餅禮盒，當時可口是丹妮奶酥，是訂婚喜餅大宗，再來是香港超群奶油手工高單價喜餅，再來是百花齊放大家爭搶的大市場。

餅乾簡單製程：

1. 硬餅：備料→溶糖→攪拌麵糰→壓延折疊→成型→烤焙→噴油→冷卻→包裝。
2. 酥餅：備料→攪拌成麵糊→滾壓成型或擠注成型→烤焙→冷卻→包裝入盒。
3. 煎餅：備料→攪拌成稀麵糊→擠注→壓模烤焙→捲條→冷卻→包裝。

煎餅（Wafer）很多種，餅乾工廠有蛋捲、日式雪茄捲、捲心酥、哈士夾心酥、花生硬煎餅、籤詩餅、甜筒杯，家庭手工鬆餅等都是Wafer。

附錄44 掬水軒飲料研發經驗分享

顏文俊

掬水軒中崙汽水廠搬到中壢後就是成立罐頭課，不再生產汽水，專門生產洋菇、蘆筍、豆芽菜罐頭外銷。倉庫有從台北搬來的菊水可樂、菊水汽水的玻璃杯，老員工告訴我，我們公司原名菊水軒，公司標誌有菊花圖樣，當時政府認為有媚日之嫌，因此改名掬水軒，公司品牌標誌改為雙手捧水，我個人認為用手捧水非常辛苦，公司經營真的很辛苦！

外銷罐頭生意好利潤高真風光，台幣升值後臺灣罐頭廠無法外銷，轉型作八寶粥飲料等，掬水軒罐頭課改名製三課，生產米果、羊羹、麵筋罐頭、中式料理殺菌調理包、藥膳包、金喇叭、洋芋片等各式各樣休閒食品。1985年公司營業額八億多，被某雜誌刊登排行百名內企業，看到許多食品公司作飲料和冷凍食品，業績都大幅速度成長，令人羨慕！考慮結果，保特瓶廠商多而且投資龐大，就決定投入玻璃瓶保健飲料生產。大家對掬水軒的印象就是糖果餅乾巧克力，做了飲料卻沒有熟悉的通路與消費者認同，很難行銷，飲料算是失敗。

一、水的沁靈（微氣泡水，Sparkling Water）：
迎合小朋友的喜好但是通路難

許多小孩不喜歡喝淡而無味的礦泉水或白開水，汽水或可樂喝起來有氣很舒服涼爽，但是喝完肚子漲氣。水的沁靈微氣泡水添加少許果糖產生淡淡甜度（Bx2），添加薄荷、檸檬草莓香料產生微微涼涼香香感覺，添加二氧化碳氣體量是一般汽水的一半（2GV），為了讓人感覺瓶子裡有冰塊，我們還花錢去開發一個瓶子模，生產外表凹凸不平的玻璃瓶，裝水後光線照射反射讓人感覺有冰塊亮晶晶，1990年開發上市，有創意有用心，無飲料行銷通路生意不好。

二、浮粒飲料：
計算如何讓果凍丁塊添加在飲料中，保持平均懸浮整瓶產品

飲料競爭激烈，要絞盡腦汁研究新點子，工廠經常生產軟糖，有員工建議是否可以做小粒的孫悟空豬八戒造型軟糖，添加在飲料裡懸浮搖動後五彩造型位置變化，一定很有賣點。軟糖糖度太高不宜，困難度太高，改用果凍切小丁懸浮在飲料內，殺菌後的溫度和通路的溫度不同，花了很久實驗去克服，讓每瓶飲料的懸浮果凍能平均分布在飲料內。

三、速沛胡蘿蔔素飲料：
乳化型 β 胡蘿蔔素微細懸浮水中呈現果汁感覺

β胡蘿蔔素是維他命A的前驅物質，可以轉變成人體需要的維他命A，不錯的原料。有乳化型與水溶型，水溶型β胡蘿蔔素溶在水中像茶汁，乳化型β胡蘿蔔素溶在水中很像果汁，我們利用這原理添加部分果蔬濃縮汁與水溶性纖維，生產四種速沛飲料。速沛台語發音有舒適精神充沛的意思，公司有申請專利品牌，原味、低卡、蔬果沙拉高纖、果寡糖活力等四項速沛飲料。

四、啵啵微泡式果汁與果凍汽水：
微泡水用在纖維果汁與果凍汽水是蠻創新

公司有些較新的產品，會掛日本分公司SANESU的授權品牌，啵啵微泡式果汁標示用日文，其實都是我們自己想的產品名，冒泡水聲音啵啵，這項產品是水的沁靈改良版，把薄荷拿掉，增加濃縮果汁膳食纖維含量，添加二氧化碳成微泡式纖維果汁，加氣水和濃果凍混勻得果凍汽水，在當時是創新的。

五、軟袋殺菌中式調理包：開發時機太早

罐頭廠1969年建廠時就向日本購買一台超高溫水壓式殺菌機，生產業務型大包洋菇罐頭外銷，這算配額外的產量，利潤不錯，包裝鋁箔袋都是從日本直接進口使用。我在掬水軒就是負責這台殺菌機操作，自己看食譜調製12道料理，印製12個紙盒包裝，再將12盒組合成40cm×18cm×10cm整套送禮料理套餐，模仿日本House產品，用中日英語標示成分與使用方法。

飲料簡單製程：

1. 飲料：備料→空瓶洗滌→板式殺菌→冷卻溶氣→充填→封瓶→回溫→套標包裝。

軟袋殺菌中式調理包生產時，各種固體料不可煮太熟，充填料理汁液後封口，還要經120℃熱水殺菌約15分鐘，這樣食用口感剛好。

附錄45　掬水軒糖果研發經驗分享

顏文俊

　　掬水軒公司工廠最早在台北市的中崙汽水廠和仁愛路與臨沂街交口糖果餅乾廠，民國58年遷到桃園平鎮宋屋村，掬水軒三棟長180公尺寬24公尺工場正好安排生產餅乾、糖果、罐頭飲料。老員工都說糖仔餅，糖果營業額大於餅乾。糖果生產研發蠻有趣，有些經歷經驗值得分享！

一、情人糖包裝維持不變：消費者已經認同的包裝很難改變

　　情人糖是採用西德單頭扭包裝機包裝，包裝紙印有愛心圖案，上面有十句英文的情話，在六十年代算是很前衛，因此深受年輕人與新婚典禮喜愛，記得那時是生產導向時代，過年都會供不應求。原本有六種顏色六種口味，後來因為健康因素，不放色素，消費者還是能接受賣得不錯。單頭扭包裝糖果容易受潮，曾經生產較漂亮的熱封單粒包裝，結果市場無法接受，大家還是認定掬水軒情人糖單頭扭的包裝方式。

二、變色糖果的開發：實驗失敗也有利用價值

　　在實驗室試做硬糖，添加色素忘記先用水溶解，色素不溶無法顯示顏色，研究員笑我好笨！我突然覺得很不錯，可以做一種糖果，你還沒入口前，無法猜出顏色，入口唾液融化，才知道是紅色、藍色、綠色，小朋友含在嘴裡，舌頭會稍微染色，會學殭屍伸舌頭模樣跳動，蠻有趣！

三、刷牙口香糖：使用保健食材開發新產品要讓消費者接受才可

　　許多研究資料顯示，咀嚼口香糖可以增加雙頰的運動，可以防止老年老化，口香糖膠可以幫助黏除牙縫殘留食物。但是一片口香糖咀嚼時間平均約15分鐘，如果能用牙斑菌比較不利用的糖醇代替砂糖一定更好，所以請臺大蘇遠志教授指導生產巴拉金糖醇，還委託茶改場開發兒茶素、購買日本製蛋白溶菌酵素（Lysozyme），薄荷和葉綠素等，這些保健素材添加，希望讓消費者感覺保健形象，但是不會行銷，未能把這個理念傳達出去，讓消費者認同，產品失敗。

四、秀逗糖：產品需要能自我行銷產生話題

　　紫牛行銷學說一群教授遊牧場，有人說看到一隻紫色乳牛，大家不相信就回去找尋，開始他們的一串討論和爭議，最後紫牛有沒有不重要。硬糖市場逐漸衰退，我必須設法開發市場，想到從趣味性方面來開發產品，秀逗糖是一項維他命C夾心的硬糖，外表披覆薄薄一層酸粉，當你含在口裡，酸粉立即瞬間溶化，十秒鐘的酸度感覺會讓你表情極為尷尬，哈哈，你被整了，旁觀者大笑為你拍照留念，你也想買幾包秀逗糖來整別人，就這樣產品本身自我行銷，造成年外銷約五百個貨櫃，產生話題的行銷法很棒！

五、草莓果醬夾心棉花糖生產：研究試驗團隊貢獻

公司購買自動棉花糖和果醬夾心自動化生產設備，但是如何切斷軟軟黏黏棉花糖，我們研究一年，生產課和工廠工務人員共同自己設計鋸齒狀的大滾輪，將擠出十多條有擠灌果醬夾心的棉花糖冷卻與乾燥，再滾搓切，無師自通，研發團隊很辛苦，終於成功，但是不幸生產課長不小心在試車時，手指被切斷，我們立即增加防護罩與安全緊急停機按鈕，感謝團隊的貢獻！

糖果簡單製程：

1. 硬糖：備料→溶糖→煮糖→真空冷卻→加酸→揉糖→抽條→成型→冷卻→包裝。
2. 半軟糖：備料→溶糖→乳化→煮糖→拉延充氣→冷卻→抽條→切塊→單粒包裝。
3. 軟糖：備料粉模乾燥→煮糖→加膠體→加酸香料→擠注→乾燥→脫粉→包裝。
4. 口香糖：膠塊軟化→添加糖醇兒茶素溶菌酵素薄荷香料等揉捏→擠出成型包裝。
5. 棉花糖：糖漿熬煮→明膠液定量添加→高壓打發→與果醬同時擠條→乾燥切斷。

小博士解說

1. 花生酥糖人工拉延很累，可用花生醬夾心自動交錯盤繞，再整塊拉延成型，這就是工廠大量生產脆酥糖（crunch candy）製法。
2. 掬水軒生產拋光打亮糖果有三類：軟皮拋光（軟糖賓司）、脆皮拋光（脆皮巧克力軟糖）、巧克力拋光（芳露餅乾巧克力球）。

附錄46　把你放在生產線一個月，你能否看出它的缺點

陳勁初

　　我曾參觀日本知名的運動飲料大廠，其產品在國內亦有銷售，所以並不陌生，由於是由糖、酸、礦物質、香料組成且產品上皆有標示原料，所以覺得這樣的產品很容易模仿，所以抱著比較輕率的態度參觀，當走到充填機前時，我一眼便認出那是德國品牌Kronse機台，何以如此？因為我們公司也是購買該品牌填充機，而在啤酒廠或礦泉水工廠也多常見。所以頓時對該公司更起了輕視的念頭，認為如此知名的大企業也不過爾爾。但隨後續聽到該公司人員的介紹時，我收起了輕忽的態度。介紹人員提到，這台填充機運抵公司後，他們會請原廠技師離開，而由公司自家工務技師完成組合，這是怎麼回事呢？由原廠專業技師組裝難道不是最可靠的嗎？萬一驗收不合格，責任又應如何歸屬？保證金又該如何計算呢？此在國內是前所未聞之事。那麼該日本公司所圖為何呢？原來填充機在填充不同性質飲料時，會因為產品物性而影響其填充速度，原廠只能對同類型產品估計填充速度，但無法針對單一產品做最適化。當然一般公司都會修改飲料配方以符合機器需求，但是對於既有且大賣的產品則不敢亂動配方，故只能在新購機器時，修改機器以提高產量。這裡便需要仰賴自己的員工在日常工作時的敏銳觀察以找出不順遂的瓶頸所在，再思考如何改善。唯有使用者才容易知道不便所在，而找到後卻不願意告訴原廠，只因原廠得知後會加以改進，並推出二代機型賣給競爭對手，故由自己的工程人員接手組合改進，以Know-how方式形成核心技術，拉大與競爭對手的差距，這在Turn-key的設備上更是難得。也只有累積小小的差異化，才能成為大的差異化。所以即使只是生產線的員工，只要肯用心觀察思考，也能對公司做出大貢獻。

　　走筆至此，對於飲料產品如眾所知，糖酸比是決定口感的重大關鍵，研究人員調整測試後定出標準書，但當進入量產時總要訂出一個容許範圍，例如糖14%±1%，酸1%±0.1%，但是這裡的±1%是如何訂出的呢？是依自由心證，而非根據試驗而來，例如在生產線調和時，糖度為15%而酸度為0.9%或13%與1.1%，這兩組皆符合標準書規格，但可以想像，其口感差異可能很大，讓消費者可覺察出差異。所以正確做法應該是在實驗室中調出這些極端值，並以品評試驗修正到不易察覺其差異，再訂出可容許的範圍。多用一點心就能增加公司的競爭力。而設備供應商，原料、香料供應商，他們提供許多的幫助服務，但也是很容易的洩密管道，如何相處也是一門學問。

附錄47 從顧客需求找出技術語言 —— 品質機能展開（QFD）

　　QFD是日本品管大師赤尾洋二與水野滋所提出之重要品管理論，產品或服務應依據顧客的需求來設計與製造，當產品或服務在最早構思設計階段，行銷人員、設計人員、製造人員及採購人員就必須密切合作，研擬如何符合顧客之需求。QFD含括了品質（Quality）、機能（Function）與展開（Deployment）三部分，其中，「品質」即是產品所要達到的品質要求；「機能」（Function）是傾聽客戶聲音後所彙整的客戶需求（Customer Requirement）；而「展開」（Deployment）即是要達成產品品質所進行之一連串流程整合。品質機能展開可以有很多個展開階段，而每個階段都可運用矩陣表來表達品質與品質要素之間的關係，品質機能展開的重點是一個形狀像一個房子的矩陣圖，因此被稱為「品質屋」（House of Quality, HOQ）。品質屋的組成分為六大部分：「客戶需求」、「需求評估」、「技術需求」、「關係矩陣」、「關連矩陣」以及「技術目標」等。

　　需求評估是顧客的需求排序，列出相對的權重分數。下圖的例子，假設滿分為10分，顧客重視價格的水平可得9分，操作簡單可得5分。位於品質屋的上面天花板是工程技術，也稱為「工程聲音」（VOE, Voice of Engineering）。工程技術是由專案團隊針對顧客需求，該如何滿足顧客需求，提出對應的對策項目。這個步調需要團隊人員共同努力，才能將顧客的語言轉換成適當的產品功能。例如，顧客希望數位相機「小巧好攜帶」，就會對應出「體積」和「重量」。品質屋的主體，用來說明「工程技術」和「顧客需求」項目之間的關係水平。一樣以滿分10分來斟酌，例如數位相機「小巧好攜帶」和「體積」相關性高，可評為9分，和「重量」相關性也高，可評為9分，和「外型」相關性低，就評為1分等等，然後得分與需求評估的比重相乘然後加總，就可以得到技術需求的得分。

　　QFD的運用，使各個不同功能的部門參與專案，提供自己的意見，同時也聽聽別人的聲音。大家各自的專業及經驗固然可貴，但是不同背景的同僚一句話，可能如雷灌頂，可以改變當事人固執多年的想法。如果碰到有創意的人，還可以觸類旁通，要解決這些，依靠的是各位在各領域的專業知識及多年經驗。所以QFD團隊中一定需要某種程度的專業及經驗。

　　QFD團隊的每一個人，都盡心盡力，認真負責，則整合出的意見，應該是頗客觀可信的。這樣的意見，就能反映顧客的聲音，提供企業決策單位成為重要的參考。

＋知識補充站

　　QFD可以運用在各行各業，只要是有「顧客需求」，就有QFD的用武之地。補習班業，可以利用QFD推出課程種類及先後順序。美髮美容業，也可以用它列出十大髮型的排行榜等等。

客戶需求 ── 技術需求 ── 產品需求 ── 製成需求
客戶要求 ── 設計規格 ── 零件規格 ── 工序規格 ── 產品

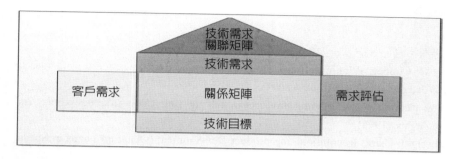

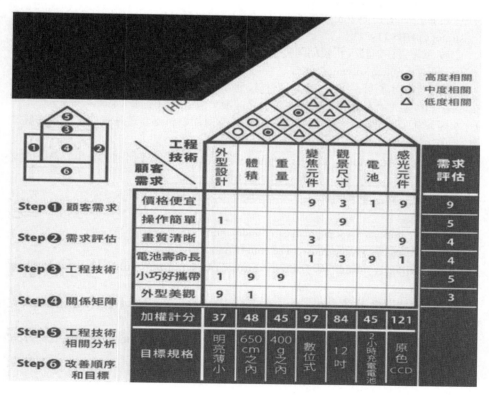

小博士解說

1. 品質屋的內容，其實就是一份完整的「專案」提案。
2. QFD方法不難，難的是專業知識及經驗。
3. 腦力激盪法的運用是主要方法。

參考文獻

1. 富士經濟：食品メーカーのR&D戰略調查レポート2004
2. Robert G. Cooper: Winning at new products (Accelerating the process from idea to launch) 3rd edition, Basic Books (2001)
3. Smith & Reinertsen: Developing products in half the time (New rule, new tools) 2nd edition, Wiley (1998)
4. Wheelwright, Clark: Revolutionizing product Development (Quantum Leaps in Speed, Efficiency and Quality) FREE (1992)
5. Roussel, Saad, Erickson: The Third Generation R&D (Managing the link to corporate strategy) HBS (1991)
6. 山城 章總責任監譯：新製品開發とマーケティング（kenneth J. Albert: Handbook of Business Problem solving (1985)
7. 瀨川正明著：新製品開發入門，日科技連（1983）
8. 太田靜行編：食品產業における新製品開發，恆星社厚生閣（1983）
9. 本經營計画協會編：新製品開發の要點（轉換期の新たな戰略課題），東洋經濟（1980）
10. Alexander Osterwalder & Yves Pigneur著，尤傳利譯：獲利世代，早安財經文化（2012）
11. 廣野穰著：新規事業開發の方法（战略から立ち上げまでの全手順），ソーテック社（1985）
12. 研究.net（http://www.kenq.net/search/index.html）
13. 公開資訊觀測站（http://mops.twse.com.tw/mops/web/index）
14. Asahi Group Holding的研究體制（https://rd.asahigroup-holdings.com/research/system/）
15. 味の素研究開發組織（https://www.ajinomoto.com/jp/rd/global_network/?scid=av_ot_pc_comjheadbp_rd_global）
16. 日清製粉group的研究開發体制（https://www.nisshin.com/company/research/system/）

國家圖書館出版品預行編目資料

圖解實用新產品開發與研發管理／張哲朗,
鄭建益, 施柱甫, 顏文俊, 李明清, 吳伯
穗, 陳勁初, 邵隆志, 黃種華著. －－二
版. －－臺北市：五南圖書出版股份有限公
司, 2024.10
面；　公分
ISBN 978-626-393-811-3（平裝）

1..CST: 生產管理

494.2   113014377

5P26

圖解實用新產品開發與研究發管理

作　　者 — 張哲朗（214.6）、鄭建益、施柱甫、顏文俊

　　　　　　李明清、吳伯穗、陳勁初、邵隆志、黃種華

企劃主編 — 王正華

責任編輯 — 張維文

封面設計 — 姚孝慈

出 版 者 — 五南圖書出版股份有限公司

發 行 人 — 楊榮川

總 經 理 — 楊士清

總 編 輯 — 楊秀麗

地　　址：106臺北市大安區和平東路二段339號4樓

電　　話：(02)2705-5066　　傳　　真：(02)2706-6100

網　　址：https://www.wunan.com.tw

電子郵件：wunan@wunan.com.tw

劃撥帳號：01068953

戶　　名：五南圖書出版股份有限公司

法律顧問　林勝安律師

出版日期　2021年 5 月初版一刷
　　　　　2024年10月二版一刷

定　　價　新臺幣420元

經典永恆・名著常在

五十週年的獻禮——經典名著文庫

五南，五十年了，半個世紀，人生旅程的一大半，走過來了。

思索著，邁向百年的未來歷程，能為知識界、文化學術界作些什麼？

在速食文化的生態下，有什麼值得讓人雋永品味的？

歷代經典・當今名著，經過時間的洗禮，千錘百鍊，流傳至今，光芒耀人；

不僅使我們能領悟前人的智慧，同時也增深加廣我們思考的深度與視野。

我們決心投入巨資，有計畫的系統梳選，成立「經典名著文庫」，

希望收入古今中外思想性的、充滿睿智與獨見的經典、名著。

這是一項理想性的、永續性的巨大出版工程。

不在意讀者的眾寡，只考慮它的學術價值，力求完整展現先哲思想的軌跡；

為知識界開啟一片智慧之窗，營造一座百花綻放的世界文明公園，

任君遨遊、取菁吸蜜、嘉惠學子！